U0161133

“十四五”时期国家重点出版物出版专项规划项目

新一代人工智能理论、技术及应用丛书

轮/履式仿人机器人在非结构化环境中自主作业关键技术

樊泽明　余孝军　万　昊　康美琳　著

科学出版社

北　京

内 容 简 介

本书主要研究多自由度轮/履式仿人机器人在非结构化环境下自主作业的关键技术。第 1、2 章介绍研究背景及多自由度轮/履式仿人机器人平台；第 3、4 章介绍不同几何约束条件下的图像特征匹配算法，通过提高特征点匹配性能和运动估计精度来解决非结构环境下的三维地图构建及重建问题；第 5～7 章介绍基于路径规划、碰撞检测，以及稳定判据的运动学逆解问题，致力于解决该类机器人在非结构环境中稳定行走与作业的瓶颈问题；第 8 章进行实验验证。

本书特别适合高年级本科生和研究生进行轮/履式仿人机器人在非结构化环境中行走与作业学习，也可供从事相关机器人研究、开发和应用的科技人员参考学习。

图书在版编目（CIP）数据

轮/履式仿人机器人在非结构化环境中自主作业关键技术 / 樊泽明等著. —北京：科学出版社，2023.12

（新一代人工智能理论、技术及应用丛书）

“十四五”时期国家重点出版物出版专项规划项目　国家出版基金项目

ISBN 978-7-03-077199-5

Ⅰ. ①轮…　Ⅱ. ①樊…　Ⅲ. ①仿人智能控制–智能机器人　Ⅳ. ①TP242.6

中国国家版本馆 CIP 数据核字（2023）第 240792 号

责任编辑：张艳芬 / 责任校对：崔向琳

责任印制：师艳茹 / 封面设计：陈　敬

科学出版社 出版

北京东黄城根北街 16 号

邮政编码：100717

http://www.sciencep.com

北京中科印刷有限公司 印刷

科学出版社发行　各地新华书店经销

*

2023 年 12 月第 一 版　开本：720×1000　1/16

2023 年 12 月第一次印刷　印张：12 3/4

字数：255 000

定价：128.00 元

（如有印装质量问题，我社负责调换）

“新一代人工智能理论、技术及应用丛书”序

科学技术发展的历史就是一部不断模拟和扩展人类能力的历史。按照人类能力复杂的程度和科技发展成熟的程度，科学技术最早聚焦于模拟和扩展人类的体质能力，这就是从古代就启动的材料科学技术。在此基础上，模拟和扩展人类的体力能力是近代才蓬勃兴起的能量科学技术。有了上述的成就做基础，科学技术便进展到模拟和扩展人类的智力能力。这便是20世纪中叶迅速崛起的现代信息科学技术，包括它的高端产物——智能科学技术。

人工智能，是以自然智能(特别是人类智能)为原型、以扩展人类的智能为目的、以相关的现代科学技术为手段而发展起来的一门科学技术。这是有史以来科学技术最高级、最复杂、最精彩、最有意义的篇章。人工智能对于人类进步和人类社会发展的重要性，已是不言而喻。

有鉴于此，世界各主要国家都高度重视人工智能的发展，纷纷把发展人工智能作为战略国策。越来越多的国家也在陆续跟进。可以预料，人工智能的发展和应用必将成为推动世界发展和改变世界面貌的世纪大潮。

我国的人工智能研究与应用，已经获得可喜的发展与长足的进步：涌现了一批具有世界水平的理论研究成果，造就了一批朝气蓬勃的龙头企业，培育了大批富有创新意识和创新能力的人才，实现了越来越多的实际应用，为公众提供了越来越好、越来越多的人工智能惠益。我国的人工智能事业正在开足马力，向世界强国的目标努力奋进。

“新一代人工智能理论、技术及应用丛书”是科学出版社在长期跟踪我国科技发展前沿、广泛征求专家意见的基础上，经过长期考察、反复论证后组织出版的。人工智能是众多学科交叉互促的结晶，因此丛书高度重视与人工智能紧密交叉的相关学科的优秀研究成果，包括脑神经科学、认知科学、信息科学、逻辑科学、数学、人文科学、人类学、社会学和相关哲学等研究成果。特别鼓励创造性的研究成果，着重出版我国的人工智能创新著作，同时介绍一些优秀的国外人工智能成果。

尤其值得注意的是，我们所处的时代是工业时代向信息时代转变的时代，也是传统科学向信息科学转变的时代，是传统科学的科学观和方法论向信息科学的科学观和方法论转变的时代。因此，丛书将以极大的热情期待与欢迎具有开创性的跨越时代的科学研究成果。

“新一代人工智能理论、技术及应用丛书”是一个开放的出版平台，将长期为我国人工智能的发展提供交流平台和出版服务。我们相信，这个正在朝着“两个一百年”目标奋力前进的英雄时代，必将是一个人才辈出百业繁荣的时代。

希望这套丛书的出版，能为我国一代又一代科技工作者不断为人工智能的发展做出引领性的积极贡献带来一些启迪和帮助。

李衍达

前　言

第四次工业革命正在国际社会上广泛开展，各制造强国相继提出各自的战略发展规划，如“德国工业 4.0”、“美国工业互联网”等，均将机器人技术放在不可替代的核心位置。《中国制造 2025》也将智能机器人作为未来十年我国发展的十大重点领域之一。这无疑表明智能机器人的发展及应用将成为未来科技发展的重心。常见的智能机器人——仿人机器人，预期可像人类一样灵活，在非结构化环境中与人类共同完成多种工作。所谓非结构化环境是指机器人的工作场景具有复杂、变化、不确定、布局随机等特征。

本书在国内外现有研究的基础上，依据运动学求解理论，对轮/履式仿人机器人关键技术开展研究。

1) 基于视觉传感器的深度估计与运动估计研究

首先，研究未先验复杂环境下视觉传感器的成像特点，建立视觉传感器与目标环境的数学模型，确定视觉传感器的运动方程和目标环境的观测方程，对图像进行去畸变处理，构建图像数据与视觉传感器的精确约束。其次，针对模型的几何约束，提取视觉传感器每帧图像的特征点，利用关键帧特征点提取和图像亚像素级匹配相结合的方法，求得基本矩阵恢复摄像机运动参数，并结合图像特征点匹配阶段获取的两幅图像中的匹配点坐标，进一步求解投影矩阵，估计重建对象的空间三维点坐标。最后，依据运动恢复结构(structure from motion，SFM)理论基础，完成对视觉传感器的深度估计和运动估计。

2) 三维场景信息的获取与结构重建方法研究

基于同时定位和地图构建(simultaneous localization and mapping，SLAM)理论，对图像特征描述子进行分析并精准提取配对，构建完整的闭环检测系统，在提高视觉传感器运动估计精度的同时，采用八叉树地图形式，实现对典型环境精确的三维描述。基于卷积神经网络(convolution neural network，CNN)算法，构建高鲁棒性和强实时性的目标检测算法，结合相机成像关系，完成对目标物体的精准定位。根据场景物体的几何结构关系，构建先验知识库，结合目标检测和图像处理技术，实现典型物体的结构重建。

3) 机器人运动学及三维运动规划研究

分别从基于图搜索、动态路径规划，以及基于采样的搜索三个方面介绍典型的路径规划算法，并使用不同的算法分别对轮/履式仿人机器人的移动平台进行全局路径规划和局部路径规划，从而在室内的实验环境中实现移动机器人的自主作业。另外，轮/履式仿人机器人的“下身和腰部”不少于6个自由度，可以为上身提供沿X轴、Y轴、Z轴的移动和转动自由度，实现全自由度空间可达性，从而实现上身作业脱离下身约束的可行性。本书提出基于悬浮理论的模型分离法逆运动学求解方法。该方法既可以提高逆运动学求解的速度和效率，又可以解决多自由度(⩾12个)机器人全身逆运动学不可解问题。

限于作者水平，书中难免存在不妥之处，恳请读者批评指正！

作　者

目　　录

第1章　绪　　论

1.1　研究背景及意义

仿人机器人可以分为双足步行机器人、轮/履式仿人机器人。其中，轮/履式为轮式和履带式两种类型的简称。仿人机器人如图 1-1 所示。可以看出，两种机器人下半身不同，但是实现的功能类似，均可实现前后移动、左右移动、转身、下蹲、站立(升降)等运动功能。

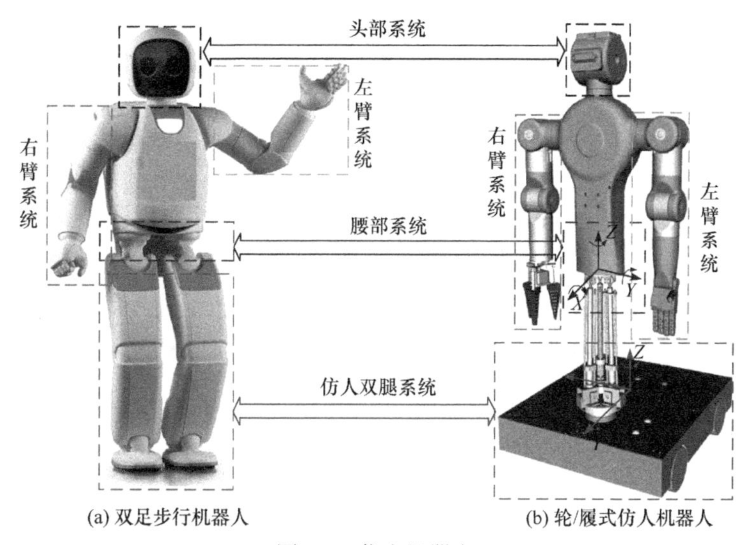

图 1-1　仿人机器人

由于双足步行机器人的步态规划、动平衡等核心和关键技术均极其复杂，致使其短期内无法在类似图 1-2 所示的非结构化环境中工作[1]。相比双足步行机器人，轮/履式仿人机器人可以避开双腿的步态规划和动平衡问题，使整体结构设计、运动规划、稳定性判据和控制算法变得简单，同时又具有人的灵活性和车的承载能力，因此更能有效地完成实际工程应用的特定任务。

轮/履式仿人机器人要执行图 1-2 中路径点 $A \sim E$ 所示的行走任务和路径点 $E \sim F$ 所示的作业任务，必须解决两个关键核心问题。首先，实现高精度的非结构化场景三维环境构建，是机器人能否自主工作的前提和基础。然后，对每个路径

图 1-2 轮/履式仿人机器人执行行走和作业任务

点及其之间的运动进行运动学逆解的求取，这是机器人能否自主工作的核心和关键。以机器人作业为例，轮/履式仿人机器人在非结构环境中作业示意图如图 1-3 所示。已知图 1-3(a)中末端执行器的初始位姿，要控制机器人右臂末端执行器从初始位姿到达图 1-3(b)中的目标位姿，就必须知道目标位姿及其所处的环境信息，构建高精度非结构化场景三维环境。在该环境中识别出目标物体的位姿，根据目标位姿及其所处的环境信息，求解该目标位姿对应的机器人全身各个关节的目标角度值。这个求解过程称为机器人运动学求解过程。得到机器人各关节目标角度值，即可控制机器人全身各关节舵机运动到其目标角度值，从而使机器人右臂末端执行器到达图 1-3(b)所示目标位姿，完成作业任务。在本书中，轮/履式仿人机器人的末端执行器一般为手爪。

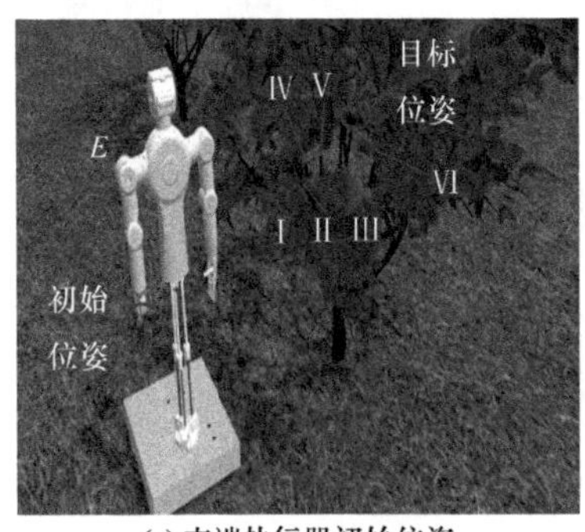

(a) 末端执行器初始位姿

(b) 末端执行器目标位姿

图 1-3 轮/履式仿人机器人在非结构环境中作业示意图

同理，轮/履式仿人机器人行走过程与作业过程也类似。轮/履式仿人机器人在非结构环境中行走示意图如图 1-4 所示。

轮/履式仿人机器人在多个领域有广泛应用。例如，图 1-5 所示的应用，手爪安装仪器检测头，即可进行工业现场中非结构化环境下的检测；手爪安装喷枪，即可进行喷涂作业；手爪安装焊枪，即可进行焊接作业；手爪安装扳手，即可进行装配作业。

(a) 行走前示意图

(b) 行走避障中示意图

图 1-4　轮/履式仿人机器人在非结构环境中行走示意图

图 1-5　在工业领域进行检测、喷涂、焊接、装配等应用

因此，在非结构化环境下，高精度三维环境构建、轮/履式仿人机器人行走与作业的逆运动学研究极具意义，但是同时面临诸多亟待解决的关键问题。

1) 非结构环境下环境感知与构建问题

在复杂的环境中，利用图像信息进行运动估计和环境构建时，如何解决场景复杂性带来的匹配误差问题。其次，如何精确而鲁棒性地识别和定位复杂场景中的目标，为机器人的作业提供目标信息。

2) 多自由度(⩾12)轮/履式仿人机器人逆运动学求解难度高的问题

求解多自由度轮/履式仿人机器人逆运动学时，无论采用解析法、几何法，还是数值法[2]，由多变量组成的方程组一般都是由三角函数组成的高阶、非线性、强耦合函数。当自由度大于 7 时，均存在求解难度高、耗时长等问题，导致无法在工程实际中应用。如图 1-1(b)所示，机器人由 3 个分支组成，即由小车+腰部+左臂共 13 个自由度组成的左臂分支，由小车+腰部+右臂共 12 个自由度组成的右臂分支，由小车+腰部+头部共 9 个自由度组成的感知分支。若每个自由度为一个变量，则左臂分支需要求 13 个变量，右臂分支需要求 12 个变量，感知分支需要求 9 个变量。

3) 逆运动学求解需要考虑轮/履式仿人机器人的避障问题

在非结构化环境中，逆运动学求解首先要适应避障行走与作业。行走时，机器人要从图 1-2 中起始位置 A 经过路径点 B、C、D、E 到达目标位姿 F，就必须避开图 1-4(b)中的Ⅰ、Ⅱ、Ⅲ、Ⅳ障碍物，即在整个行走过程中，均要求逆运动学，并且求逆运动学时全程要考虑避障问题；作业时，机器人手爪要从图 1-3(a)中的初始位姿运动到图 1-3(b)中的目标位姿，机器人在整个作业过程中均需求逆运动学，并且求逆运动学时必须避开障碍物Ⅰ、Ⅱ、Ⅲ、Ⅳ、Ⅴ、Ⅵ。同样，机器人在图 1-5 中作业也需要避开障碍物Ⅰ、Ⅱ、Ⅲ、Ⅳ、Ⅴ、Ⅵ、Ⅶ。

4) 逆运动学求解必须考虑轮/履式仿人机器人的稳定性问题

在非结构化环境中，逆运动学求解首先要保证轮/履式仿人机器人的稳定性。行走时，如图 1-4 所示，由于路面不平、上下坡、遇到障碍物等情况，机器人上身的姿态要适应小车的稳定性。以机器人上身避障弯腰为例，此时机器人重心必须落在小车四轮或履带支撑范围内；作业时，如图 1-3 所示，机器人整体的重心也必须落在小车四轮或履带支撑范围内。

5) 逆运动学求解要符合轮/履式仿人机器人路径规划要求

在非结构化环境中，要求轮/履式仿人机器人的逆运动学符合下身、腰、上身从起始点到目标点的路径规划要求。行走时，如图 1-2 所示，机器人要从起始位置 A 经过 B、C、D、E 到达目标位姿 F，机器人逆运动学必须考虑小车的路径规划；作业时，如图 1-3 所示，机器人逆运动学要符合手爪从初始位姿到目标位姿的全程三维路径规划。

综上，如何构建高精度非结构化三维环境，解决综合考虑避障、稳定性、路径规划约束下的多自由度轮/履式仿人机器人逆运动学求解问题，既是轮/履式仿人机器人行走和作业控制的前提和基础，又是其能否应用于工程实际的核心和关键，更是轮/履式仿人机器人面临的巨大挑战。

1.2 研究现状

2015 年起，我国机器人市场规模就位居世界第一。仿人机器人由于可以模仿人类的多种动作[3]，同时结合腰部等自由度可实现多种姿态的特点，已在许多领域崭露头角。轮式仿人机器人可以在非结构化环境中进行移动，完成救援、抓取等复杂作业，具有较强的应用前景。为了实现机器人的复杂动作，研究逆运动学求解、稳定性分析、作业规划就必不可少。

1.2.1 逆运动学研究现状

机器人运动学逆解的求取一直是机器人领域的热点、难点问题。1983 年，Klein

等[4]提出一种针对冗余手臂分配关节角的方法，使用伪逆并结合其他准则函数，使关节角度保持在冗余机械手的极限范围内，并达到最小标准控制的需求。此后涌现了许多利用伪逆矩阵求解逆运动学的方法[5-7]。逆运动学的求解过程涉及矩阵的求逆，需要较高的计算成本，存在复杂的矩阵计算或奇异性问题。Galicki[5]提出一种带有控制反馈的逆运动学求解方案，可以同时避免障碍物和奇点问题，但是该方法计算成本较高。2009 年，Aristidou 等[6]提出一种启发式和迭代式的方法——前后延伸逆运动学(forward and backward reaching inverse kinematics，FABRIK)。这种方法无须求解矩阵，是一种快速求解各关节角度的方法，且具有一定的避障能力。此外，该方法通过引入子基点和末端执行点来解决多个末端点的求解问题。2016 年，Aristidou 等[7]提出一种拓展的 FABRIK，用于解决模型约束问题。FABRIK 的特点是当前向过程结束之后，为了保证基座不变进行后向延伸来求解各关节角度。对于移动机械臂或者轮式机器人而言，应用有限。大量移动机械臂的逆运动学求解方法需要很高的计算成本[8]。为此，Phillipe 等[9]在 2020 年提出一种基于 FABRIK 算法的移动机械臂逆运动学求解方法——M-FABRIK。这种方法易于实现、收敛速度快、计算成本低，可以实时应用。

近年来，随着群智能算法、人工智能的发展，涌现了许多基于智能算法的逆运动学求解方法。2013 年，Rokbani 等[10]提出基于各种变体的粒子群优化(particle swarm optimization，PSO)算法的逆运动学求解方法。2015 年，Duka[11]研究提出一种神经网络结合模糊模型方法解决逆运动学问题。2019 年，Ram 等[12]提出在无障碍环境和杂乱工作空间中运行的移动机械手逆运动学的解决方案，利用双向粒子群优化方法，结合提出的新型机械手解耦技术获得移动机械手的逆运动学解。

各种智能算法的涌现为求解数值解提供了新的思路，但是算法中的参数难以确定，也没有通用的估算方法或公式，算法的通用性仍有待考量。因此，多自由度仿人机器人的逆运动学求解问题还没有很好的计算方法。

1.2.2　运动规划算法研究现状

根据全球产业展望报告预测，2025 年，全球 14%的家庭将拥有自己的机器人管家，每万名制造业员工将与 103 个机器人共同工作[13]。因此，机器人运动的规划精度和速度需要不断提高以适应发展需求。运动规划是指已知机器人的初始位姿和目标位姿，以及机器人和环境的模型参数，通过某种算法，在躲避环境障碍物和防止自身碰撞的同时，规划出一条到达目标位姿点的移动路径。随着技术的发展，机器人的运动规划已经有了许多可行的方法。例如，基于采样的机械臂运动规划，包括概率路线图法(probabilistic roadmap method，PRM)、快速拓展随机树(rapidly-exploring random tree，RRT)算法[14,15]、基于人工势场法的运动规划[16]；基于智能算法的运动规划，包括粒子群优化算法、遗传算法[17]、基于神经网络的机器学习方法[18]等。

传统算法因为结构简单和运算量小等优点被广泛应用，在很多传统算法中无须获知全局信息，便可以规划有效的避障轨迹。其规划路径平滑、直观且可靠。Safeea 等[19]提出牛顿法，用一种计算效率高的符号公式，计算关于关节角度的 Hessian 矩阵。2019 年，Wen 等[20]提出一种基于模糊控制器和强化学习的轨迹规划策略框架，建立基于仿人机器人 NAO 右臂动力学方程的 Takagi-Sugeno 模糊模型，通过强化学习算法规划实际的运动轨迹，使机械手的末端能够跟踪理想的轨迹实现有效的避障。Khan 等[21]于 2020 年提出一种基于元启发式的控制框架——甲虫触角嗅觉递归神经网络，用于冗余机器人的跟踪控制和避障。对于类人机器人规划，由于其有多个自由度，需要统筹考虑重心等问题，因此方法更加复杂。

RRT 算法是一种随机构建空间填充树来有效搜索高维度、非凸空间的算法。树是从搜索空间中随机抽取的样本逐步构建的，本质上是倾向于朝向大部分未探索区域生长。RRT 算法可以轻松处理障碍物和差分约束(非完整和动力学)问题，广泛应用于自主机器人的路径规划中。1998 年，LaValle 等提出的 basic-RRT 算法在机械臂轨迹规划领域大放异彩。然而，basic-RRT 算法因为采样策略的随机性与盲目性使避障效果和规划效率不尽如人意。Kuffner 等[22]提出的 RRT-Connect 通过以一定的概率(通常为 5%～10%)进行目标偏差采样来提升算法性能，但是规划效率较低，并且当环境中有狭窄通道时易陷入局部极小值，规划成功率较低。为了避免局部极小值问题，Bruce 等[23]将扩展 RRT(execution extended RRT，ERRT)算法与 Waypoint Cache 方法相结合来提高效率。实验表明，真实机器人在避免障碍物，克服剧烈振荡和局部极小问题的同时，规划速度可以提高 40%。Yuan 等[24]提出一种高效目标因子偏差 RRT(efficient bias-goal factor RRT，EBG-RRT)算法。

为了提升规划速度，减少 RRT 算法的搜索空间有树的无效节点。Zhang[25]引入一种回归机制防止 RRT 算法过度搜索配置空间，并采用自适应扩展机制使算法寻找路径的速度得到有效改善。2019 年，Wang[26]将双向人工势场整合到 RRT*中，使路径规划中的搜索时间和迭代次数有显著改善。Selin 等提出一种与边界探索计划相结合的方法作为全局探索，将与 Receding Horizon 最佳视图计划(receding horizon “next-best-view” planner，RH-NBVP)相结合的方法作为局部探索的 RRT 路径规划算法[27]。此外，缓存点还利用新的查询插值功能。通过实验，机器人可以快速探索较大的未知环境，且不会陷入困境。但是，该算法并未在三维仿真环境下进行验证。

1.2.3 碰撞检测算法研究现状

关于碰撞检测问题的研究始于 20 世纪 80 年代，当时在机器人自动装配、路径规划等领域中产生了一系列碰撞检测算法。Gottschalk 等[28]在 1996 年研发了基于方向包围盒(oriented bounding box，OBB)的 RAPID 系统，解决了多类多边形间的碰撞检测。Ponamgi 等[29]针对三维对象模型的特征提出最邻近特征有关算法，但是算法无法处理模型间的穿透现象。Baciu 等[30]提出将深度缓冲与模板缓存组合使用，提高碰撞检测效率，对硬件的要求低。Teschner 等[31]提出一种基于图像空间的碰撞检测算法，算法适合任意形状的对象。金汉均等[32]提出一种基于遗传算法的凸多面体之间的碰撞检测算法，算法计算精度较高、速度较快。熊玉梅[33]分别利用遗传算法和粒子优化方法执行并行的碰撞检测算法。刘少强等[34]针对质点弹簧模型的建立进行研究，并提出使用轴向包围盒(axis-aligned bounding box，AABB)对检测效率实现优化。王季等[35]利用一种新型带纹理包围盒代替物体的复杂结构模型，可以有效提高碰撞检测效率。然而，无论是球包围盒、轴向包围盒、方向包围盒，还是层次包围盒，当物体形状过于复杂或物体表面为凹面时，包围盒技术都难以选取合适的包围盒对障碍物进行包络。选取物体表面点进行碰撞检测虽然可以提升检测精度，但是会极大地降低算法效率。因此，实时性与检测精度难以同时满足应用需求成为当前碰撞检测技术的难题。

1.2.4 仿人机器人稳定性研究现状

在控制仿人机器人时，一个重要的问题是如何管理其大量的自由度。因为质心(center of mass，CoM)代表人体动力学的重要特征，所以在大多数方法中，机器人的全身运动都是根据基于 CoM 的低维模型进行控制，如倒立摆模型、桌面-小车模型等。但是，仿人机器人在与环境进行交互时很难进行精确的 CoM 估计。

基于惯性参数的运动学是常用的 CoM 估计方法[36]。根据仿人机器人的运动状态和环境扰动，实时计算生成所需调整量，使机器人恢复到稳定状态。大部分情况下，可以使用设计的连杆几何参数与关节处编码器准确测得的关节位移来估计基础运动学，获得 CoM 位置。CAD 模型和实际机器人惯性参数之间存在误差，CoM 位置还需要修正。为了准确地获得基础运动学，惯性测量单元输出和腿部运动学通常会融合在一起[37]，但是基于模型的在线稳定性控制方法需要人为事先进行全面而具体的设计，而且模型的建立往往以机器人的各项硬件参数(如连杆长度、重量等)为基础，适用性欠佳，难以迁移到其他仿人机器人上。

近年来，人工智能领域发展势头迅猛，先进而高效的智能算法层出不穷。Lin 等[38]在不建立机器人动力学模型的前提下，设计了基于 Q-Learning 的稳定性控制算法。该算法以零力矩点(zero moment point，ZMP)的位置为状态，通过调整机器人手臂和腿部关节的角度，在一定范围的连续域内操控 ZMP。Hengst 等[39]将强化学习与倒立摆模型相结合，使仿人机器人学会如何应对地面的障碍物，以及外界的冲击。Panwar 等[40]以多项式拟合双足机器人预先规划的踝关节和髋关节轨迹，使用神经网络代替逆运动学求解过程，实时输出其余关节轨迹。

对于轮式仿人机器人而言，研究其稳定性的文献不多，因此有必要开展研究。

1.2.5　同时定位和地图构建研究现状

从 SLAM 被提出至今，历经了 30 多年时间。Cadena 等[41]将 SLAM 分为 1986～2004 年和 2004～至今两个时期。第一个时期称为经典时期。这个时期，人们提出 SLAM 的基本概念，提出扩展卡尔曼滤波、粒子滤波器、最大似然估计等十分经典的方法。第二个时期称为算法发展时期。在这个时期，人们提出 SLAM 的可观察性、收敛性、一致性等基本特性。同时，最主要的一个发展是开发并公布了开源的 SLAM 算法库，为众多学者提供了直接的程序学习基础。

1986 年，Smith 等[42]首次提出概率 SLAM，这是移动机器人与人工智能的首次结合，为移动机器人的定位与导航提供了新思路。1989 年，Crowley 等[43]在机器人导航与定位问题中，使用卡尔曼滤波器(Kalman filter，KF)对噪声服从高斯分布的线性方程进行精确处理。该方法能够快速且精确地求解机器人位姿和获取环境信息，但是对于非线性方程问题却难以求解。为了解决这个问题，Julier 等[44]提出扩展卡尔曼滤波，这为早期的 SLAM 后端优化提供了完美的理论基础。除此之外，还逐步出现粒子蚁群法[45]、最大似然算法[46]，以及图优化法[47]等。这为 SLAM 系统提供了强大的算法支撑。1998 年，Davison[48]提出基于视觉的 SLAM (visual SLAM，VSLAM)。自此，SLAM 成为移动机器人的重要研究问题。此后，他还在 2003 年首次提出基于单目的 SLAM 技术(MonoSLAM)[49]这一概念，建立了一个单目实时的 SLAM 系统，并在 2007 年对单目相机的 3D 轨迹进行了无漂移恢复，极大地扩展了 SLAM 的应用领域。

2011 年，Kümmerle 等[50]提出基于 G2O(general graph optimation)的图形优化非线性函数框架，将视觉 SLAM 的后端优化提升到一个新的阶段。同年，Sturm 等[51]提出 RGB_D SLAM 摄像头的标准数据集(rgbd-dataset)。他们通过高速捕捉设备得到 RGB_D 摄像头的真实运动轨迹，计算相机的真实空间位姿，记录每一帧深度图和彩色图对应的时间戳，为 RGB_D SLAM 系统制定评价标准。Engelhard 等[52]研发了一种基于手持式 RGB_D 相机的 SLAM 系统。该系统主要利用加速稳健特征 (speeded-up robust feature，SURF)算法进行图像特征点的提取；利用深度信息恢复三维空间位姿；使用随机采样一致(random sample consensus，RANSAC)方法对相邻帧之间的运动估计进行优化处理；采用改进型的迭代最近点(interative closest point，ICP)算法获取相机的运动矩阵。2012 年，Henry 等[53]提出利用描述子的旋转尺度不变性(scale invariant feature transform，SIFT)来提取特征点，结合 ICP 算法进行运动估计，得到了较为精准的相机运动轨迹。2016 年，Mur-Artal 等[54]提出 ORB SLAM2 系统。该系统涵盖了单目、双目，以及 RGB_D 等多类相机，虽然体量小，但是子系统全面，包含线程跟踪、局部建图、闭环检测等各个内容。

综上所述，路径规划、碰撞检测、稳定性、逆运动学、定位与建图逐渐成为机器人领域研究的热点内容。目前，许多学者和研究机构提出大量结合逆运动学的运动规划、避障检测、稳定判据算法。但是，轮/履式仿人机器人如何在非结构化环境下综合考虑运动规划、碰撞检测、稳定性约束的逆运动学求解问题的相关研究还不多，性能也不佳，因此有必要对其开展全面的研究工作。

第 2 章　轮/履式仿人机器人平台介绍

2.1　引　　言

为了能够让机器人与人类一样灵活，代替人类在高难度、高危险、重复枯燥等复杂环境中完成作业，机器人的结构和功能大多参照人体进行设计开发。本书设计了一种具有识别定位功能、自主完成作业任务的 25 自由度混联型人形机器人平台。该机器人平台的上肢与人体类似，具体包括头部、双臂、机器人主体及腰部。另外，机器人上肢通过底部的转台与移动小车相连，将移动小车作为该平台的双腿。机器人平台通过头部视觉系统对目标进行识别和定位，并实现机器人自主导航、行走、目标抓取等任务。机器人系统主要包括硬件机械系统和软件控制系统两部分，本章对这两部分内容进行介绍。

2.2　结 构 分 析

1) 串联机器人特点

串联机器人是较早应用于工业领域的机器人，该结构是一个开放的运动链，以开环机构为机器人机构原型。在串联机器人中，串联机构平台由于其开环的串联机构形式，末端执行器可以在大范围内运动，所以具有较大的工作空间，并且操作灵活、控制系统和结构设计较简单。同时，由于其研究相对成熟，已成功应用于很多领域，如各种机床、装配车间等。由于串联机器人链接的连续性，当串联机构的末端执行器受力时，每个关节都要承受此关节到末端关节所受负载的力之和，各关节间不仅不分担负载，还承受叠加的重量，重量向末端操作器逐级递减。因此，串联机器人负载能力和位置精度与多轴机械比较起来很低。同时，串联机器人各关节电机安装在关节部位，在运动时会产生较大的转动惯量，从而降低其动力学性能。此外，串联关节处累积误差也比较大，会严重影响其工作精度。

2) 并联机器人特点

并联机器人是一个封闭的运动链，一般由上下平台和两条或者两条以上运动支链构成。与串联机器人相比，由于并联机器人由一个或几个闭环组成的关节点坐标相互关联，具有运动惯性小、热变形较小、不易产生动态误差和累积误差的特点。此外，还具有精度较高、机器刚性高、结构紧凑稳定、承载能力大且反解容易等优点。基于这些特点，并联机器人在过去的 30 年中一直是机器人研究领域的重要研究方向。尽管并联机器人的研究与串联机器人相比起步较晚，而且还有很多理论问题没有解决，但是关于并联多运动臂的结构设计、动力与控制策略，以及主轴电机的工作空间和工位奇异性研究已趋于成熟，在需要高刚度、高精度、大荷重、工作空间精简的领域内得到广泛应用，如运动模拟器、delta 机器人等都是并联机器人成功的案例。

3) 混联机器人特点

混联机器人是针对工业、农业、国防等领域实际应用中，对机器人操作空间和操作灵活度的具体要求而提出的一种新型机器人结构。混联机器人是以并联机构为基础，在并联机构中嵌入具有多个自由度的串联机构，是一个复杂的混联系统。此类机器人在继承并联机器人刚度大、承载能力强、高速度、高精度特点的同时，末端执行器也拥有串联机器人具有的运动空间大、控制简单、操作灵活等特性，多用于高运动精度的场合。然而，由于并联机构的存在，在结构设计时对运动解耦性的考虑是不可避免的，因此如何合理设置并联机构成为混联机器人的重要研究方向。另外，混联机器人往往随着并联机构的加入而具备微动、高精度的运动特点，其在高精度要求的机械加工领域具有很好的应用前景。在应用工艺上，除常用于食品、医药、日化、物流等行业中的理料、分拣、转运外，凭借多角度拾取优势进一步扩大了机器人的应用范围。

4) 轮/履式仿人机器人结构选择

考虑图 1-1(b)，小车实现了步行机器人的前后、左右、转弯 3 个自由度的运动，但是缺乏腿部的下蹲、站立的上下，以及腰部的前后、左右、弯腰等自由度运动，且这部分不但要承担上身的所有重量和转矩，而且要承担手爪部抓取的重物和运动中的惯性力，同时其作业范围不需要很大，这正是并联机构的用武之地，因此这三个自由度采用图 2-1 所示的并联机构实现。由于两末端执行器需要大的工作空间，即仿人机器人上身正是串联机器人的用武之地，因此采用串联机构实现。与腿式仿人机器人自由度相比，缺少一个腰部绕着上身轴线的转动自由度。考虑稳定性和机构布局合理性，在小车和并联机构之间安装一个转动自由度，可以实现图 1-1(a)步行机器人的所有自由度。

2.3　硬件系统

作业机器人平台主要包括头部系统、左臂系统、右臂系统、并联机构、移动平台等硬件部分。头部系统包括头部本体、双目系统等，可以实现抬头、低头、头部摇摆等功能；左臂系统(辅助作业臂)和右臂系统(主作业臂)包括肩部、大臂、肘部、小臂、手爪等，分别可以实现六自由度和五自由度作业功能；并联机构由三个串联分支组成，可以实现腰部的前后弯腰、左右弯腰、上下运动；移动小车由四轮、车体等组成，可以实现前后移动、左右移动、转动等功能。作业机器人平台如图 2-1 所示。

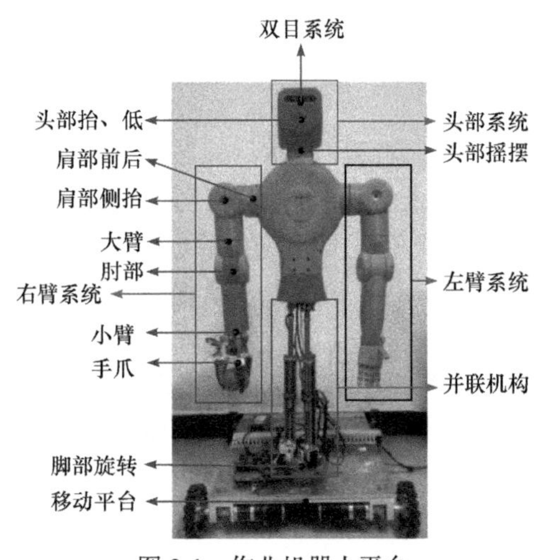

图 2-1　作业机器人平台

将机器人各部分硬件系统组装搭建为一体，并通过软件系统进行协调控制，可以实现机器人自主作业功能。

2.3.1　双臂作业系统

仿照人体的双臂结构,对机器人系统双臂的外层及支撑结构分模块进行设计,并通过 3D 打印制作。机器人平台的主、辅助作业臂分别有 5 个自由度、6 个自由度，均包括肩部前后抬关节、肩部侧抬关节、大臂旋转关节、肘部关节和小臂旋转关节。相比主作业臂，辅助作业臂增加了手腕处的关节。同时，为了满足主作业臂对目标物体的作业任务，其末端采用三指柔性机械手爪。双臂末端执行器如图 2-2 所示。

辅助作业臂末端手掌拥有大拇指、食指、中指、无名指、小拇指等 5 个手指关节。每个手指关节都可以模仿人类手指，并作出相应的动作。更重要地，可以使用该手掌将遮挡目标(苹果)的树叶、树枝等障碍物清理，辅助主作业臂作业。主作业臂末端的三指柔性机械手爪由柔性材料制作而成，可以保证目标(苹果)的表皮不受到损伤。

机器人平台双臂系统具有 16 个自由度，要使双臂系统像人类一样灵活，需要

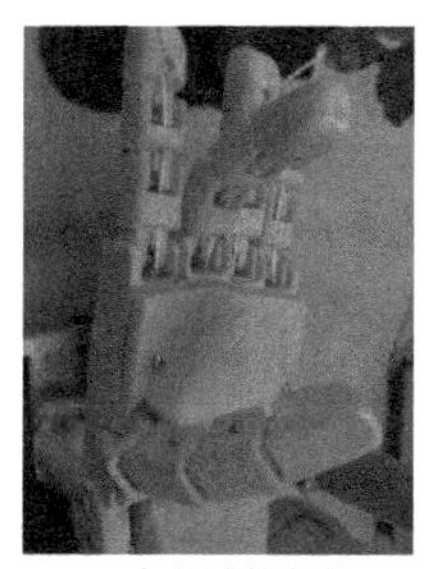
(a) 左末端执行器

(b) 右末端执行器

图 2-2　双臂末端执行器

对机器人双臂的各个关节进行驱动控制。本书选取串行总线智能舵机。该舵机采用 ARM32 单片机为主控制核心，位置感应采用高精度的磁铁感应角度方案，通信电平采用具有较强抗干扰能力的 RS485 方式。控制器和舵机之间采用问答方式通信，控制器发出指令包，舵机返回应答包。一个总线控制网络允许有多个舵机，可以给每个舵机分配 ID(identity document，用户身份识别码)。控制器发出的控制指令包含 ID 信息，只有匹配 ID 号的舵机才能完整接收这条指令，并返回应答信息。驱动舵机和舵机控制板如图 2-3 和图 2-4 所示。

图 2-3　驱动舵机

图 2-4　舵机控制板

2.3.2　腰部 3-RPS 并联机构

一般地，当人形机器人的上半身比较重，采用传统的串联结构将其与下半身进行连接时，会有机器人从中间断裂的情况出现。这是因为，串联机构是悬臂梁式结构，其结构不稳定、刚度小、承载能力较低。然而，相较于传统的串联机构，并联机构具有结构稳定、刚度大、承载能力较强、输出精度高、运动负荷较小等优点。因此，本书采用 3-RPS(R 为转动副、P 为移动副、S 为球铰)并联机构作为机器人的“腰部”，将人形机器人的上半身与移动小车连接到一起。3-RPS 并联机构如图 2-5 所示。

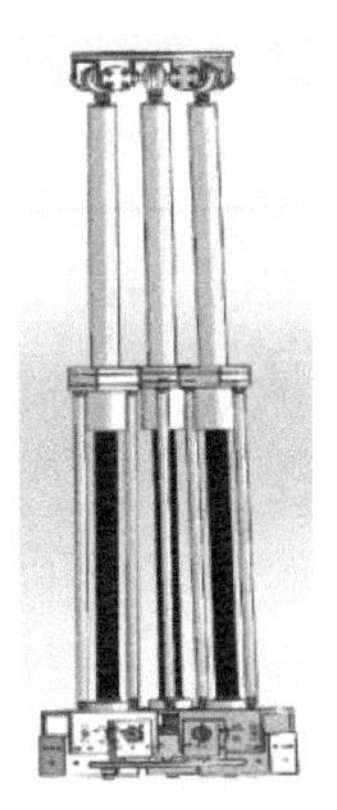

图 2-5　3-RPS 并联机构

3-RPS 并联机构，由静平台、动平台、三根驱动连杆，以及连接部位的球铰链组成，驱动连杆底部固定于静平台，连杆顶端通过球铰关节与动平台相连。同时，连杆设计为滚珠丝杠螺母结构，呈 120°对称分布，并通过数字舵机对其进行驱动控制。机器人平台利用其对称结构设计，使并联机构的末端动平台，可看作 2 个转动、1 个移动的 3 自由度空间运动机构。也就是说，3-RPS 并联机构可以让机器人在其关节空间起到转动和移动的作用，从而实现机器人的弯腰、侧腰、升降功能。该腰部 3-RPS 并联机构，不仅增加了混联型人形机器人的操作空间，也提高了机器人腰部的刚度和承载负载的能力。

2.3.3　移动小车平台

为了保证整个机器人系统运动的灵活性、可靠性、精确性等，选取基于麦克纳姆轮的四轮移动小车作为机器人行走的“双腿”。麦克纳姆轮由轮毂和一组均匀分布在轮毂周围的鼓状辊子组成，其中间是支撑机构，轮毂轴线与辊子轴线成一定角度，通常为 45°。移动小车平台如图 2-6 所示。

在非主动运动方向，小辊子可以绕自身的轴线自由转动，实现机器人的全向移动。被动小辊子的自由转动为单个麦克纳姆轮提供相互独立的 3 个自由度。基于麦克纳姆轮的移动机器人通常由 4 个分为左右旋的麦克纳姆轮组成，这种全向移动机器人运动灵活，同时运动控制也较为方便简单、易于实现。另外，每个麦克纳姆轮都配备一个电机和一个编码器，使四个轮组既能相互协同又能独立控制，同时移动小车的运动精度也得到大幅提升。与其他类型的移动小车相比，基

图 2-6　移动小车平台

于麦克纳姆轮的移动小车底盘轻便、结构强度高、负载能力强，运动控制方便简单、控制系统易于实现，轮组机构设计简单、轮组有一定宽度、运动较为平稳。移动小车各个轮子的速度与方向，在任何要求的方向上，各个轮子的力最终会叠加合成一个合力矢量,从而使移动小车在不影响轮子固有方向的基础上自由运动。根据 4 个麦克纳姆轮的运动特性(每个麦克纳姆轮由单独的电机控制,单独的麦克纳姆轮不能完成全向移动，需要多个轮子的运动组合才能完成平台的全方位移动)，机器人平台完成前移、后移、左移、右移、斜移和自转等运动模式。麦克纳姆轮运动示意如图 2-7 所示。图中斜线代表小辊子的轴向，可以看出两个左旋轮和两个右旋轮对角放置,小辊子轴向与移动平台y轴(图 2-7)夹角为β,当$\beta\neq0$时,轮子在滚动时，鼓形辊子受到车体制约，与地面发生摩擦，致使车体沿着辊子的轴线方向移动。

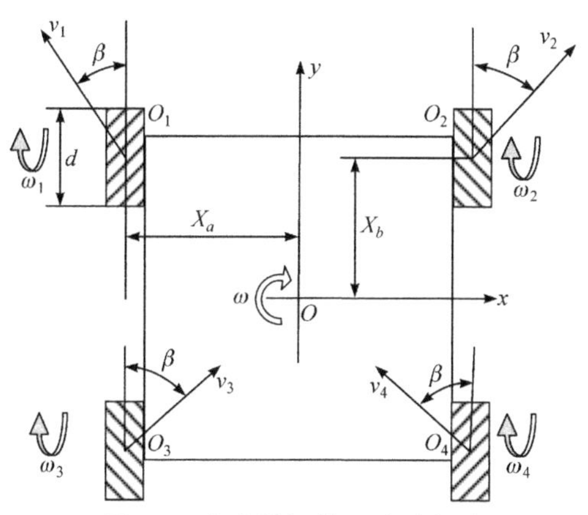

图 2-7　麦克纳姆轮运动示意图

为了对移动平台进行运动分析，以动平台中心点O作为原点，建立坐标系Oxy，设车轮n的中心为O_n，车轮的直径为d，移动机器人在平面中心点O具有 3 个自由度，各自由度的速度分别为v_x、v_y、ω，麦克纳姆轮辊子速度为v_{gn}，麦克纳姆轮中心速度为v_n，麦克纳姆轮电机带动轮子转动的角速度为ω_n，前后车轮中心距离为$2X_b$，两侧车轮中心距离为$2X_a$。车轮的旋转会产生两种运动，一种是沿着车轮的方向运动，另一种是辊子绕着自身的轴线旋转，以1号轮为例，其速度可表示为

$$v_1=\begin{bmatrix}0 & -\sin\beta \\ \dfrac{d}{2} & \cos\beta\end{bmatrix}\begin{bmatrix}\omega_1 \\ v_{g1}\end{bmatrix} \tag{2-1}$$

根据麦克纳姆轮和移动平台的位置关系推算1号轮子的速度为

$$v_1=\begin{bmatrix}1 & 0 & X_b \\ 0 & 1 & X_a\end{bmatrix}\begin{bmatrix}v_x \\ v_y \\ \omega\end{bmatrix} \tag{2-2}$$

由式(2-1)和式(2-2)可得

$$\begin{bmatrix}0 & -\sin\beta \\ \dfrac{d}{2} & \cos\beta\end{bmatrix}\begin{bmatrix}\omega_1 \\ v_{g1}\end{bmatrix}=\begin{bmatrix}1 & 0 & X_b \\ 0 & 1 & X_a\end{bmatrix}\begin{bmatrix}v_x \\ v_y \\ \omega\end{bmatrix} \tag{2-3}$$

同理可得麦克纳姆轮的角速度，即

$$\begin{bmatrix}\omega_1 \\ \omega_2 \\ \omega_3 \\ \omega_4\end{bmatrix}=\begin{bmatrix}\dfrac{2}{d\tan\beta} & \dfrac{2}{d} & \dfrac{-2(X_a\tan\beta+X_b)}{d\tan\beta} \\ \dfrac{-2}{d\tan\beta} & \dfrac{2}{d} & \dfrac{2(X_a\tan\beta+X_b)}{d\tan\beta} \\ \dfrac{-2}{d\tan\beta} & \dfrac{2}{d} & \dfrac{-2(X_a\tan\beta+X_b)}{d\tan\beta} \\ \dfrac{2}{d\tan\beta} & \dfrac{1}{R} & \dfrac{2(X_a\tan\beta+X_b)}{d\tan\beta}\end{bmatrix}\begin{bmatrix}v_x \\ v_y \\ \omega\end{bmatrix}=J\begin{bmatrix}v\cos\beta \\ v\sin\beta \\ \omega\end{bmatrix} \tag{2-4}$$

其中，J为系统逆运动学方程雅可比矩阵，当$\beta>0$时，雅可比矩阵J满秩，此时麦克纳姆轮具有全向运动能力。

通过计算每个麦克纳姆轮的角速度与点O速度之间的关系，再根据运动合成规则，即可由点O速度推算出每个麦克纳姆轮的运动状态，实现对四个驱动电机的控制，进而达到理想的运动控制要求。

2.3.4 Realsense D435 摄像头介绍

本书选用英特尔公司研发的 RGB_D 摄像头——Realsense D435 作为机器人的“眼睛”。这款摄像头将宽视场和全局快门传感器结合到一起，功能强大，室

内、室外均可使用，摄像头正面从左到右，分别为红外传感器、红外激光发射器、红外传感器和色彩传感器。Realsense D435 摄像头如图 2-8 所示。该摄像头具有实时性高、精度高、成像性能好、体积较小、采用 USB(universal serial bus，通用串行总线)供电形式等特点，搭载 4 个主要模块。该双目摄像头体积小巧，可安装于机器人头部，并随机器人颈部俯仰、旋转两个方向的运动进行不同方位的扫描，作为机器人获取外界信息的“眼睛”。机器人头部示意图如图 2-9 所示。

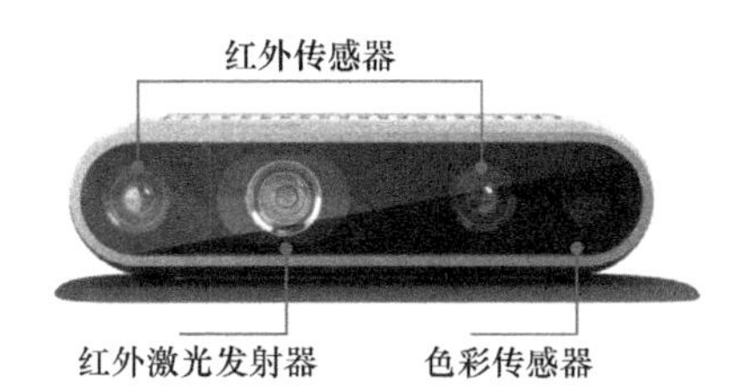

图 2-8　Realsense D435 摄像头

图 2-9　机器人头部示意图

Realsense D435 摄像头采用结构光原理，具有十分完整的光学深度解决方案，能够较好地满足实验的要求。其性能如表 2-1 所示。

表 2-1　Realsense D435 摄像头性能

指标	性能
使用环境	室内/室外均可
深度流输出的分辨率(像素)	最大达 1280 × 720
深度流输出速率/帧/s	最大达 90
输出深度距离/m	0.2～10
RGB 输出分辨率(像素)	最大达 1920 × 1080
RGB 输出速率/帧/s	最大达 30

2.4　软 件 系 统

机器人硬件系统搭建完成之后，需要进行软件系统的开发对整个机器人平台进行控制。然而，在耗费很多硬件资源完成机器人的搭建后，再去编写大量的底层驱动程序时，会大大地增加工作强度和开发成本等。因此，近年来，随着机器人操作系统(robot operating system，ROS)的不断完善和相关领域技术的不断发展，大多数开发人员选择 ROS 作为机器人的开发平台，并投入大量的精力进行深入研究。ROS 是 Willow Garage 公司发布的一款开源系统，用户可以根据其提供的绘图、定位、感知、遥控、模拟、行动规划等软件功能包对机器人实现简单便捷的控制。

2.4.1　机器人模型

机器人建模的 ROS 软件包是 urdf 软件包。该软件包包含一个用于统一机器人描述格式的 C++解析器。在 urdf 软件包中，必须创建一个扩展名为.urdf 的文件来保存机器人连杆和关节之间的连接关系。两个连杆通过关节相连，并将前一个连杆称为父连杆，后一个称为子连杆。关节及连杆如图 2-10 所示。

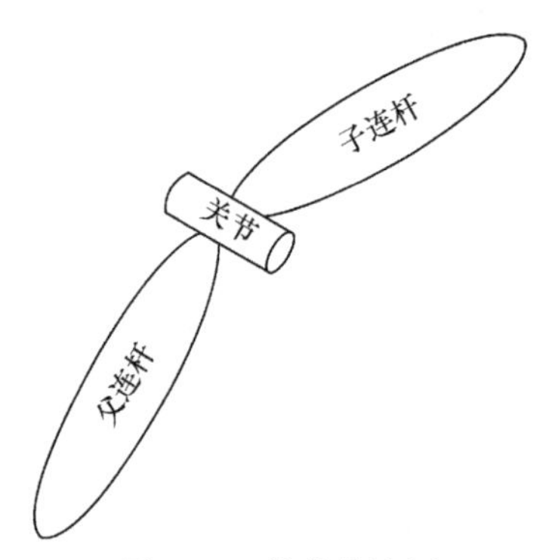

图 2-10　关节及连杆

本书将 Solidworks 中的机器人模型导出为统一机器人描述格式(unified robot description format，URDF)模型文件，并通过对其进行参数配置等操作，将其在 RVIZ 仿真插件中配置至与真实机器人完全相同的仿真模型。机器人模型如图 2-11 所示。

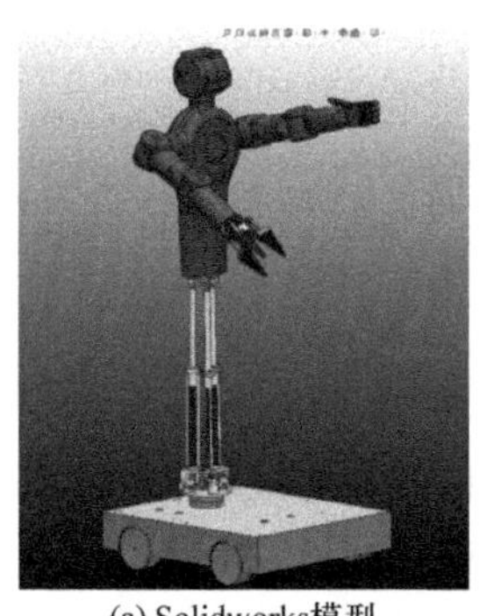

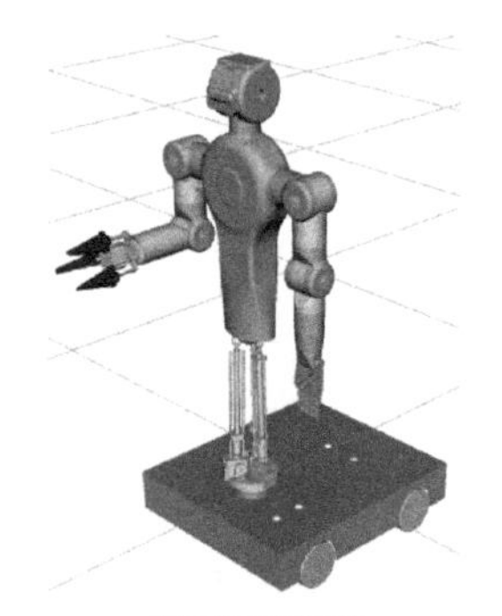

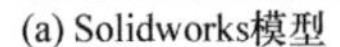

(a) Solidworks模型　　(b) URDF模型

图 2-11　机器人模型

在 RVIZ 仿真插件中对机器人进行调试，并应用配置助手对机器人的规划组进行配置。同时，建立 MoveIt! 与真实机器人的通信，对机器人模型的正确性进行验证。在模型中，为了使腰部并联机构能够正常运动，将其在 URDF 文件中等效为一个球体，可以同时实现弯腰和侧腰功能。

当随机给定机器人辅助作业臂关节一组角度值(−100°,−10°,30°,−60°,24°,0°)时，仿真模型和真实机器人的运动状态如图 2-12 所示。

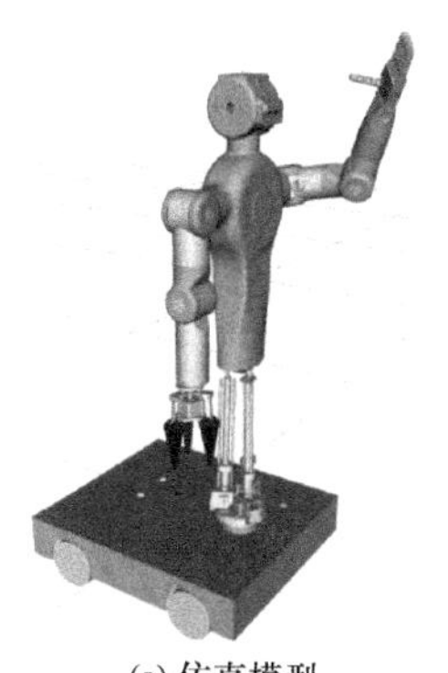
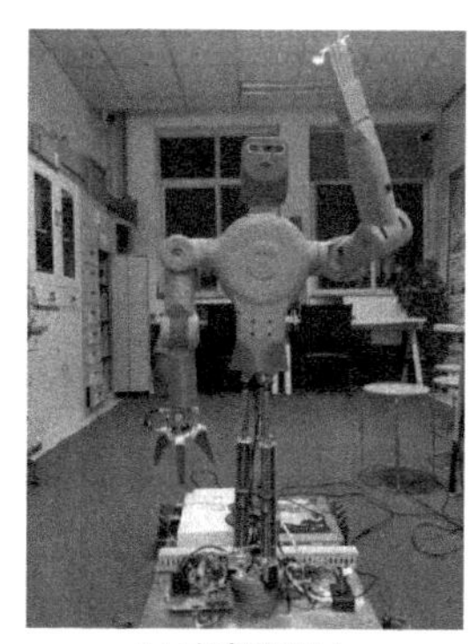

(a) 仿真模型　　(b) 真实机器人

图 2-12　运动状态

在 RVIZ 插件中，随机给定末端目标点进行规划，通过插件中自带的逆运动学算法，可以使仿真模型中的作业臂末端到达目标点并与底层进行通信，驱动真实作业臂运动至目标点。当已知作业臂末端点的目标位姿时，使用作业臂规划组进行规划，得到主作业臂各个关节角度值，并将其下发至底层驱动作业臂运动。逆运动学测试如图 2-13 所示。

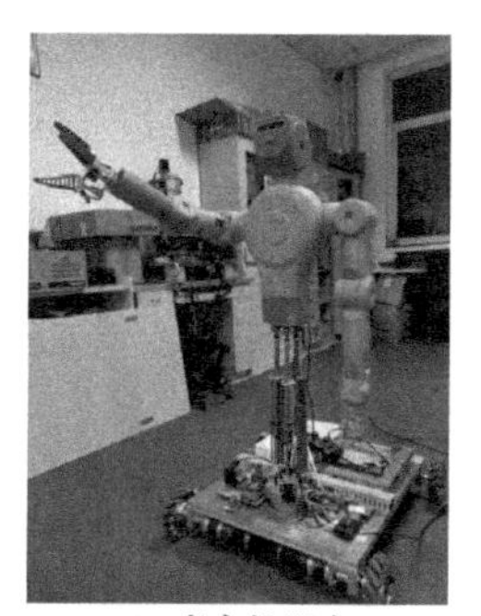

(a) 仿真模型　　(b) 真实机器人

图 2-13　逆运动学测试

但是，ROS 中自带的逆运动学算法对机器人关节个数及其结构约束较大，因此需要编写新的控制算法对该机器人进行控制。

2.4.2　机器人通信

ROS 软件包中一般有多个可执行文件，在运行之后就成了进程，也称节点。

ROS 是一个分布式计算的网络环境。一个运行的 ROS 可以包含几十个，甚至上百个节点。这些节点间需要保持持续通信的状态。由于机器人的功能模块十分复杂，通常不会将所有的功能都集中到一个节点中，而是采用分布式的方法，将不同模块放在不同的节点中。每个节点具备特定的单一功能，再在不同的节点之间利用话题、服务和动作进行通信。节点间的通信如图 2-14 所示。

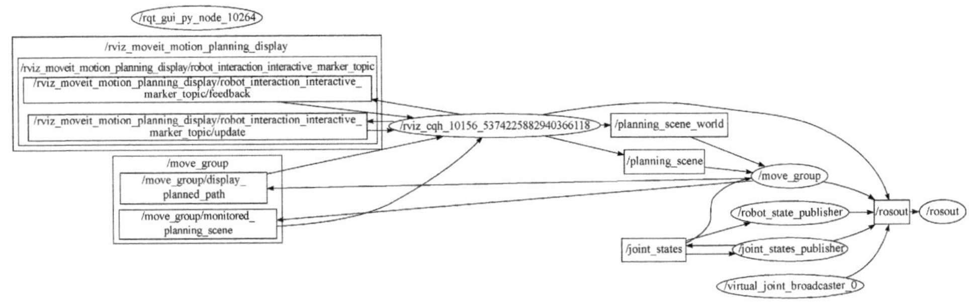

图 2-14　节点间的通信

节点之间的合理调配是通过节点管理器(master)进行管理，节点在 master 处进行注册后才会纳入整个 ROS 程序中。节点之间的通信也是由 master 进行配对，才能实现点对点的通信，如果没有 master 就无法在节点之间进行查找和通信。ROS 的通信方式主要包括以下几种。

1) 话题(topic)

基于 publisher-subscriber(发布-订阅)模型，这是一种点对点的单向通信方式，建立一次联系后，一个 topic 可以被多个节点同时发布，也可以同时被多个节点订阅。同样，一个节点可以发布多个话题，同时也可以订阅多个话题。节点通过订阅话题，不断接收数据从而持续更新。每个话题都有唯一的名称，任何节点都可以访问此话题并通过它发送数据。节点间通信的数据具有一定的格式标准，这种数据格式就是消息(message)，通常将需要发布的消息均放置在一个名为 msg 的文件夹下，文件扩展名为.msg。

2) 服务(service)

基于 call-and-response(呼叫-回应)模型，服务的通信是双向的，不仅可以发送消息，同时还会有响应，是一种请求/应答的交互方式，即其中一个节点向另一个节点请求执行某一任务。服务客户端(service client)发送服务请求，而服务服务器(service server)则进行服务响应。不同于话题通信中节点可以通过订阅话题进行数据持续更新，服务通信中的节点每进行一次请求才会得到一次数据。类似于 msg 文件，服务通信的数据格式定义在功能包中的 srv 文件夹下，且扩展名为.srv 文件，其中包括请求和响应两部分。

3) 动作(action)

动作的通信方式与服务通信类似，同时可以弥补服务通信的不足，当机器人执行一个长时间的任务时，服务通信的请求方会很长时间接收不到响应，使通信过程会受到阻碍。动作通信可以随时查看进度，也可以终止请求，同时提供反馈。动作客户端(action client)用于设置动作目标，而动作服务器(action server)则根据目标执行动作，发送反馈和结果。动作客户端和动作服务器之间进行异步双向消息通信。动作消息也有一定的格式标准，其放在功能包 action 文件夹下扩展名为.action 的文件中。

通信方式如图 2-15 所示。

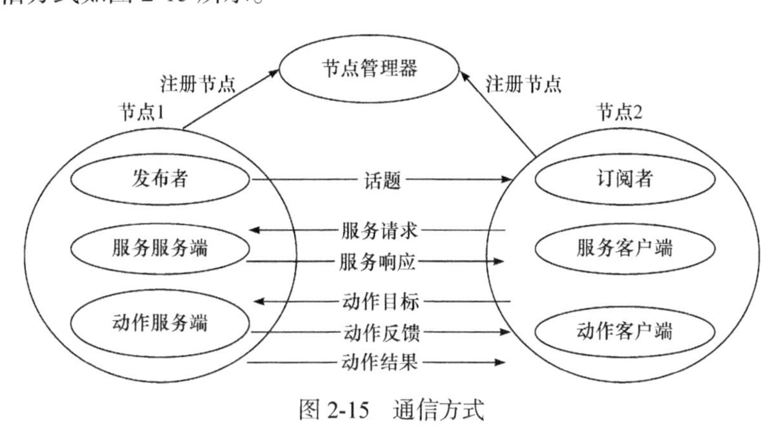

图 2-15　通信方式

2.5 本 章 小 结

本章主要对整个机器人作业平台的硬件系统和软件系统设计进行介绍。其中，硬件系统主要包括双目视觉系统、双臂作业系统、腰部 3-RPS 并联机构，以及移动小车平台；软件系统采用 ROS，根据实现的算法编写控制程序，控制机器人实现预设的功能。在整个机器人作业平台的运动过程中，将机器人的硬件系统与软件系统结合到一起，通过软件系统控制硬件系统，即上位机控制机器人硬件系统获取外界目标信息后，通过软件系统对机器人的整个作业运动过程进行规划，最后控制机器人硬件平台成功完成作业任务。

第 3 章　视觉 SLAM 三维环境构建

3.1　引　　言

对于教学仿人形移动机器人来说，要想完成作业任务，首先要做到认知环境，通过传感器实时、有效、可靠地获取外界场景信息；然后构建合适、精准的地图定位系统；最后依靠定位、构建的地图信息，采用适宜的导航策略进行运动规划。

本章重点研究为移动机器人建立一个精准可靠的室内全局环境。主要内容是设计一个精度高，实时性强的 RGB_D SLAM 系统。首先，研究常见相机的成像模型，以及相机坐标系下的各种位姿转换关系矩阵，为后续通过视觉系统恢复三维场景信息提供理论支撑。然后，根据 RGB_D SLAM 框架常用的 5 个部分[55]，即前端视觉里程计、运动估计、后端优化、回环检测(loop closing detection，LCD)及构建环境，依次对每个子部分进行多方法地对比，选取较为合适的算法，实现 RGB_D SLAM 整体框架。RGB_D SLAM 框架流程如图 3-1 所示。

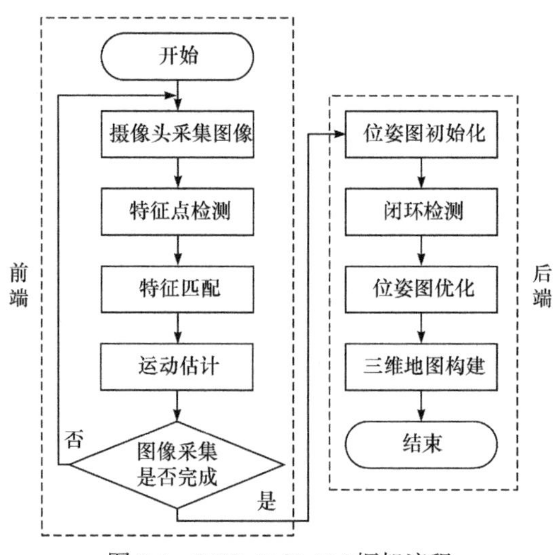

图 3-1　RGB_D SLAM 框架流程

3.2　相机的模型

相机将三维世界中的坐标点(单位 m)映射到二维图像平面(单位像素)的过程

能够用一个几何模型进行描述。该几何模型的确定方法如下，首先确定相机的二维像平面坐标系，描述每一个图像点的具体信息。在此基础上确定相机坐标系，主要描述空间中某一点相对于相机的位姿。然后，进行相机的标定获得相机内参和外参，消除畸变。此时，就可以根据相机的运动轨迹和相机内参解算出世界坐标下的点对应的相机坐标系的点，实现相机坐标系和世界坐标系之间的对应转换。

3.2.1　坐标系之间的转换关系

1) 像素坐标系

在计算机视觉中，通常假定一个像素平面 ouv 描述传感器将光线转换为图像像素。像素平面如图 3-2 所示。平面上的坐标称为像素坐标 (u,v)，像素平面上存在 $M \times N$ 个像素点，存放在同等大小的矩阵中，像素点上分别用一个数表示像素值。像素平面的原点 O_0 在成像平面上的最左上角，u 轴水平向右，v 轴竖直向下。

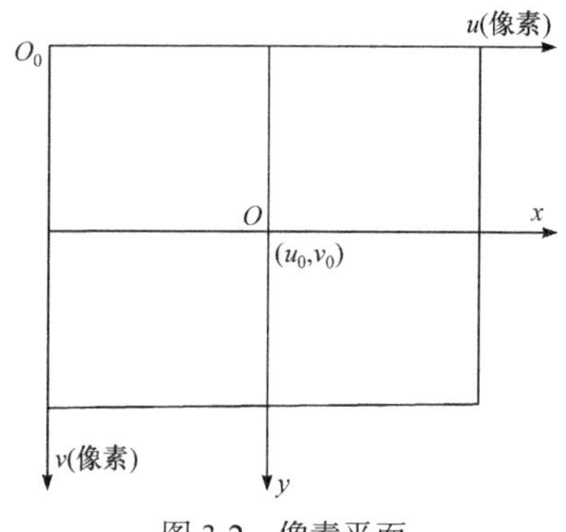

图 3-2　像素平面

2) 像平面坐标系

为了将图像显示出来，还需要一个像平面坐标系。其坐标的定义方式为，x 轴方向与 u 轴平行，数值上相差 α 倍；y 轴方向与 v 轴方向平行，数值上相差 β 倍；O 为成像平面与相机光轴相交的点，相对于像素坐标系平移了 $(u_0,v_0)^{\mathrm{T}}$。假设存在某点 P' 在像平面上的坐标为 $(X',Y')^{\mathrm{T}}$，在像素坐标下对应的坐标为 $(u_x,v_y)^{\mathrm{T}}$，那么根据像平面坐标定义可以得到转换关系，即

$$
\begin{aligned}
u_x &= \alpha X' + u_0 \\
v_y &= \beta Y' + v_0
\end{aligned}
\tag{3-1}
$$

针孔模型的数学表达形式为

$$
\begin{aligned}
X' &= f\frac{X}{Z} \\
Y' &= f\frac{Y}{Z}
\end{aligned}
\tag{3-2}
$$

假设针孔位于(0,0,0)处，相机在针孔坐标系下的位置为(X,Y,Z)。
将式(3-2)代入式(3-1)，可得

$$\begin{cases} u = f_x \dfrac{X}{Z} + u_0 \\ v = f_y \dfrac{Y}{Z} + v_0 \end{cases} \tag{3-3}$$

其中，$f_x = \alpha f$，α 为 u 轴上缩放系数；$f_y = \beta f$，β 为 v 轴上缩放系数；$u = u_x$；$v = v_y$。

将式(3-3)转换为齐次坐标形式，可得

$$\begin{bmatrix} u \\ v \\ 1 \end{bmatrix} = \frac{1}{Z} \begin{bmatrix} f_x & 0 & u_0 \\ 0 & f_y & v_0 \\ 0 & 0 & 1 \end{bmatrix} \begin{bmatrix} X \\ Y \\ Z \end{bmatrix} = \frac{1}{Z} KP \tag{3-4}$$

其中

$$K = \begin{bmatrix} f_x & 0 & u_0 \\ 0 & f_y & v_0 \\ 0 & 0 & 1 \end{bmatrix}, \quad P = \begin{bmatrix} X \\ Y \\ Z \end{bmatrix}$$

将式(3-4)化简可得

$$Z \begin{bmatrix} u \\ v \\ 1 \end{bmatrix} = \begin{bmatrix} f_x & 0 & u_0 \\ 0 & f_y & v_0 \\ 0 & 0 & 1 \end{bmatrix} \begin{bmatrix} X \\ Y \\ Z \end{bmatrix} = KP \tag{3-5}$$

其中，K 为相机的内参数矩阵。

3) 相机坐标系

相机坐标系用来描述空间中某一点相对于相机的位姿。它的定义为以相机的光心点为原点，建立一个三维直角坐标系 $O_c X_c Y_c Z_c$，其 z_c 轴垂直于像平面坐标系，x_c 轴与像平面坐标系 x 轴平行，y_c 轴与像平面坐标系 y 轴平行。

4) 世界坐标系

客观世界也存在一个用来描述物体位姿的世界坐标系 $O_w X_w Y_w Z_w$。实际上，我们通常在表示空间中某一点的位置时，都是在世界坐标系下描述。假设空间中存在点 P，在世界坐标系表示为 (X_w, Y_w, Z_w)，将当前坐标变换到相机坐标系下为 (X_c, Y_c, Z_c)，二者之间的关系可以表示为

$$\begin{bmatrix} X_c \\ Y_c \\ Z_c \end{bmatrix} = R \begin{bmatrix} X_w \\ Y_w \\ Z_w \end{bmatrix} + t \tag{3-6}$$

其中，R 为相机位姿的旋转矩阵；t 为相机的平移向量。

将式(3-6)转换成齐次变换矩阵为

$$\begin{bmatrix} X_c \\ Y_c \\ Z_c \\ 1 \end{bmatrix} = \begin{bmatrix} R & t \\ 0^{\mathrm{T}} & 1 \end{bmatrix} \begin{bmatrix} X_w \\ Y_w \\ Z_w \\ 1 \end{bmatrix} \tag{3-7}$$

将式(3-7)代入式(3-5)可以得到像素坐标与世界坐标两者之间的对应关系，即

$$ZP_{uv} = Z\begin{bmatrix} u \\ v \\ 1 \end{bmatrix} = K(RP_w + t) = KTP_w \tag{3-8}$$

其中，R、t 为相机的外参数矩阵；K 为相机内参数矩阵；P_w 的表达式为

$$P_w = \begin{bmatrix} X_w \\ Y_w \\ Z_w \end{bmatrix}$$

内参数可以通过相机说明书或者标定获取，它表示相机的成像关系。外参数矩阵表示相机的运动轨迹，需要通过计算进行估计，这也是 SLAM 系统需要解决的核心问题。坐标系之间的转换关系如图 3-3 所示。

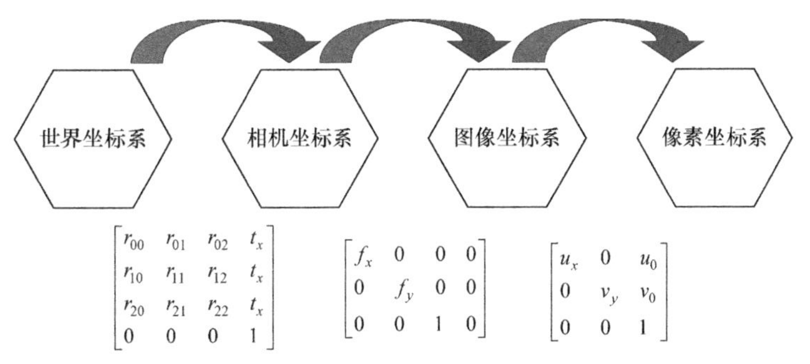

图 3-3　坐标系之间的转换关系

3.2.2　Realsense D435 坐标转换关系

通过红外摄像机得到空间中点 P 的坐标为 $[x_{ir}, y_{ir}, z_{ir}]^{\mathrm{T}}$，结合坐标之间的转换关系，能够求出该点在 RGB 相机坐标系下的坐标，转换关系为

$$Z\begin{bmatrix} x_{\mathrm{rgb}} \\ y_{\mathrm{rgb}} \\ z_{\mathrm{rgb}} \end{bmatrix} = R_{ir}^{\mathrm{rgb}} \begin{bmatrix} x_{ir} \\ y_{ir} \\ z_{ir} \end{bmatrix} + t_{ir}^{\mathrm{rgb}} \tag{3-9}$$

其中，R_{ir}^{rgb} 为红外相机到 RGB 相机的位姿旋转矩阵；t_{ir}^{rgb} 为平移向量。

通过式(3-9)就可以将彩色图片和深度图片进行对齐操作，为后面的物体识别，

求取空间相对位姿提供理论基础。

3.2.3 摄像机的标定

通常情况下，由于摄像头透镜存在加工误差，会引起畸变。影响较大的是径向畸变和切向畸变[56]。径向畸变常用泰勒级数展开式进行校正，即

$$\begin{cases} x_{\text{corrected}} = x(1 + k_1 r^2 + k_2 r^4 + k_3 r^6 + \cdots) \\ y_{\text{corrected}} = y(1 + k_1 r^2 + k_2 r^4 + k_3 r^6 + \cdots) \end{cases} \tag{3-10}$$

其中，(x, y) 为畸变点在图像中原始的位置；r 为畸变点到成像平面中心的距离；$(x_{\text{corrected}}, y_{\text{corrected}})$ 为通过校正后的位置；k_1、k_2、k_3 表示泰勒级数的系数。

切向畸变可以通过式(3-11)进行校正，即

$$\begin{cases} x_{\text{corrected}} = x + [2p_1 xy + p_2(r^2 + 2x^2)] \\ y_{\text{corrected}} = y + [2p_2 xy + p_1(r^2 + 2y^2)] \end{cases} \tag{3-11}$$

其中，(x, y) 代表畸变点在图像中原始的位置；r 为畸变点到成像平面中心的距离；$(x_{\text{corrected}}, y_{\text{corrected}})$ 为通过校正后的位置。

本书主要利用径向畸变的前两个低阶项和切向畸变进行校正。结合式(3-10)与式(3-11)，最终得到的相机畸变模型为

$$\begin{cases} x_{\text{corrected}} = x(1 + k_1 r^2 + k_2 r^4) + [2p_1 xy + p_2(r^2 + 2x^2)] \\ y_{\text{corrected}} = y(1 + k_1 r^2 + k_2 r^4) + [2p_2 xy + p_1(r^2 + 2y^2)] \end{cases} \tag{3-12}$$

在对摄像头标定后，就可得相机的内外参数、畸变参数。进而准确获取待测量点的图像信息。红外摄像头相对较为稳定，因此本书只对 RGB 摄像头进行校正。得到的具体参数如表 3-1 所示。

表 3-1 RGB 摄像头矫正参数

参数	数值
f_x /mm	563.3862
f_y /mm	559.1434
u_0 (像素)	329.6513
v_0 (像素)	231.1877
k_1	0.02592
k_2	–0.09263
p_1	0.00174
p_2	0.00612

3.3　视觉里程计

在 RGB_D SLAM 系统中，前端也称视觉里程计[57]，主要解决如何利用图像信息初步估计相机运动轨迹的问题。首先，根据采集到的图像，提取图像中的特征点信息。然后，对特征点进行精确匹配。最后，根据匹配对之间的数学关系粗略地估计相机的运动轨迹。前端操作为后端的优化提供可靠的初始数据。在前端，图像特征点的检测效果及匹配性能尤为重要，将直接影响整个 SLAM 系统的性能。RGB_D SLAM 前端操作流程如图 3-4 所示。

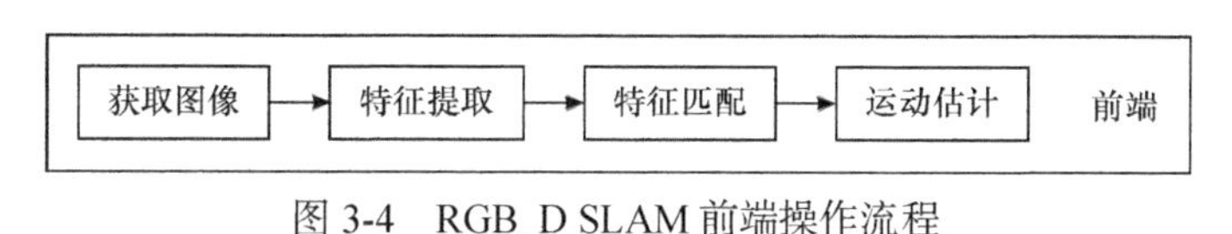

图 3-4　RGB_D SLAM 前端操作流程

3.3.1　常见的特征点检测算法

利用显著性区域特征描述物体，能够进行有效的目标识别。利用计算机分析目标物体时，需要关注的是目标与目标之间的差异性，以及目标本身的独特性，在计算机视觉领域，基于点特征的目标检测方法一直都是热门研究方向。

特征点，也叫关键点，是图像中很特别的地方。它能够在相机运动过程中保持相对稳定，并且不受外界因素的影响。尤其是在多幅图像帧中，对平移、旋转、比例等仿射变换，特征点能够保持相对一致性。特征点具有可重复性、可区别性、本地性、高效性等特性，由关键点和描述子两部分构成。目前最为经典和广泛使用的三种算法是 SIFT 算法、SURF 算法、旋转 BRIEF(binary robust independent elementary features，二进制鲁棒独立基本特征)算法。

1) SIFT 算法

SIFT 算法[58]是一种常用的关键点检测和描述的算法。特征提取建立在图像局部信息的基础上，具有平移、旋转、尺度、视角，以及亮度不变性，对目标特征信息的表达有很大的优势；SIFT 特征点能够鲁棒性地调整参数，在进行特征描述时，根据场景的不同，可以较好地调整特征点的数量。

SIFT 算法提取图像局部特征点可以分为以下步骤。

第一步，疑似关键点检测 SIFT 建立相对图像的尺度空间，利用拉普拉斯下的高斯差分(difference of Gaussian，DoG)算子计算图像中的关键点，描述关键点的尺度及方向。

第二步，去除伪关键点。计算特征点的曲率，当检测点主曲率对应的 M 值满足阈值要求时，就是特征点。

第三步，关键点的梯度及方向分配。

第四步，特征向量生成。每个 SIFT 特征都会生成 128 维度的特征向量，具有旋转不变性、尺度不变性。

SIFT 特征点包含关键点的尺度及方向，因此需要构建图像的尺度空间。其尺度空间 $D(x,y,\sigma)$ 满足

$$\begin{aligned} D(x,y,\sigma) &= f(x,y)G(x,y,\sigma) \\ G(x,y,\sigma) &= \frac{1}{2\pi\sigma^2}\mathrm{e}^{-(x^2+y^2)/2\sigma^2} \end{aligned} \tag{3-13}$$

其中，σ 为方差因子，也称尺度因子；x 和 y 为图像中的像素横纵坐标。

在计算特征点时，利用不同尺度下的高斯差分核进行关键点选取，即

$$D(x,y,k,\sigma) = L(x,y,k\sigma) - L(x,y,\sigma) \tag{3-14}$$

其中，k 为尺度放大系数；L 为拉普拉斯计算。

选取实验室中某一场景，进行 SIFT 特征点检测，结果如图 3-5 所示。

(a) 场景原图

(b) SIFT特征点检测图

图 3-5　SIFT 特征点检测结果

2) SURF 算法

SURF 算法[59]对 SIFT 算法进行了极大的改进。当 SIFT 算法不通过图像处理器或者相关硬件加速时，存在处理不及时的问题，SURF 可以较好地解决这个问题。SURF 算法鲁棒性好、检测速度较快；兼顾 SIFT 算法的旋转、尺度不变性；对光照、仿射、透射等变化具有较强的鲁棒性。

SURF 的关键点寻找，主要采用 Hessian 矩阵和尺度空间的极值点。SURF 特征点检测如图 3-6 所示。Hessian 矩阵为

$$H(x,\sigma) = \begin{bmatrix} L_{xx}(x,\sigma) & L_{xy}(x,\sigma) \\ L_{yx}(x,\sigma) & L_{yy}(x,\sigma) \end{bmatrix} \tag{3-15}$$

其中，$L_{xx}(x,\sigma) = \dfrac{\partial^2 G(x,y,\sigma)}{\partial x^2}$，表示高斯函数二阶偏导数，其余偏导数的计算方

式均类似。

(a) 场景原图　(b) SURF特征点检测图

图 3-6　SURF 特征点检测

3) ORB 算法

ORB(oriented rotated BRIEF，旋转 BRIEF)算法[60]是一种基于定向加速分段测试特征(features from accelerated segment test，FAST)角点的特征点改进型检测与描述方法，具有尺度不变性和旋转不变性；对噪声、透视仿射等具有较强的鲁棒性；运行速度快。

ORB 特征检测步骤如下。

第一步，方向 FAST 特征点检测。

FAST 角点检测的基础是机器学习。FAST 关键点具有方向性，检测时依次判断感兴趣点周围的 16 个像素点，如果处于过亮或者过暗的状态，就可以假设该点为角点。FAST 角点示意图如图 3-7 所示。

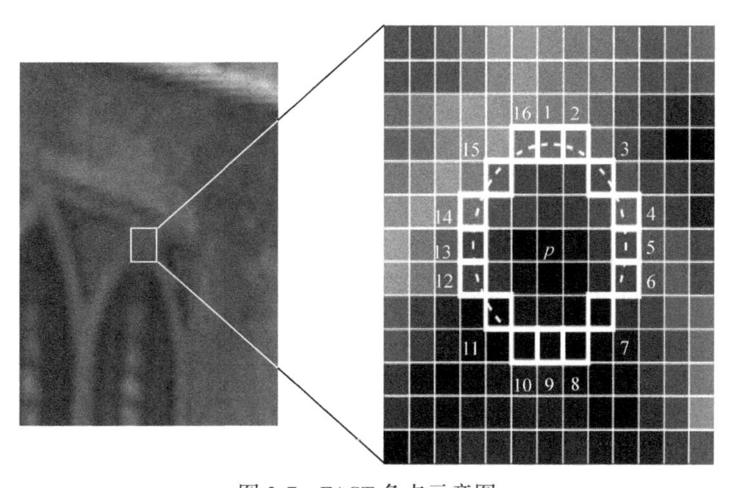

图 3-7　FAST 角点示意图

FAST 关键点计算过程经过优化，检测效果突出。其具体的检测步骤是，在图像中选取感兴趣的像素点 P，假设其亮度值为 I_p；设置亮度阈值 T；以点 P 为中心点，选半径为 3 像素的圆，并在圆上寻找 16 个待比较的像素点；在圆上连续选取 N 个点，将每个点的亮度 I_i 与阈值进行比较，若这 N 个点的亮度均大于 I_p+T 或者小于 I_p-T，则点 P 为角点。通常取 N 为 12 或者 9；遍历图像，循环重复上述四个步骤，对每个像素点进行判断选取。

FAST 角点利用建立图像金字塔实现多尺度特性，然后引入灰度质心法确定特征点的方向。特征点的中心强度确定公式为

$$C=\left(\frac{m_{10}}{m_{00}}-\frac{m_{01}}{m_{00}}\right) \tag{3-16}$$

其中，m_{pq} 表示特征点邻域的 $p+q$ 阶距，其定义为 $m_{pq}=\sum_{x,y}x^p y^q f(x,y)$。

特征点主方向定义为

$$\theta=\arctan\frac{m_{10}}{m_{01}} \tag{3-17}$$

第二步，BRIEF 描述。

BRIEF 描述子是寻找感兴趣点周围的若干个点构成的区域形成的。将感兴趣区域的灰度进行二值化操作，并解析成为二进制编码串，这个二进制编码串就是特征点的描述子。这个二值串由特征点周围的 2^n 个点构成。这些点可以构成矩阵，即

$$S=\begin{bmatrix} x_1 & x_2 & \cdots & x_n \\ y_1 & y_2 & \cdots & y_n \end{bmatrix} \tag{3-18}$$

图像的主方向 θ 由关键点周围的区域构成，结合相对应的旋转矩阵 R_θ，将 S 进行线性变换，得到的线性表达矩阵 S_θ 为

$$S_\theta=R_\theta S=\begin{bmatrix} \cos\theta & \sin\theta \\ -\sin\theta & \cos\theta \end{bmatrix}S \tag{3-19}$$

在计算 S_θ 时，首先进行方向角度量化处理，分割成 12 个子块，然后计算每个小块的 S_θ，最后通过构建映射表计算 BRIEF 描述子。ORB 特征点检测效果如图 3-8 所示。

3.3.2 图像特征点匹配及对比分析

对特征点进行匹配操作，能够有效地解决视觉 SLAM 中数据关联的问题，为传感器的位姿估计提供求解参数，为后端提供初始数据，对整个 SLAM 系统起着决定性的作用[61]。

(a) 场景原图　(b) ORB特征点检测图

图 3-8　ORB 特征点检测效果

目前，基于 Opencv 库函数的特征匹配方式有暴力匹配法(brute force，BF)和快速最邻近搜索库法[62](fast library for approximate nearest neighbors，FLANN)。BF 的主要原理是提取两幅图像中的所有特征点,依次计算每两个特征点之间的距离。FLANN 是对大量的数据结合高维的特征向量进行最邻近搜索。

在图像中，要确定两个特征点 x_i和y_i 是否存在匹配关系，通常用距离与设定的阈值进行比较。表示距离的方法有以下几种。

① 欧氏距离

$$d_{ij}=\sqrt{(D_{xi}-D_{yi})^{\mathrm{T}}(D_{xi}-D_{yi})} \tag{3-20}$$

② 马氏距离

$$d_{ij}=\sqrt{(D_{xi}-D_{yi})^{\mathrm{T}}S^{-1}(D_{xi}-D_{yi})} \tag{3-21}$$

③ 海宁格距离

$$d_{ij}=\frac{1}{\sqrt{2}}\sqrt{(\sqrt{D_{xi}}-\sqrt{D_{yi}})^{\mathrm{T}}(\sqrt{D_{xi}}-\sqrt{D_{yi}})} \tag{3-22}$$

④ 汉明距离

$$d_{ij}=\sum x_i\oplus y_i \tag{3-23}$$

通常情况下，汉明距离用来度量二进制描述子，欧氏距离用来描述浮点数类型的描述子。SIFT 和 SURF 描述子的数据类型为浮点数型，可以利用 BF 或者 FLANN 匹配。对于 ORB 算法，其描述子的数据类型为二进制形式，只能使用 BF 进行匹配。下面对上述 3 种特征点描述子和两种匹配算法进行 5 种组合研究，并记录相关实验数据，进行分析对比。

1) 实验一：检测速度

首先对特征描述子的检测时间进行对比，SIFT 特征点检测时间、SURF 特征点检测时间，以及 ORB 特征点检测时间如表 3-2～表 3-4 所示。

表 3-2　SIFT 特征点检测时间

检测方法 SIFT(n_1)	3 组实验特征点检测时间/s	特征点数
SIFT(500)	0.223802，0.201550，0.220123	500

表 3-3　SURF 特征点检测时间

检测方法 SURF(n_2)	3 组实验特征点检测时间/s	特征点数
SURF(7000)	0.136040，0.135204，0.134454	521

表 3-4　ORB 特征点检测时间

检测方法 FAST(n_3)	3 组实验特征点检测时间/s	特征点数
FAST(20)	0.018684，0.018008，0.018694	500

可以看出，在特征描述子的检测速度方面，均以 500 个左右的特征点为例。SIFT 的检测时间在 0.20～0.23s；SURF 检测时间在 0.13～0.14s，FAST 检测时间仅在 0.018s 左右。可以说，FAST 的检测速度有巨大的提升。整体上对比各组实验，FAST 特征点检测算法的速度也远远高于 SIFT 特征点和 SURF 特征点。在几乎相同的时间内，SURF 特征点检测算法检测出来的数量远多于 SIFT 特征点，从侧面反映出 SURF 的性能优于 SIFT。

2) 实验二：匹配效果对比

为对比匹配的实验效果，均以 500 个左右的特征点进行匹配。SIFT + BF 的匹配效果(500 个特征点)如图 3-9 所示。SURF + BF 匹配效果(521 个特征点)如图 3-10

图 3-9　SIFT + BF 匹配效果图(500 个特征点)

所示。ORB + BF 匹配效果(500 个特征点)如图 3-11 所示。SIFT + FLANN 匹配效果(500 个特征点)如图 3-12 所示。SURF + FLANN 匹配效果(521 个特征点)如图 3-13 所示。

图 3-10　SURF + BF 匹配效果图(521 个特征点)

图 3-11　ORB + BF 匹配效果图(500 个特征点)

由图 3-9～图 3-13 可以看到，对于 ORB、SIFT 与 SURF 三种特征描述子，无论是使用 BF 匹配还是 FLANN 匹配方式，都存在大量明显的错误匹配对，因此需要进一步优化处理。

3) 实验三：总消耗时间

记录图 3-9～图 3-13 中特征点匹配与检测的总时间，得到的结果如表 3-5 所示。

图 3-12 SIFT + FLANN 匹配效果图(500 个特征点)

图 3-13 SURF + FLANN 匹配效果图(521 个特征点)

表 3-5 特征点匹配及检测总时间

匹配方式	匹配点数	总消耗时间/s
SIFT + BF	500	0.461787
SURF + BF	521	0.320244
SIFT + FLANN	500	0.542335
SURF + FLANN	521	0.363456
ORB + BF	500	0.061582

由此可知，使用 ORB+BF 的匹配方式，其总消耗时间比其他所有方法均快一个数量级。只有这种方式才能保证相机在运动过程中实时匹配的要求。因此，本书选定利用 ORB+BF 的方式作为特征点匹配方式。

3.3.3 误匹配特征点剔除的实验及改进方法

在进行特征点匹配时，会出现大量错误匹配的特征点对。匹配的质量会对后续的实验产生较大的影响，因此必须对误匹配的特征点对进行剔除操作。本书将 K 近邻算法和 RANSAC 算法结合剔除误匹配的特征点对。

1) K 近邻算法[63]

假设存在点集 $M=\{m_1,m_1,\cdots,m_n\}$ 和 $N=\{n_1,n_2,\cdots,n_n\}$，在点集 $\{M\}$ 中选取某一特征点 m_i，寻找到在点集 $\{N\}$ 中与特征点 m_i 距离最近的 k 个匹配点 $n_1,n_2,\cdots,n_k$，通常取 $k=2$。此时，寻找最邻近点 n_{i1} 和次邻近点 n_{i2}，假如 n_{i1} 远小于 n_{i2}，就可以认为 m_i 与 n_{i1} 为最佳匹配点。在实际算法中，定义 $\text{ration}=n_{i1}/n_{i2}$，如果 ration 小于某个阈值，则认为是正确的匹配对。经过多次实验，最终选取 $\text{ration}=0.8$。

2) RANSAC 算法[64]

整体思想是在整个点集中选取一组包含“外点”的数据点集样本，通过多次迭代求解，可以获得较好的数学模型。整个点集包含数据的“内点”和数据的“外点”。内点是符合数据数学模型的点。外点是噪声、计算错误、测量错误、假设错误等原因产生的点，是在特征点匹配中需要剔除的点。RANSAC 算法流程如图 3-14 所示。

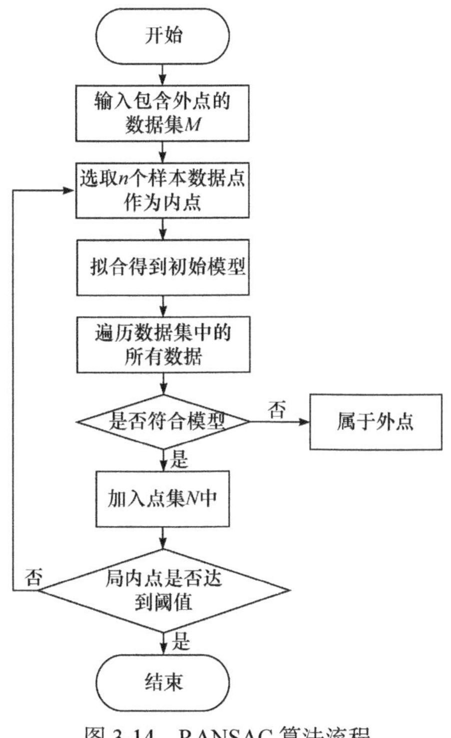

图 3-14 RANSAC 算法流程

利用 K 近邻算法对 ORB + BF 的匹配结果进行初步的误匹配点剔除。处理结果如图 3-15 所示。

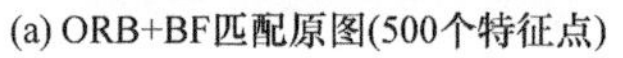

(a) ORB+BF匹配原图(500个特征点)　　(b) K近邻算法过滤匹配图

图 3-15　K 近邻算法处理结果

可以看到，图 3-15 中的匹配对经过 K 近邻算法剔除后，可以排除大部分误匹配的情况。但是，在某些区域，仍然存在误匹配。

在此基础上，利用 RANSAC 算法进一步对误匹配点剔除。RANSAC 算法过滤匹配图如图 3-16 所示。

图 3-16　RANSAC 算法过滤匹配图

此时，图中存在 4 个匹配对，并且均能进行准确匹配。由此，采用 ORB + BF + K 近邻 + RANSAC 算法能够保证在最短时间内，精准地进行匹配工作，为 SLAM 后续环节提供较为准确的信息。

3.4　相机的运动估计

获取相邻两帧图像之间的匹配对后，可以根据匹配关系计算相机在相邻两帧图像之间的相对运动关系。在运动学中，用旋转矩阵 R 和平移向量 t 描述两点之间的运动关系。在RGB_D SLAM 中，矩阵 R 用来描述相机的旋转变化，是一个 3×3 维的矩阵；向量 t 用来描述相机的平移，是一个 3×1 维的向量。在 t 时刻，相机的位姿坐标记为 P_t，$t+1$ 时刻相机的位姿坐标记为 P_{t+1}，根据运动学中的坐标转换关系可以得到

$$P_{t+1} = RP_t + t \tag{3-24}$$

根据特征点匹配进行相机运动估计的方法有三种，分别为 2D-2D、3D-3D、3D-2D。

2D-2D 的方法常在单目相机的 SLAM 系统中使用，也称对极几何法[65]。它是在已经完成特征点匹配的基础上，根据两个图片中匹配点对应的像素位置，求取基础矩阵 F 和本质矩阵 E，然后利用对级约束条件进行分解，求出 R 和 t。但是，求解矩阵时需要至少 5 个或者 8 个点及以上，而且存在初始化、纯旋转和尺度的问题。

3D-2D 的方法常在 RGB_D 相机或双目相机的 SLAM 系统中使用，也称 PnP 法(perspective-n-point)[66]。在某点的 3D 坐标及其对应的投影位置已知时，可以利用三点估计(记为 P3P)法、直接线性变换(direct linear transform，DLT)法、EPnP(efficient PnP)法、光束法平差(bundle adjustment，BA)法等进行求解。3D-2D 求解方法有很多，在匹配点对较少的情况下，能保证获得较好的运动估计信息。但是也存在一些问题，如当 3D 信息或者 2D 匹配点受到噪声影响或者存在误匹配时，对位姿估计的影响较大。

3D-3D 的方法常在 RGB_D 相机或者双目相机的 SLAM 系统中使用。在已经拥有一组匹配好的 3D 点时，不考虑相机的位姿，直接利用两个点集之间的匹配关系，求取旋转矩阵 R 和平移向量 t。该问题一般用 ICP 求解[67]。利用 3D-3D 方法求解运行估计，能使求解过程简单化。

本书选用的是 Realsense D435 深度摄像机，在 2.2.4 节对相机矫正后已经可以得到准确的深度信息，因此选取 ICP 算法对相机的运动进行估计。利用 ICP 算法求解的方式分为两种：一种是利用线性代数的方式进行求解，以奇异值分解(singular value decomposition，SVD)算法为代表；另一种是利用非线性优化的方式进行求解(类似于 BA)。本书选取 SVD 算法求解，具体过程如下。

假设两幅相邻图像中的匹配对点集分别为 $P=\{p_1,p_2,\cdots,p_n\}$ 和 $Q=\{q_1,q_2,\cdots,$

$q_n\}$，点集 P 中的每一个点都与 Q 中的点对应，且二者之间只相差一个旋转矩阵 R 和平移向量 t，那么对于任意点集 P 和 Q 中的点，都存在以下关系式，即

$$p_i = Rq_i + t, \quad \forall i \tag{3-25}$$

首先，定义每一组的误差项表示匹配对之间存在的误差，即

$$e_i = p_i - (Rq_i + t) \tag{3-26}$$

其次，构建一个最小二乘的问题，通过迭代函数使整体的平方误差达到最小值，进而求得极小值 R 和 t。

构建最小二乘问题，即

$$\min_{R,t} E = \frac{1}{2}\sum_{i=1}^{n} \| p_i - (Rq_i + t) \|_2^2 \tag{3-27}$$

通常利用线性代数求解最小二乘问题，步骤如下。

第一步，定义两个点集的 CoM，即

$$p = \frac{1}{n}\sum_{i=1}^{n} p_i, \quad q = \frac{1}{n}\sum_{i}^{n} q_i \tag{3-28}$$

第二步，在误差函数中做如下处理，即

$$\begin{aligned}
\min_{R,t} E &= \frac{1}{2}\sum_{i=1}^{n} \| p_i - (Rq_i + t) \|^2 \\
&= \frac{1}{2}\sum_{i=1}^{n} \| p_i - Rq_i - t - p + Rq + p - Rq \|^2 \\
&= \frac{1}{2}\sum_{i=1}^{n} \| p_i - p - R(q_i - q) + p - Rq - t \|^2 \\
&= \frac{1}{2}\sum_{i=1}^{n} \{ \| p_i - p - R(q_i - q) \|^2 + \| p - Rq - t \|^2 \\
&\quad + 2[p_i - p - R(q_i - q)]^{\mathrm{T}} (p - Rq - t) \}
\end{aligned} \tag{3-29}$$

在交叉项部分，$p_i - p - R(q_i - q)$ 求和之后等于 0，因此目标优化函数可以化简为

$$\min_{R,t} E = \frac{1}{2}\sum_{i=1}^{n} \| p_i - p - R(q_i - q) \|^2 + \| p - Rq - t \|^2 \tag{3-30}$$

因此，只要求得 R，就可以令右边项等于 0，即可求出 t。

第三步，计算两个点集的去 CoM 坐标，令

$$m = p_i - p, \quad n = q_i - q \tag{3-31}$$

则优化目标函数可写为

$$R^* = \arg\min_R \frac{1}{2}\sum_{i=1}^{n} \| m - Rn \|^2 \quad (3\text{-}32)$$

$$t^* = p - Rq$$

将式(3-32)展开，可以得到关于 R 的误差项，即

$$\frac{1}{2}\sum_{i=1}^{n} \| m - Rn \|^2 = \frac{1}{2}\sum_{i=1}^{n} m^{\mathrm{T}} m + n^{\mathrm{T}} R^{\mathrm{T}} Rn - 2m^{\mathrm{T}} Rn \quad (3\text{-}33)$$

其中，等号右边第一项中不存在 R 项；第二项中 $R^{\mathrm{T}}R = I$，与 R 也无关。

实际上，目标优化函数可以简化为

$$\sum_{i=1}^{n} -m^{\mathrm{T}} Rn = \sum_{i=1}^{n} -\mathrm{tr}(Rnm^{\mathrm{T}}) = -\mathrm{tr}\left(R\sum_{i=1}^{n} nm^{\mathrm{T}} \right) \quad (3\text{-}34)$$

利用 SVD 求解式，定义

$$W = \sum_{i=1}^{n} mn^{\mathrm{T}} \quad (3\text{-}35)$$

然后，对 W 进行 SVD 分解可得

$$W = U \sum V^{\mathrm{T}} \quad (3\text{-}36)$$

其中，$\sum$ 为奇异值组成的对角矩阵；U、V 为正交对角矩阵；W 为满秩矩阵时，可得

$$R = UV^{\mathrm{T}} \quad (3\text{-}37)$$

代入式(3-30)，可求解得到 t。

3.5　关键帧选取策略及闭环检测

3.5.1　关键帧选取

随着运动时间和距离的增加，相机会获取大量的图像帧。如果将所有获取到的图像帧进行特征点提取和匹配，一方面会急剧增加后续位姿图模型的大小，增加后端优化的难度；另一方面会急剧增加整个 SLAM 系统的计算成本，使系统变得冗余。因此，需要对得到的图像帧进行处理。

关键帧指相机旋转或平移到某一个视角时，采集到的图像与上一关键帧存在较为明显不同的图像。关键帧的选取一直都是后端优化中重要的一部分。通过选取关键帧可以保证在不丢失重要特征信息的前提下有效减少图像的帧数。Realsense D435 摄像头获取图像的频率是 30 帧每秒，图像采集较快，因此需要选

取合理的图像帧作为关键帧。关键帧的数量既不能过多，也不能过少。过多的后果上述已经提到，而过少的数量，会使相邻两帧图像之间的运动过大，特征点匹配困难，出现丢帧或者图像的误匹配。

目前常用的选取关键帧的方法有三种，即根据时间、空间和图像之间的相似性选取关键帧。本书采用第三种方法。假设 A 帧图像与 B 帧图像能够进行匹配，A 为已知关键帧，且旋转矩阵 R 和平移向量 t 已知，设置标准阈值 D 和度量关系 E 为

$$E = \xi_1 \|\Delta t\|_2 + \xi_2 \|\Delta n\|_2 \tag{3-38}$$

其中，E 为度量关系，表示 B 帧图像与 A 帧图像的运动联系；Δt 为平移向量，表示形式为 $[x, y, z]^{\mathrm{T}}$；Δn 为旋转向量，表示形式为四元数 $[q_0, q_1, q_3, q_3]$；ξ_1 和 ξ_2 为平移和旋转的权重参数。

实验发现，Realsense D435 摄像头对旋转的敏感程度大于对平移的敏感程度。例如，当机器人处于匀速直线运动时，图像的变化量很小；匀速旋转时，视角变化明显加大。因此，应该分配给 ξ_2 更大的数值。根据多次实验验证和参考相关文献，最终确定 $\xi_1 = 0.4$、$\xi_2 = 1.0$、$D = 0.3$，即当计算得到的 E 值超过 D 时，我们认为 B 帧图像是关键帧，将其保存在关键帧库里，用于后续的回环检测和全局优化；否则，抛弃 B 帧。

3.5.2 闭环检测

闭环检测，又称回环检测，是 SLAM 系统中的一个重要环节，主要是解决全局一致性的问题[68]。闭环检测效果(通过闭环检测寻找历史位置)如图 3-17 所示。在机器人运动过程中，存在各种计算误差，而每一帧图像对应的相机位姿信息都基于上一帧图像，这样就存在累积误差，最终产生定位漂移问题，使估计的相机运动轨迹不准确。闭环检测是一种消除误差的方法。闭环检测的主要内容是，首先结合两幅图像的相似性确定机器人是否处于历史位置；然后建立当前图像帧和历史图

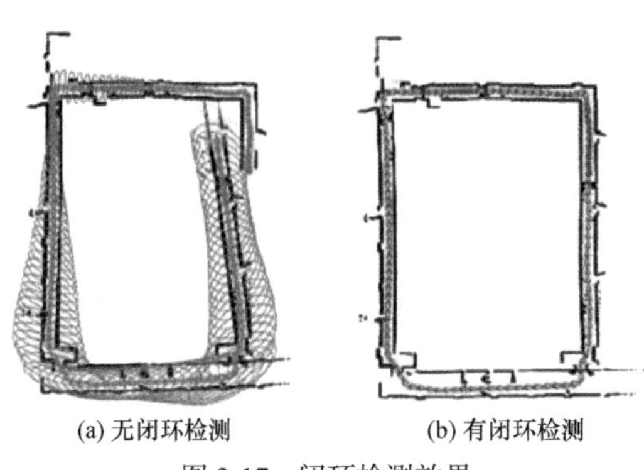

(a) 无闭环检测　　(b) 有闭环检测

图 3-17　闭环检测效果

像帧之间的联系，如果回到历史位置，则利用历史图像帧进行新的运动估计。在SLAM 系统中，历史数据总是比当前数据更为精确，基于这种先验知识，可以将累积误差分散到各个小的闭环回路中，通过利用历史数据，降低整个系统的误差。

目前，有三种判断方法构建闭环检测，即基于环境之间的匹配、基于图像之间的匹配、基于环境与图像之间的匹配。由于构建的环境本身就存在累积误差，因此采用基于环境的方法势必引起闭环检测的不准确，通常使用最多的就是基于图像之间的匹配。利用图像之间的相似性，采用评分机制来表现相似程度，当分值达到一定数值时，可认为两幅图像近似相同。本书利用基于图像相似程度的词袋模型(bag of words，BoW)进行闭环检测。

3.5.3　词袋模型

词袋模型最初是用一组无序的单词来描述文档或者表达一段文字。词袋模型使用一组描述向量来描述文本。描述向量是说只统计每个单词出现的频率信息，而不存储序列信息，按照向量的形式表现出来。

1) 基于图像的词袋模型构建

在词典构造的过程中，通常采用聚类的方式生成词典，常用的方式是K-means[69]算法。K-means 算法就是通过迭代，根据数据样本不同的特征，对数据样本进行分类，不断将样本分为若干个小堆，直到达到迭代次数。K-means 算法存在随机选取中心导致聚类结果不同的缺点，因此采用更优的 K-means++算法。构建词袋模型流程如图 3-18 所示。在词袋模型中，常用 K 叉树来表达词典内容。

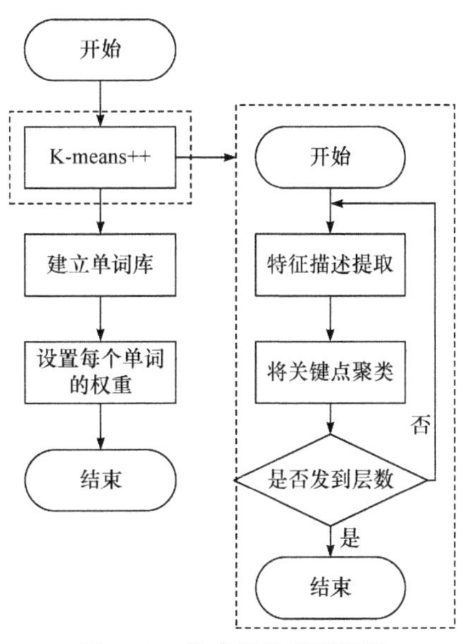

图 3-18　构建词袋模型流程

所谓 K 叉树，就是树上的每个根节点都可以分叉为 K 个子节点。根节点的第一层是利用 K-means++算法进行聚类得到 K 类，然后每一类继续进行聚类分类直到下一层，依此类推。K 叉树示意图如图 3-19 所示。

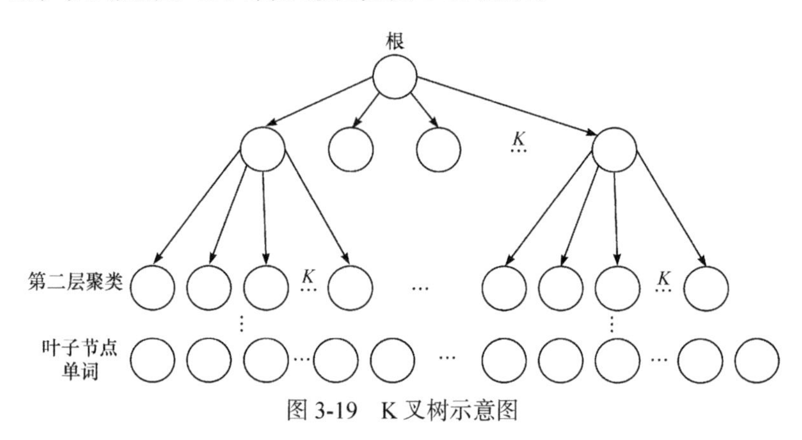

图 3-19　K 叉树示意图

2) 相似度计算

得到描述图像的字典之后，需要考虑一个问题，即每个单词对每幅图像的重要性都不同，所以需要进一步区分每个单词的重要性。给每个单词都赋予不同的权重，根据权值衡量每个单词的代表能力。在文本检测中，常用的统计方式是词频-逆向文件频率(term frequency-inverse document frequency，TF-IDF)，用来衡量一个单词对文本的重要程度。

TF 的定义为

$$\mathrm{TF}_i = \frac{n_i}{n} \tag{3-39}$$

其中，n 表示在单幅图像中，所有单词出现的总次数；n_i 表示某个特征单词 w_i 出现的次数。

在单幅图像中，出现次数更高的特征单词能更好地表达这幅图像。

IDF 的定义为

$$\mathrm{IDF}_i = \lg \frac{n}{n_i} \tag{3-40}$$

其中，n 为所有的特征数量；n_i 为单词 w_i 包含特征的个数。

因此，IDF 的作用是使出现频率更低的特征单词能更好地区分图像。

由式(3-39)和式(3-40)可以定义单词 w_i 对应的权重 η_i，即

$$\eta_i = \mathrm{TF}_i \times \mathrm{IDF}_i \tag{3-41}$$

至此，就可以构建一个视觉向量 v 描述图像 P，即

$$P = \{(w_1,\eta_1),(w_2,\eta_2),\cdots,(w_n,\eta_n)\} \Leftrightarrow v_p \tag{3-42}$$

对于图像 A、B，可以利用向量的 L_1 范数计算其相似程度，即

$$s(v_A - v_B) = 2\sum_{i=1}^{N} |v_{Ai}| + |v_{Bi}| - |v_{Ai} - v_{Bi}| \tag{3-43}$$

3.6　位姿图优化

在进行闭环检测后，需要对前端和闭环检测处理后的数据进行优化处理。其作用是减少长时间建图带来的累积误差，这一过程称为后端优化。对相机的位姿和空间中点的图优化过程称为 BA 优化[70]。它能较好地解决定位与建图的问题，但是随着时间的增加和待优化轨迹的增长，计算效率会显著降低。因此，需要一种新的思路去解决这一问题。

位姿图是只考虑相机位姿之间的关系，而忽略路标位置，仅保留关键帧轨迹的一种图示。它可以有效地减少运算量。位姿图是由节点和边构成的一种图。这里的节点就是相机的位姿 ξ_i，边是相邻关键帧之间的运动估计 $\Delta\xi$ 。如果闭环检测成功，就可以在不相邻的两帧之间增加一个联系而在位姿图中为增加一个约束条件。后端优化图如图 3-20 所示。

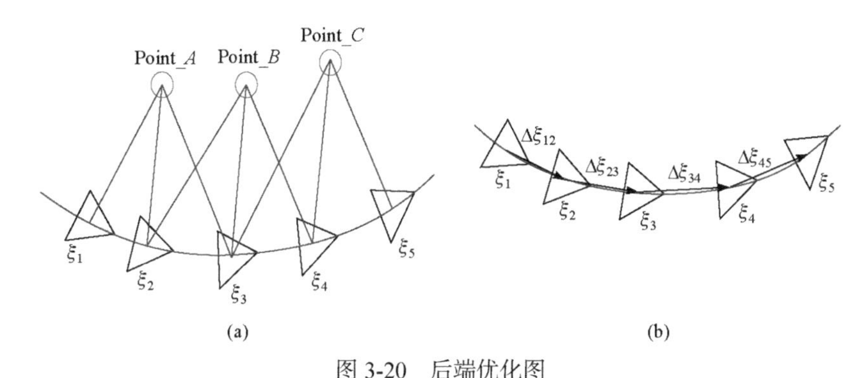

图 3-20　后端优化图

可以看到，利用位姿图进行相机运动过程的描述，能够显著地简化图示。在图 3-20(b)中，节点用 $\xi_1,\xi_2,\cdots,\xi_n$ 表示，节点 ξ_i 与 ξ_j 之间的相对运动用 $\Delta\xi_{ij}$ 表示，其表达形式为

$$\Delta\xi_{ij} = \xi_i^{-1} \circ \xi_j = \ln(\exp((-\xi_i)^\wedge)\exp(\xi_j^\wedge))^\vee \tag{3-44}$$

其中，$\wedge$ 为将向量转化为反对称的运算操作符；$\vee$ 为将反对称矩阵转换为向量的运算操作符。

将式(3-44)按照李群的表达方式写为

$$\Delta T_{ij} = T_i^{-1} T_j \tag{3-45}$$

在实际操作中,式(3-45)只是近似成立,因此需要建立最小二乘问题求解误差,求解误差关于优化变量的导数。其误差函数的表达式为

$$\begin{aligned} e_{ij} &= \ln(\Delta T_{ij}^{-1} T_i^{-1} T_j)^{\vee} \\ &= \ln(\exp((-\xi_{ij})^{\wedge})\exp((-\xi_i)^{\wedge})\exp(\xi_j^{\wedge}))^{\vee} \end{aligned} \tag{3-46}$$

其中，需要优化的变量有 ξ_i 和 ξ_j 。

因此，需要求解 e_{ij} 对 ξ_i 和 ξ_j 的导数。按照李代数的求解方法，分别给 ξ_i 和 ξ_j 添加一个左扰动，即 $\delta\xi_i$ 和 $\delta\xi_j$ ，则

$$\hat{e}_{ij} = \ln(T_{ij}^{-1} T_i^{-1} \exp((-\delta\xi_i)^{\wedge})\exp(\delta\xi_j^{\wedge}) T_j)^{\vee} \tag{3-47}$$

利用 Baker-Campbell-Hausdorff 近似，移动扰动项至等式两侧，然后新引进一个伴随项，交换扰动项左右两侧的 T，导出右乘形式的雅可比矩阵，即

$$\begin{aligned} e_{ij} &= \ln(T_{ij}^{-1} T_i^{-1} \exp((-\delta\xi_i)^{\wedge})\exp(\delta\xi_j^{\wedge}) T_j)^{\vee} \\ &= \ln(T_{ij}^{-1} T_i^{-1} T_j \exp((-Ad(T_j^{-1})\delta\xi_i)^{\wedge})\exp((Ad(T_j^{-1})\delta\xi_j)^{\wedge})^{\vee} \\ &\approx \ln(T_{ij}^{-1} T_i^{-1} T_j (I - (Ad(T_j^{-1})\delta\xi_i)^{\wedge} + (Ad(T_j^{-1})\delta\xi_j)^{\wedge}))^{\vee} \\ &\approx e_{ij} + \frac{\partial e_{ij}}{\partial \delta\xi_i}\delta\xi_i + \frac{\partial e_{ij}}{\partial \delta\xi_j}\delta\xi_j \end{aligned} \tag{3-48}$$

按照李代数的求导法则，可以求出误差关于两个位姿的雅可比矩阵，其中关于 T_i 的导数为

$$\frac{\partial e_{ij}}{\partial \delta\xi_i} = -J_r^{-1}(e_{ij})\mathrm{Ad}(T_j^{-1}) \tag{3-49}$$

关于 T_j 的导数为

$$\frac{\partial e_{ij}}{\partial \delta\xi_j} = J_r^{-1}(e_{ij})\mathrm{Ad}(T_j^{-1}) \tag{3-50}$$

式中

$$\mathrm{Ad}(T) = \begin{bmatrix} R & t^{\wedge}R \\ 0 & R \end{bmatrix}$$

考虑 J_r^{-1} 的表达形式较为复杂，通常取其近似形式，假如误差较小时，接近于 0，那么 J_r^{-1} 就可以近似为

$$J_r^{-1}(e_{ij}) \approx I + \frac{1}{2}\begin{bmatrix} \varphi_e^{\wedge} & \rho_e^{\wedge} \\ 0 & \varphi_e^{\wedge} \end{bmatrix} \tag{3-51}$$

至此，就可以构建一个最小二乘问题，记ε为所有边的集合，那么最终的目标函数为

$$F = \min_{\varepsilon}\frac{1}{2}\sum_{i,j\in\varepsilon} e_{ij}^{\mathrm{T}} \sum_{ij}^{-1} e_{ij} \tag{3-52}$$

可以利用 G2O 优化库[71]解决这个最小二乘问题，在得到优化后的位姿时，就能构建一个精准的全局环境地图。

3.7　环境构建及实验结果分析

3.7.1　建图的要求及分类

建立一个性能良好的环境对于机器人的运动是十分重要的。因为建图采用的策略会影响机器人当前位置的表示。在导航问题中，环境的准确性会限制机器人位置表示的准确性。在选用一种表达方式描绘环境时，必须考虑两个基本的关系。

(1) 环境的精度和机器人运动到目标点的精度相匹配。

(2) 环境表示特征的方法与传感器返回的数据类型一致；机器人导航、定位、推理过程的复杂性受环境表示的复杂性影响。

因此，建图的方式会极大地影响机器人最终定位导航的体系结构。为了折中，通常都是在特定背景下的定位建图。常见的地图表示方式有栅格地图、点云地图、拓扑地图、特征地图。不同地图的优缺点对比如表 3-6 所示。

表 3-6　不同地图的优缺点对比

类型	优点	缺点
点云地图	能够直观、完整地描绘环境中的三维信息，不需要对传感器信息进行过多的处理	对设备的存储性能要求极高，无法直接表达空间中某一点的占用/空闲/未知的情况，需要进行二次理解后才能应用于机器人的导航，同时无法更新地图
栅格地图	可以较为详细地描述多维空间中的环境信息，排列齐整规划，地图存储信息可以更新，分辨率可调。易于机器人的直接定位和路径规划	随着周围场景的变大，地图精度越高，计算的复杂度越大，对计算机的内存要求也越高
特征地图	存储空间小，结构紧凑，表达方式更加类似于人对环境的感知	无法精确地表达环境的真实信息，不利于机器人的导航规划
拓扑地图	可以进行扩展，更新，能够实现快速的路径规划	表达信息过于抽象化，导致机器人无法实现精准的定位

3.7.2　八叉树地图

对比表 3-6 中的四种地图可以看到，选用栅格地图进行导航规划是更加合理的一种方式。八叉树[72]地图是一种较为广泛的栅格地图使用形式。它具有良好的可拓展性和可更新性，体积占用小，分辨率易于调整，代码开源，同时这种地图可以直接映射降维成二维栅格地图，应用于后续的导航和路径规划，如图 3-21 所示。

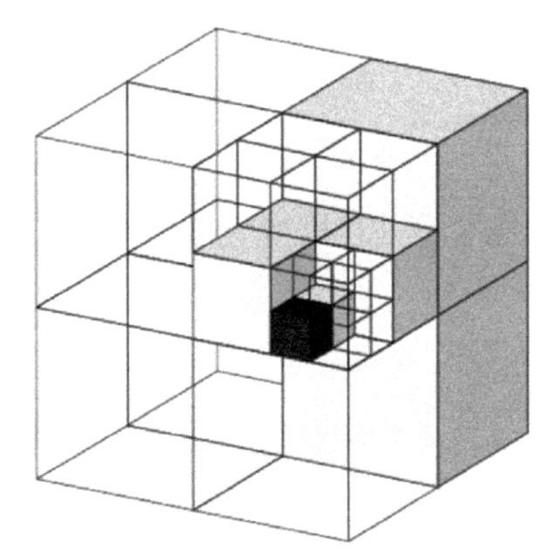

图 3-21　八叉树地图

八叉树，顾名思义就是以树的形式来扩展存储内容。它把每个方块平均分割成为 8 个体积相等的小方块，重复这个步骤，直到最后的最小方块满足工程实际需求即可。在这个“树”中，每个小的方块都称为上层父节点的子节点，本身代表的内容为被占据的概率。图中黑色方块表示被占据，概率为 1；白色方块表示未被占据，概率为 0；灰色方块表示存疑，需要继续进行分割观察。每一次观测之后都需要将地图更新，如果方块被观测到占据，则增加其概率值，否则减少其概率值。同时，为了将概率调整到[0,1]，采用概率对数描述占据的情况，即

$$
\begin{aligned}
X &= \lg\left(\frac{p}{1-p}\right) \\
p &= \frac{\exp(X)}{1+\exp(X)}
\end{aligned}
\tag{3-53}
$$

其中，p 表示某一节点在当前时刻的观测概率值；X 表示某一节点被占据的情况。

以 n 为例，若在前 t 时刻观察到的概率对数值为 $L(n \mid z_{1:t})$，那么在 t+1 时刻的概率对数为

$$
L(n \mid z_{1:t+1}) = L(n \mid z_{1:t-1}) + L(n \mid z_t) \tag{3-54}
$$

有了对数概率，就可以根据 RGB_D 数据对地图更新处理。同时，八叉树地

图的分辨率可调，较大方块对应的分辨率较低，较小方块对应的分辨率较高。通过查询八叉树的节点信息，就可以判断是否为空，从而为导航提供数据信息。

3.8 本章小结

本章主要是针对教学仿人形移动机器人在实验室内进行建图的相关研究，设计整体 RGB_D SLAM 框架。在 SLAM 前端选用 ORB 特征点进行 BF 匹配，并选取 K 近邻 + RANSAC 两种剔除误匹配方式提高匹配的精度，采用 SVD 算法进行相机的运动估计。在后端对关键帧的选取提出选取策略，同时采用词袋模型构建闭环检测环节，利用 G2O 库进行位姿图的优化。最后，根据实际需求，选取八叉树地图。

总体上讲，本章实现了较为完整的 RGB_D SLAM 系统。

第 4 章　非结构化环境重构及目标识别

4.1　引　　言

第 3 章解决了机器人场景构建的问题，本章解决机器人理解环境，即目标识别的问题。对于采摘苹果这项任务来说，机器人最基本的能力是知道什么是苹果，什么是果树。同时，由于果树的生长姿态随机各异，机器人在执行采摘作业时，容易出现作业臂与枝干碰撞，引起机器人相关器件的损伤。因此，还需要在果树枝干识别的基础上进行枝干三维空间的恢复，为机器人提供枝干的三维空间信息。

本章着重解决苹果、枝干的识别和枝干重建这两个问题，提出利用神经网络的算法对枝干和苹果进行识别。然后，在枝干识别的基础上，提出通过双条件约束完成枝干的分组归类，采用多项式拟合法对未识别出的枝干区域进行补充，完成枝干的三维重构。

4.2　YOLOv3 算法介绍

目标检测可以理解为针对多个目标的目标定位和图像分类。2013 年以前，目标检测大多基于人工提取特征的方法，通过在低层特征表达的基础上构建复杂的模型，以及多模型集成来缓慢地提升检测精度。2014 年以后，人工智能的发展越来越完善，将深度学习应用到各个场景中也是一个重要的发展趋势。CNN 在目标检测任务中的优势尤为突出，识别精度高、识别效率准、识别速率快、泛化能力强等各个优点使机器视觉能够更加轻松地适宜多种复杂环境。CNN 算法可以大致分为两类，即基于区域建议的方法和基于回归的方法。前者的代表算法有 R-CNN[73](region-convolutional neural network，区域卷积神经网络)、Fast R-CNN[74]、Faster R-CNN[75]、Mask R-CNN[76]等。这些算法的核心可以用 two-stage 概述，即分步研究目标检测中的分类和定位两个内容。首先，通过候选框标定可能包含目标的区域(也称感兴趣区域)。然后，选取合适的分类器进行目标分类，判断候选框内是否包含待检测目标，如果存在，计算存在目标类别的概率。第一类算法检测精度高，泛化能力强，但是检测速度慢，难以满足苹果采摘这一实时性较强的任务需求。第二类算法较为典型的代表有 SSD[77](single shot multibox detector)、

YOLO[78-82](you only look once)、RetinaNet[79]等。该类算法的核心是用 CNN 直接对整幅图像进行目标的类别和位置预测。它们在保持良好检测精度的同时，还具有较快的检测速度。本书选取 YOLOv3 算法作为目标识别的方法检测苹果与枝干。下面从 YOLOv3 的神经网络构架、损失函数的定义、预测框的选取，以及与其他算法的对比这几个方面详细介绍 YOLOv3 算法。

4.2.1 YOLOv3 网络模型结构

YOLOv3 主干结构是 Darknet-53。它是通过在 Darknet-19[80]的基础上引入残差模块，进一步加深网络形成的。Darknet-53 网络结构如图 4-1 虚线部分所示。Darknet 框架是一个轻量级的深度学习框架，它基于 C 语言和 CUDA 开发，可以依赖中央处理器(central processing unit，CPU)和图形处理器(graphics processing unit，GPU)两种方式计算，对设备要求较低、容易迁移、易于安装、灵活性较强，同时也容易从底层代码对算法进行改进和扩展，具有众多优点。

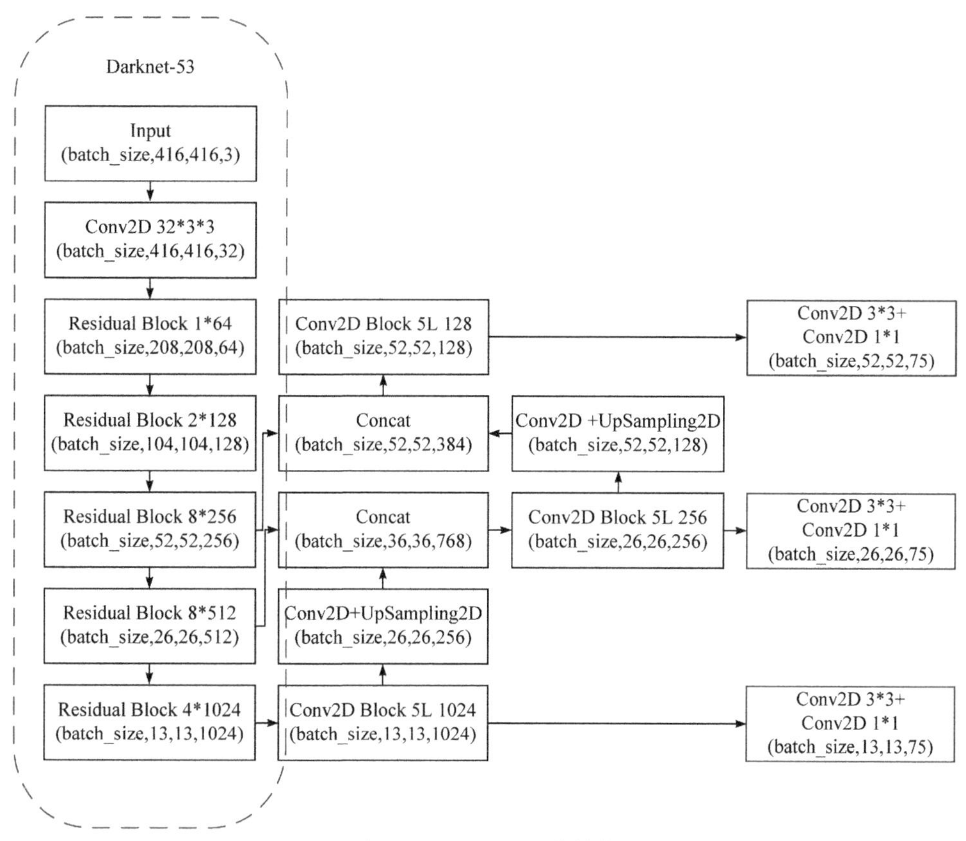

图 4-1　YOLOv3 网络结构

Darknet-53 采用全卷积结构，没有池化层和全连接层。在前向传播过程中，图像的尺寸变换是通过改变卷积核的步长实现的。Darknet-53 中有 5 次步长为 2 卷积，每次经过卷积之后，图像边长缩小一半。经过 5 次缩小，特征图缩小为原输入尺寸的 1/32。因此，网络输入图片的尺寸为 32 的倍数，本书取 416×416 像素。此外，Darknet-53 引入残差结构[81]，使训练深层网络的难度大大减小，并采用 FPN 结构进行特征融合，实现多尺度目标检测。

4.2.2 边界框的预测

YOLOv3 算法输入 416×416 像素大小的图片，并将其划分为 $S \times S$ 像素大小的网格。若待检测物体的真值框中心点处在某个格子中，此时这个格子就专门负责检测这个物体；每个格子都需要检测出 B 个边界框，以及 C 个类别的检测概率；最终输出每个类别的目标边界框，同时计算每个边界框的置信度。置信度由两部分确定，即每个网格中包含检测目标的概率和边界框的准确度。假设边界框的准确度用符号 $t_{\text{confidence}}$ 表示，IOU(intersection over union)是预测边界框的边界和真实先验框边界的交并比。IOU 的计算方式为

$$\text{IOU} = \frac{\text{area of overlop}}{\text{area of union}} = \frac{\text{area}(B_p \cap B_{gt})}{B_p \cup B_{gt}} = \tag{4-1}$$

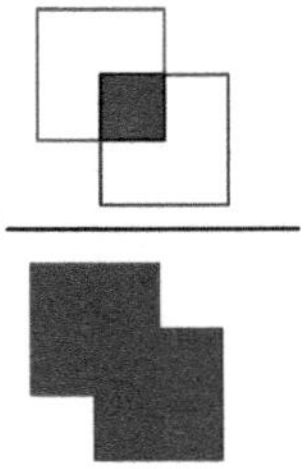

其中，B_p 为预测框位置；B_{gt} 为真值框位置；area 为面积。

通过式(4-1)可以得到 $t_{\text{confidence}}$ 的计算公式为

$$t_{\text{confidence}} = \Pr(\text{object}) \times \text{IOU}_{\text{pred}}^{\text{truth}} \tag{4-2}$$

其中，Pr(object) 为是否存在某类检测物体，若存在则为 1，否则为 0；truth 为训练样本的真实值；pred 为预测值。

每个网格预测出来的类别置信度为

$$\Pr(\text{class}_i \mid \text{object}) \times \Pr(\text{object}) \times \text{IOU}_{\text{pred}}^{\text{truth}} = \Pr(\text{class}_i) \times \text{IOU}_{\text{pred}}^{\text{truth}} \tag{4-3}$$

其中，$\Pr(\text{class}_i \mid \text{object})$ 为某一类检测物体在网格中出现的概率。

YOLOv3 算法预测框检测流程图如图 4-2 所示。

YOLOv3 算法预测时，每一个网格中心都有可能预测多个边界框，这就需要进一步地剔除筛选。通常的步骤是，首先通过设定合适的阈值，剔除置信度低于阈值的边界框；然后对剩下的高置信度框进行非极大值抑制操作，选取置信度最

优的边界框为最终结果。在 YOLOv3 算法中，预测框有 x、y、w、h 等 4 个参数，为了加快网络的运行速度，将这 4 个参数进行归一化处理。假设将输入图片划分为 7×7 大小的网格，预测边界框示意图如图 4-3。

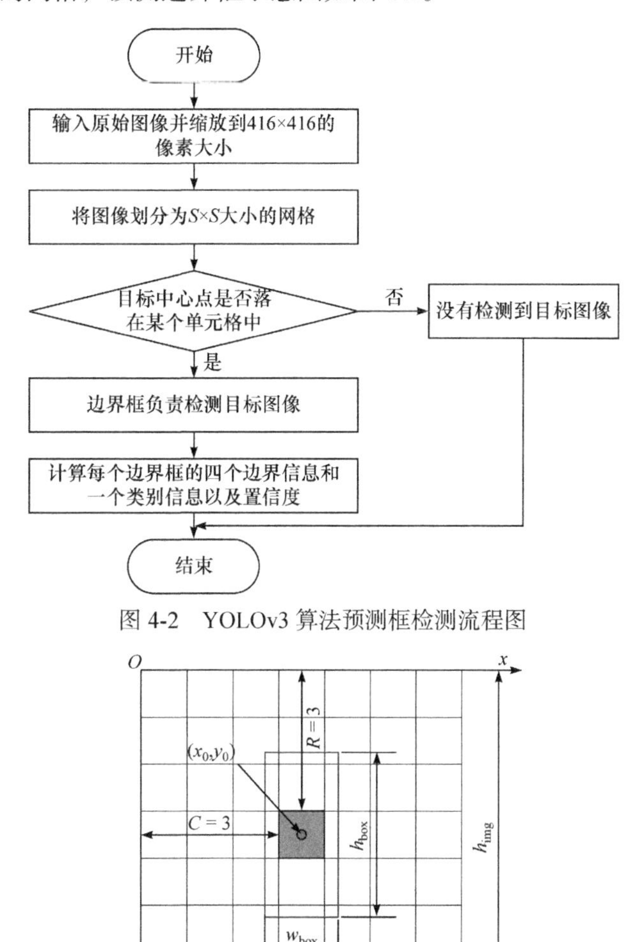

图 4-2　YOLOv3 算法预测框检测流程图

图 4-3　预测边界框示意图

图 4-3 中，浅色框为预测框的位置；(x_0, y_0) 为预测边界框的中心点坐标；待检测物体的中心点网格坐标为 (r, c)；w_{box} 和 h_{box} 为预测边界框的宽度和高度；w_{img} 和 h_{img} 为输入图片的宽度和高度。归一化过程为

$$w = \frac{w_{\text{box}}}{w_{\text{img}}}$$

$$h=\frac{h_{\text{box}}}{h_{\text{img}}}$$

$$x=x_0\frac{s}{w_{\text{img}}}-c \tag{4-4}$$

$$y=y_0\frac{s}{h_{\text{img}}}-r$$

通过归一化处理，可以得到 YOLOv3 算法预测输出的所有信息，即 x、y、w、h、$t_{\text{confidence}}$，以及 C 个类别中的某 1 类。因此，网络整体输出的大小为 $SS(5B+C)$。

4.2.3 损失函数

在损失函数方面，YOLOv3 算法使用二值交叉熵损失函数。该损失函数包含坐标误差、分类误差，以及 IOU 误差。其计算公式为

$$\begin{aligned}\text{loss\_functions}=&\lambda_{\text{coord}}\sum_{i=0}^{S^2}\sum_{j=0}^{B}I_{ij}^{\text{obj}}[(x_i-\hat{x}_i)^2+(y_i-\hat{y}_i)^2]\\&+\lambda_{\text{coord}}\sum_{i=0}^{S^2}\sum_{j=0}^{B}I_{ij}^{\text{obj}}[(\sqrt{w_i}-\sqrt{\hat{w}_i})^2+(\sqrt{h_i}-\sqrt{\hat{h}_i})^2]\\&-\sum_{i=0}^{S^2}\sum_{j=0}^{B}I_{ij}^{\text{obj}}[C_i\log(C_i)-(1-\hat{C}_i)\log(1-C_i)]\\&-\lambda_{\text{noobj}}\sum_{i=0}^{S^2}\sum_{j=0}^{B}I_{ij}^{\text{noobj}}[C_i\log(C_i)-(1-\hat{C}_i)\log(1-C_i)]\\&-\sum_{i=0}^{S^2}I_{ij}^{\text{obj}}\sum_{c\in\text{classes}}[\hat{p}_i(c)\log(p_i(c))+(1-\hat{p}_i)\log(1-p_i(c))]\end{aligned} \tag{4-5}$$

其中的参数及意义如表 4-1 所示。

表 4-1 参数及意义

参数	意义
S	划分网格的系数
B	单个网格中需要预测出边界框的个数
C	总类别个数
p	预测的类别概率
w_i	第 i 个网格中预测边界框的宽度
h_i	第 i 个网格中预测边界框的高度
x_i	第 i 个网格中预测框的中心点横坐标

续表

参数	意义
y_i	第 i 个网格中预测框的中性点纵坐标
$\hat{*}$	标注数据集中对应的数据
I_{ij}^{obj}	第 i 个网格中的第 j 个先验框预测某个 object
I_{ij}^{noobj}	第 i 个网格中的第 j 个先验框未预测某个 object

4.2.4　多种网络对比效果

通过查看 2020 年最新 ArXiv 数据库，可以得到各种主干网络的运行性能对比和识别精度，如表 4-2 和表 4-3 所示(实验数据均在 Titan X 平台上运行获取，实验图像为 320×320 像素值)。

表 4-2　各种主干网络的运行性能对比

指标	Darknet-19	ResNet-101	ResNet-152	Darknet-53
Top-1	74.1	77.1	77.6	77.2
Top-5	91.8	93.7	93.8	93.8
BFLOP/s	1246	1039	1090	1457
处理速率/fps	171	53	37	78

表 4-3　各种主干网络识别精度

算法	主干网络	AP/%	AP50/%	AP75/%
YOLOv2	Darknet-19	21.6	44.0	19.2
SSD513	ResNet-101	31.2	50.4	33.3
DSSD513	ResNet-101	33.2	53.3	35.2
RetinaNet	ResNet-101	39.1	59.1	42.3
RetinaNet	ResNetxt-101	40.8	61.1	44.1
YOLOv3	Darknet-53	33.0	57.9	34.4

在表 4-2 中，Top-N 代表在得分最高的前 N 个预测结果中，待检测的目标在预测结果中。其等价于检测的准确率，数值越大，准确率越高；BFLOP/s 能够代表神经网络的计算效率，其数值越大计算效率越高；主干网络的整体运行速率可直接用帧率(帧每秒)描述，其数值越大，运行效率越高。Darknet-53 的检测效率低于 Darknet-19，但是其 Top-N 的准确率明显较高；ResNet-101 和 RestNet-152 的准确率与 Darknet-53 几乎相等，但是 Darknet-53 的运行效率分别是 RestNet-101 和

RestNet-152 的 1.5 倍和 2 倍。

在表 4-3 中，AP 表示平均精度；AP50 和 AP75 代表 IOU 分别为 0.5 和 0.75 时的平均精度。可以看出，在预测精度指标上，RetinaNet 的表现最为突出。查阅数据库可以发现，在 Titan X 上，RetinaNet 在 198ms 内可以达到 mAP 为 57.5%的效果，而 YOLOv3 在 51ms 内可以达到 mAP 为 57.9%的运行效果。在检测效果几乎相同的情况下，YOLOv3 算法的运行速度比 RetinaNet 慢 3.8 倍。此外，YOLOv3 算法在检测精度上均优于 SSD 算法和 YOLOv2 算法。

综上，在兼顾运行性能、精度和检测速率的条件下，选用 YOLOv3 算法无疑是较为合适的。

4.3　网络改进的方法

4.3.1　增加网络层数

Deep Learning[82]指出，网络层级越深，其网络的表达能力越强，表现越出色。这是因为更深层的结构能够提升网络的非线性表达能力，减少网络的结构参数，增加感受野。这有利于对小目标(苹果)的识别。但是，过度的加深网络结构会带来梯度不稳定、网络饱和等不良影响。本书在 YOLOv3 主干网络基础上，额外增加两个 1×1 和 3×3 大小的卷积层，命名为 Darknet-57，作为特征提取网络。Darknet-57 主干特征提取网络结构如图 4-4 所示。

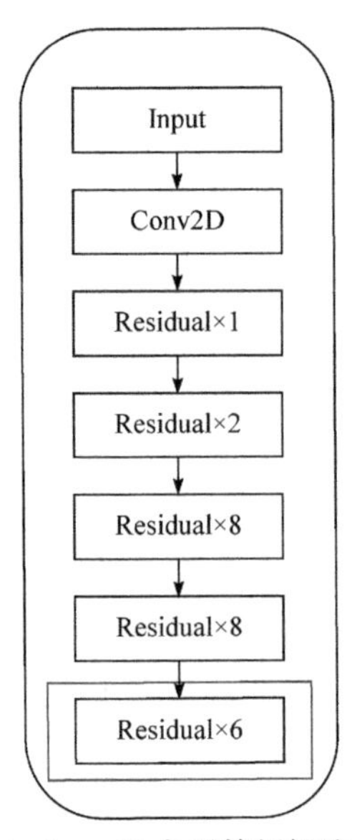

图 4-4　Darknet-57 主干特征提取网络结构

4.3.2 重构网络结构

在神经网络中，将不同尺度的特征图融合是一个有效地提高分割性能的手段。利用特征可视化技术将 Darknet-57 中 7 个不同阶段的残差模块输出层显示，并缩放到同等大小。不同阶段残差块的输出图像如图 4-5 所示。

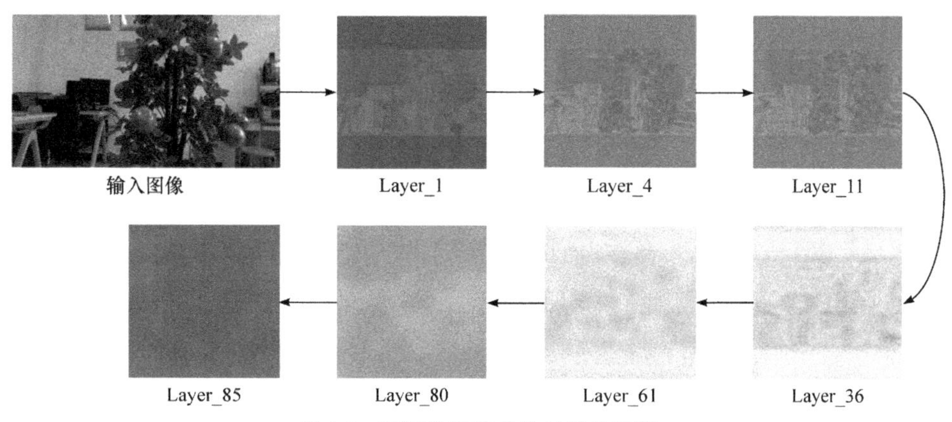

图 4-5　不同阶段残差块的输出图像

可以看到，在 Layer_1～Layer_4 阶段，图片的分辨率较高，能够较为清晰地看到树枝、苹果的轮廓和对应图像的位置。这些通常也称低层特征图，它们往往包括较为具体的位置、细节信息。在 Layer_61～Layer_85 阶段，特征图中均为黑白相间的特征信息，表达图片中某一个具体物件的所属类别，即语义信息。这些特征图也通常称为高层特征图。如何将低层图和高层图高效融合，将位置信息和语义信息有效结合，利用二者的优点进行预测是改善网络性能的关键一步。此外，本书可以重组 FPN 结构，将三个特征组合层均进行前移操作，最终得到 3 组不同尺度的特征图用于网络预测输出，其网络层融合的细节信息如下。

第一步，通过 Darknet-57 得到特征网络，将 Conv_80 层连续地进行 1×1 和 3×3 的卷积操作，得到第一组初始 yolo 层，记为 yolo_init1。

第二步，将 yolo_init1 层进行一次 1×1 和 3×3 的卷积操作，得到第一组最终特征 yolo 层，记为 yolo_1。

第三步，将 yolo_init1 层进行上采样，与 Darknet-53 中的 Conv_49 进行卷积和操作，继续使用连续的 1×1 和 3×3 的卷积操作，得到第二组初始 yolo 层，记为 yolo_init2。

第四步，将 yolo_init2 层进行一次 1×1 和 3×3 的卷积操作，得到第二组最终特征层，记为 yolo_2。

第五步，将 yolo_init2 进行上采样操作，与 Darknet-53 层中的 Conv_24 进行卷积和操作，继续使用连续的 1×1 和 3×3 的卷积操作，得到第三组初始 yolo 层，记为 yolo_init3。

第六步，将 yolo_init3 进行一次1×1和3×3的卷积操作，得到第三个最终特征 yolo 层，记为 yolo_3。

经过上述步骤重构网络结构可以得到三组不同尺度的最终 yolo 特征层，即 yolo_1、yolo_2 和 yolo_3。利用这 3 组特征层，进行位置和类别的预测，可以得到新的网络结构。我们将其命名为 Improved-YOLOv3。Improved-YOLOv3 算法整体网络结构如图 4-6 所示。

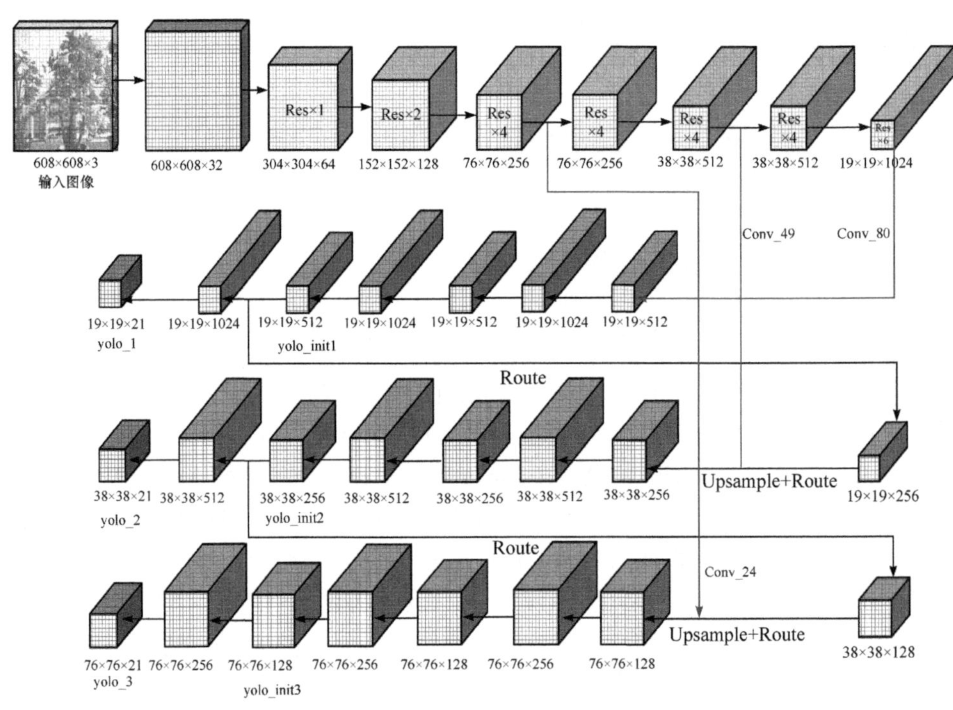

图 4-6　Improved-YOLOv3 算法整体网络结构

4.3.3　先验框优化

YOLOv3 算法延用 Faster R-CNN[83]的 anchor boxes 机制，即先验框的思想。其中，anchor boxes 的宽高比对物体检测的精度和速度有一定的影响。在训练过程中，候选框的参数也会随着迭代次数的增加不断地调整，使其更加接近真实框的参数。本书需要识别的苹果可以用方形框预测，但是枝干为细长型，需要进行聚类操作得到更加精准的先验框。通常采用 K-means 聚类方法进行聚类。在目标检测中，常用预测框和先验框的重叠度 IOU(B,C) 作为聚类时距离衡量的标准。IOU 的定义见式(4-1)。衡量标准计算公式为

$$d(B,C)=1-\mathrm{IOU}(B,C) \tag{4-6}$$

其中，B 为样本聚类的结果；C 为所有样本簇的中心。

对数据重新聚类后，可以得到如下 9 组锚点，即(8,12)、(10,25)、(15,40)、(20,45)、(41,71)、(56,92)、(182,544)、(256,544)、(320,576)。

4.3.4　树枝的三维重构

通过 Improved-YOLOv3 算法检测出的裸露枝干预测框呈现离散型，因此需要对这些离散型的预测框进行相关性分析，即任意两个预测框是否可以划分为属于同一枝干。然后，进行枝干拟合，填补未识别出来的区域，利用多项式拟合法重建枝干结构。此外，在预测框中仍存在些许背景信息，因此首先需要去除干扰以达到预测框精确贴合枝干的效果。Improved-YOLOv3 算法枝干预测图如图 4-7 所示。

图 4-7　Improved-YOLOv3 算法枝干预测图

4.3.5　图像背景分割

下面利用图像分割的方式，去除 Improved-YOLOv3 算法中预测框的背景信息，并寻找枝干的最小外接矩形代替预测框作为枝干的实际边界。预测框背景分割流程如图 4-8 所示。

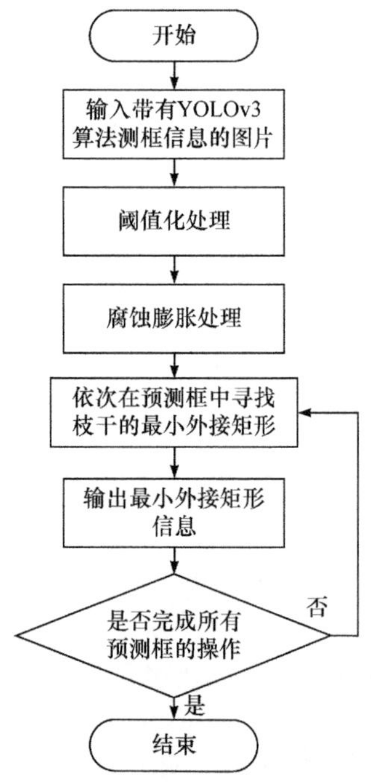

图 4-8　预测框背景分割流程图

灰度图像阈值化操作是图像分割的主要方法之一。其具体操作是利用图像中各个像素点之间的分布规律，通过设定像素阈值进行像素点分割，进而得到二值图像。常用的方法有固定阈值法、自适应阈值法、双阈值法，以及半阈值法等。这些方法都需要事先知道被分割物体灰度值所属的范围，然后根据实际场景需求进行相关阈值的设定。实验对 100 幅图像进行统计，得到的枝干的灰度值范围为[20,50]。

有此基础，按照常见的背景分割方法寻找到枝干的最小外接矩形。背景分割过程图如图 4-9 所示。具体步骤如下。

第一步，输入 YOLOv3 算法检测后的图像，如图 4-9(a)所示。

第二步，对图像进行高斯滤波，平滑处理，使边缘检测不偏向于任意方向，有助于提高枝干边缘检测的精度，如图 4-9(b)所示。

第三步，阈值化操作，采用阈值化操作将枝干的背景进行分割，如图 4-9(c)所示，仅保留枝干区域。

第四步，形态学腐蚀，通过腐蚀操作消除噪声，分割出独立的图像元素，可以有效地消除与枝干颜色相近的树叶区域，如图 4-9(d)所示。

第五步，形态学膨胀，恢复上一步被腐蚀掉的枝干边缘区域，如图 4-9(e)所示。

第六步，边缘检测，利用最小外接矩形框拟合枝干边界，作为最终枝干的精确预测，如图 4-9(f)所示。

(a)　(b)　(c)

(d)　(e)　(f)

图 4-9　背景分割过程图

实验中，枝干在图像中的像素半径均大于 25 像素，因此在形态学腐蚀操作时，我们采用 6×6 像素大小的结构元，保证枝干不会被过度腐蚀。相反，在形态学膨胀处理时，采用 7×7 像素大小的结构元进行膨胀，这种方式会使枝干的图像半径大于原本尺寸，但是对于最终构建枝干结构是有益的。通过以上过程得到的最终枝干精确框能够紧贴枝干边界，相对于 Branch-CNN 预测框，其更符合枝干的生长方式。用精确框进行枝干结构的恢复更加合理有效。

4.3.6　枝干重构原理

图 4-9(f)中存在两类情况，即裸露枝干的精确框为离散分布，被遮挡的枝干区域并未检测出来，因此需要对离散的精确框进行相关性分析，即根据枝干生长趋势完成精确框是否属于同一枝干的划分。然后，建立两个精确框之间的拟合关系，依据拟合关系填补两个精确框之间未被识别出来的枝干区域。这里采用遍历的方式对任意两个精确框进行相关性分析，提出两个约束条件(距离约束和角度约

束)进行相关性判别。若两两预测框同时满足这两个约束条件，那么将这两个精确框划分为一组，并认为两个精确框属于同一枝干。依此类推，完成所有精确框的判别。

1) 第一约束条件：距离约束

若对每两个精确框都进行遍历搜索并详细判断，必然会增加运算成本。因此，我们提出第一约束条件——距离约束，即当两个精确框中心点之间的像素距离值超过某一阈值时，两个精确框不属于同一枝干。我们统计了属于同一枝干的相邻两个精确框的中心像素距离，属于同一枝干相邻两个精确框的中心距离分布如图 4-10 所示。可以发现，超过 90%的中心距离低于 180 像素，超过 270 像素的情况为零。因此，将距离约束的阈值设置为 180 像素。

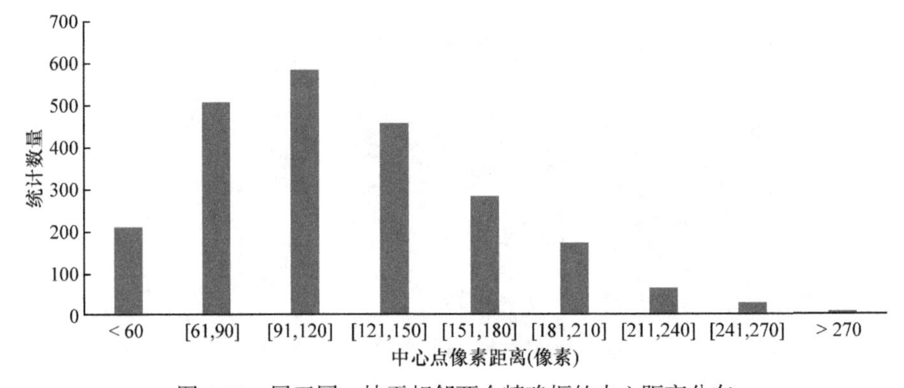

图 4-10　属于同一枝干相邻两个精确框的中心距离分布

在超过 180 像素的相邻精确框中会出现三种情况，如图 4-11 所示。图 4-11(a)和图 4-11(c)是某一精确框过长引起的中心距离超过 180 像素，图 4-11(b)认为两个精确框不属于同一枝干。整体考虑。其阈值判断式为

$$R=\begin{cases}180, & d\leqslant 180\\ \dfrac{1}{4}\max\{L_1,L_2\}+180, & d>180\end{cases} \tag{4-7}$$

其中，R 为距离阈值；d 为两个精确框的中心距离；L_1、L_2 为两个精确框的长边长度。

此时，第一约束条件是当两个预测框中心点像素距离 d 小于等于阈值 $R\,(180)$ 时，两个预测框满足第一约束条件。若 $d>180$，将精确框的长度考虑在内，重新计算阈值。此时，$R=\dfrac{1}{4}\max\{L_1,L_2\}+180$。若 $d<R$，第一约束条件仍然成立。距离约束条件分析如图 4-12 所示。

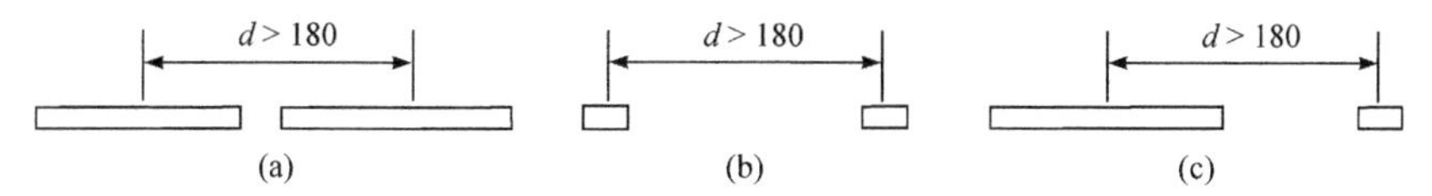

图 4-11　相邻精确框中心距离超过 180 像素的三种情况

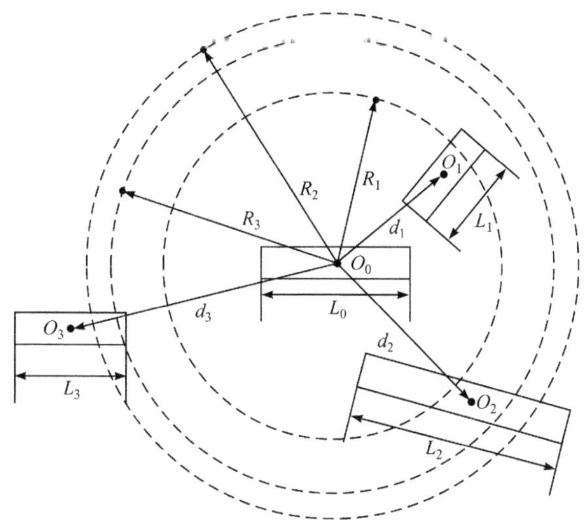

图 4-12　距离约束条件分析

在图 4-12 中，各枝干分别编号 0、1、2、3；矩形代表枝干精确框；O 为各精确框的像素中心点；分别连接 O_0O_1 、O_0O_2 、O_0O_3 ，得到 0 号精确框到 1、2、3 号精确框的中心距离 d_1、d_2、d_3；各精确框的长边像素长度分别记为 L_0、L_1、L_2、L_3，且 $d_1<180$ 、$d_2>180$ 、$d_3>180$ 。利用距离约束条件判断 0 号精确框与其他三个精确框的相关性，距离阈值的选取为

$$
\begin{aligned}
&R_1=180\\
&R_2=\frac{1}{2}\max(L_0,L_2)+180=\frac{1}{2}L_2+180\\
&R_3=\frac{1}{2}\max(L_0,L_3)+180=\frac{1}{2}L_0+180
\end{aligned}
\tag{4-8}
$$

按照距离约束条件，此时 $d_1<R_1$ 、$d_2<R_2$ 、$d_3>R_3$ ，1 号和 2 号分别与 0 号精确框满足距离约束条件，3 号框与 0 号框不满足距离约束条件。

2) 第二约束条件：角度约束

仅由距离约束进行判断可能出现如图 4-13 所示的意外情况。在图 4-13 中，很明显两个精确框按照枝干的生长趋势不属于同一枝干。为防止此类情况，我们提出角度约束作为第二约束条件进一步限制。角度约束示意图如图 4-14 所示。

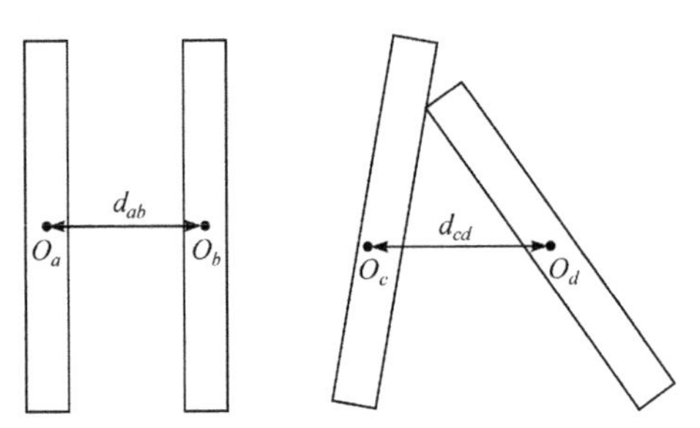

图 4-13　距离约束的两种意外情况

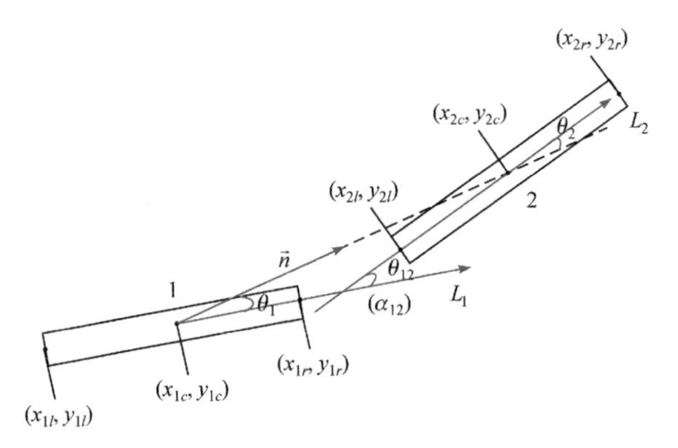

图 4-14　角度约束示意图

在图 4-14 中，1 和 2 分别代表满足第一约束条件的两个精确框，(x_{*l}, y_{*l})、(x_{*r}, y_{*r})、$(x_{*c}, y_{*c}), i=1,2$，分别代表精确框的两个短边中心点像素坐标和中心点像素坐标(坐标信息为已知状态)。连接两个中心点，构成向量 n；连接 (x_{1c}, y_{1c}) 和 $(x_{1r/1l}, y_{1r/1l})$ 构成向量 L_1，且满足 L_1 和 n 构成的夹角 θ_1 小于 90°；连接 (x_{2c}, y_{2c}) 和 $(x_{2r/2l}, y_{2r/2l})$ 构成向量 L_2，且满足 L_2 和 n 之间的夹角 θ_2 小于 90°；θ_{12} 为向量 L_1 和 L_2 之间的夹角；用式(4-9)求出 θ_1、θ_2、θ_{12} 的值，定义约束夹角 α_{12}。当 θ_{12} 小于等于 90° 时，$\alpha_{12}=\theta_{12}$；当 θ_{12} 大于 90° 时，$\alpha_{12}=180°-\theta_{12}$，则

$$
\begin{gathered}
n_1=(x_1, y_1) \\
n_2=(x_2, y_2) \\
\theta=\arccos\left(\frac{x_1 x_2+y_1 y_2}{\sqrt{x_1^2+y_1^2}\sqrt{x_2^2+y_2^2}}\right)
\end{gathered}
\tag{4-9}
$$

根据图 4-14，α_{12} 越小，两个精确框属于同一个枝干的概率越大。对 400 幅图像中 2303 个 α_{12} 进行统计，角度 α_{12} 分布统计图如图 4-15 所示。图中数据表明，超过 98%(2260 个角度)以上的 α_{12} 均小于等于 35°，因此将角度 α_{12} 的约束范围限定到 0°～35°。

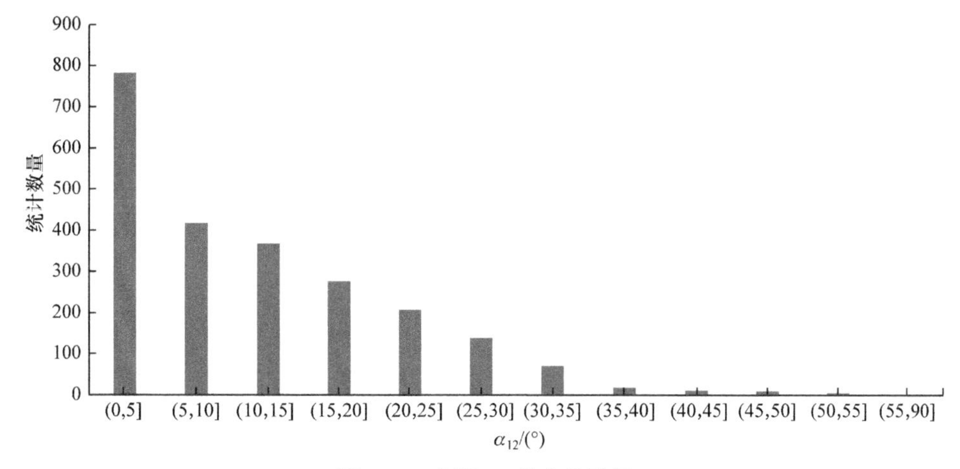

图 4-15　角度 α_{12} 分布统计图

在实际操作中，存在两种特殊情况。在满足 $\alpha_{12} < 35°$ 时，两个精确框并不属于同一枝干，角度约束条件下的两种意外情况如图 4-16 所示。我们发现，当 θ_1 和 θ_2 同时变小时，两个精确框更趋向于同一枝干，因此需要对 θ_1 和 θ_2 进行角度约束。通过统计 400 幅图像 4606 个 θ_1 和 θ_2 的分布情况，得到的分布如图 4-17 所示。实验数据表明，超过 99%(4592 个角度)的角度小于 25°，因此我们将 θ_1 和 θ_2 限定在 0°～25°范围内。θ_1、θ_2 两个角度值分布统计如图 4-17 所示。

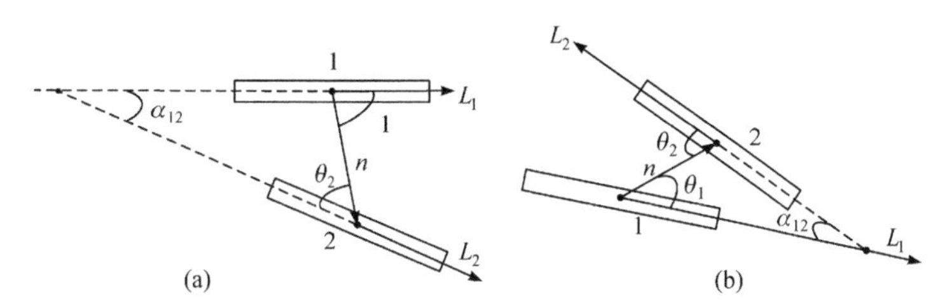

图 4-16　角度约束条件下的两种意外情况

通过对任意两个精确框距离和角度详细地分析，可以得到属于同一枝干的两个精确框之间需要满足的距离约束和角度约束。

4.3.7　离散精确框的相关性判断步骤

本书采用遍历的方式，对两两精确框进行相关性分析，即利用两个约束条件判断两个精确框是否为同一枝干。具体判断算法步骤如下。判断算法步骤中参数说明如表 4-4 所示。

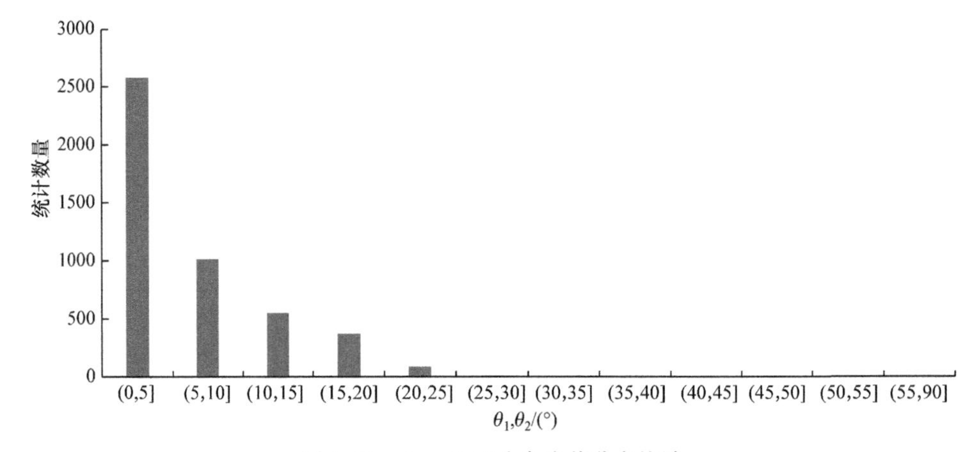

图 4-17　θ_1、θ_2 两个角度值分布统计

表 4-4　相关性判断步骤中参数说明

参数	表达内容
$b_i \in \{b_1, b_2, \cdots, b_n\}$	精确预测框的编号，共 n 个精确预测框
$B_i = (b_i, x_{ic}, y_{ic}, x_{il}, y_{il}, x_{ir}, y_{ir}, l_i)$	第 i 个精确框的信息列表
$x_{ic}, y_{ic}, x_{il}, y_{il}, x_{ir}, y_{ir}, l_i$	第 i 个精确框的中心点和两个短边中点的像素坐标，l_i 表示精确框的长边长度
$G_k = \{b_i, b_j\}$，$k = 1, 2, \cdots$	由精确框 b_i 和 b_j 构成的第 k 条枝干，是一个列表
$d_{ij} = \sqrt{(x_{ic} - x_{jc})^2 + (y_{ic} - y_{jc})^2}$	精确框 b_i 到 b_j 的中心距离
R	第一约束条件中的距离阈值

算法 1　相关性判断

Input：Images with precise boxes

Output：G_k, $k = 1, 2, \cdots$

1：n = sizeof(precise boxes)

2：for i = 1 to n do

3：　　flag = 0

4：　　for j=i+1 to n do

5：　　　　if $d_{ij} \leqslant R$ then

6：　　　　　　if $0° \leqslant \theta_i \leqslant 25°$，$0° \leqslant \theta_i \leqslant 25°$ then $0° \leqslant a_{ij} \leqslant 35°$

7：　　　　　　　$G_k = \{b_i, b_j\}, k = k + 1$

```
8:                flag = 1
9:             end if
10:         end if
11:     end for
12:     if flag = 0 then
13:         G_k={b_i},k = k+1
14:     end if
15: end for
```

4.3.8 多项式拟合枝干曲线

在完成对精确框的相关性判别后，需要对两两精确框进行拟合，填补精确框之间未识别出来的枝干区域。多项式拟合法具有运算速度快、计算复杂度低等优势，有利于提升整个枝干拟合的运算速度。我们采用 3 次多项式拟合枝干，具体步骤如下。

第一步，将划分到同一枝干的两个精确框的中心点横坐标和两短边中心点横坐标存入向量 X，将精确框中心点的纵坐标和两短边中心点纵坐标存入向量 Y，构建方程组，即

$$[1 \quad X \quad X^2 \quad X^3]A = Y \tag{4-10}$$

第二步，求解系数向量 A。

第三步，将两个精确框的横坐标分别作为起始点 S 和终止点 E，以距离 $d=\frac{1}{10}(E-S)$ 作为拟合步长进行等距拟合，对应的纵坐标 $Y=[1 \quad (S+Td) \quad (S+Td)^2 \quad (S+Td)^3]A$，其中 $T=0,1,\cdots,9$。

第四步，拟合枝干的宽度取两个精确框短边宽度的平均值。

需要注意的是，4.3.7 节中存在 $G_k=\{b_i\}$ 的情况。这种情况下不需要对枝干进行拟合，直接用精确框作为枝干形态即可。至此，我们完成了枝干背景分割和拟合的全部过程。

4.4 本章小结

本章是全书的重点，主要解决苹果和枝干的识别问题，以及枝干的重构问题。首先，对小目标区域的识别问题，对 YOLOv3 算法的网络结构进行重构，提出

Improved-YOLOv3 算法，识别苹果和枝干。然后，针对 Improved-YOLOv3 算法预测框背景过多的问题，利用传统图像处理的方式结合最小外接矩形获取到更加精准的预测框，依据枝干的生长方式，提出利用距离约束和角度约束，判断出任意两个预测框内的枝干是否属于同一枝干。最后，采用多项式拟合法对枝干的曲线进行拟合，恢复枝干的三维空间结构。

第 5 章　轮/履式仿人机器人运动规划

5.1 引　言

本章继续深入研究移动机器人的运动规划。运动规划的主要研究内容其实是路径规划问题。移动机器人路径规划可以分为两种类型，即全局路径规划和局部路径规划。在已有的场景地图，机器人实现自主定位、确定目标任务后，全局路径规划生成从起点到目标终点的无碰撞路径点，再使用局部路径规划实现局部目标最终到达目标点。事实上，大部分路径规划方法可用作全局路径规划，也可用作局部路径规划，通常需要基于特定的环境选取特定的算法对该场景下的路径规划做具体优化。按照移动机器人路径规划算法特点对路径规划算法分类[84]，并分析典型算法的特点、适用场景，以及相关优化算法。

5.2 基于图的搜索算法

5.2.1 Dijkstra 算法

Dijkstra 算法通过使用广度优先搜索的单源路径规划算法，在无向图中计算指定的顶点到剩余顶点的路径代价，可以得到从一个顶点到所有顶点的最短路径，从而生成最短路径树[85]。算法的核心思想是，通过顶点不断进行迭代。每一步的顶点迭代挑选离当前顶点距离最近的顶点及两点间的路径，下一步以距离当前顶点最近的顶点作为新的迭代点，再次重复上步迭代过程选出离当前顶点距离最近的顶点，以及两顶点之间的路径，不断迭代，最后把栅格图中的所有点覆盖，可以得到全局路径的最优路径。Dijkstra 算法流程图如图 5-1 所示。

根据流程图 5-1，首先建立两个集合，第一组为已求出最短路径的节点集合(用 S 表示)，初始时 S 中只有一个源点 s，以后每求得一条最短路径，就将该路径节点加入集合 S 中，直到全部节点都加入 S 中，算法结束。第二组为其余未确定最短路径的节点集合(用 U 表示)，按最短路径长度的递增次序依次将第二组的节点 U 加入集合 S 中。在加入的过程中，总保持从源点 v 到 S 中各节点的最短路径长度不大于从源点 v 到 U 中任何节点的最短路径长度。此外，每个节点对应一个距离，S 中节点的距离就是从 v 到此节点的最短路径长度，U 中节点的距离，是从 v

到此节点只包括 S 中的节点为中间节点的当前最短路径长度。

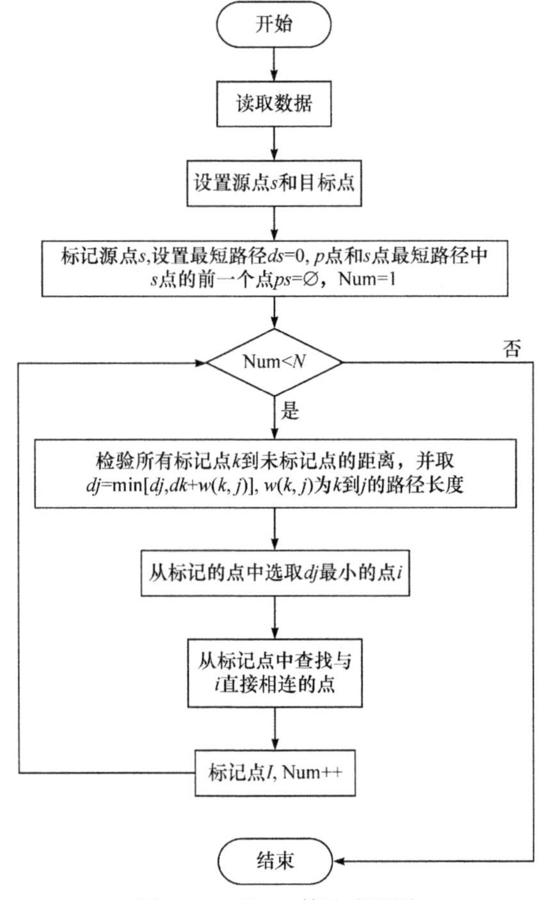

图 5-1 Dijkstra 算法流程图

具体来说，初始时，S 只包括起点 s，U 包含除 s 外的其他节点，且 U 中节点的距离为起点 s 到该节点的距离。从 U 中选出距离最短的节点 k，并将节点 k 加入 S 中，从 U 中移除节点 k。更新 U 中各个节点到起点 s 的距离。之所以更新 U 中节点的距离，是因为上一步中确定了 k 时求出最短路径的节点，从而利用 k 来更新其他节点的距离。重复上述步骤，直到遍历完所有节点。

5.2.2 A*算法

Dijkstra 是一种广度优先搜索算法，但是搜索具有盲目性。A*算法则是利用启发函数对 Dijkstra 搜索空间进行剪枝的优化算法。引入的启发式函数，可以避免盲目搜索，提高搜索效率，大幅度地提高路径规划准确性。A*算法包括从当前

节点到达目标节点的成本估计，以及从出发节点到达当前节点的实际花费代价。采用数学模型表达某条最优路径的估算函数，即

$$f(n)=g(n)+h(n) \tag{5-1}$$

其中，$f(n)$ 为从出发节点到达目标节点的最小代价估计，由两部分组成；$g(n)$ 为从出发节点到当前节点 n 的实际路径代价；$h(n)$ 为启发式函数，表示当前节点 n 到目标节点的最小路径估计代价。

在 A*算法中，路径代价通常用距离值表示，常用的距离有曼哈顿距离、欧氏距离、契比雪夫距离等。A*算法流程如图 5-2 所示。

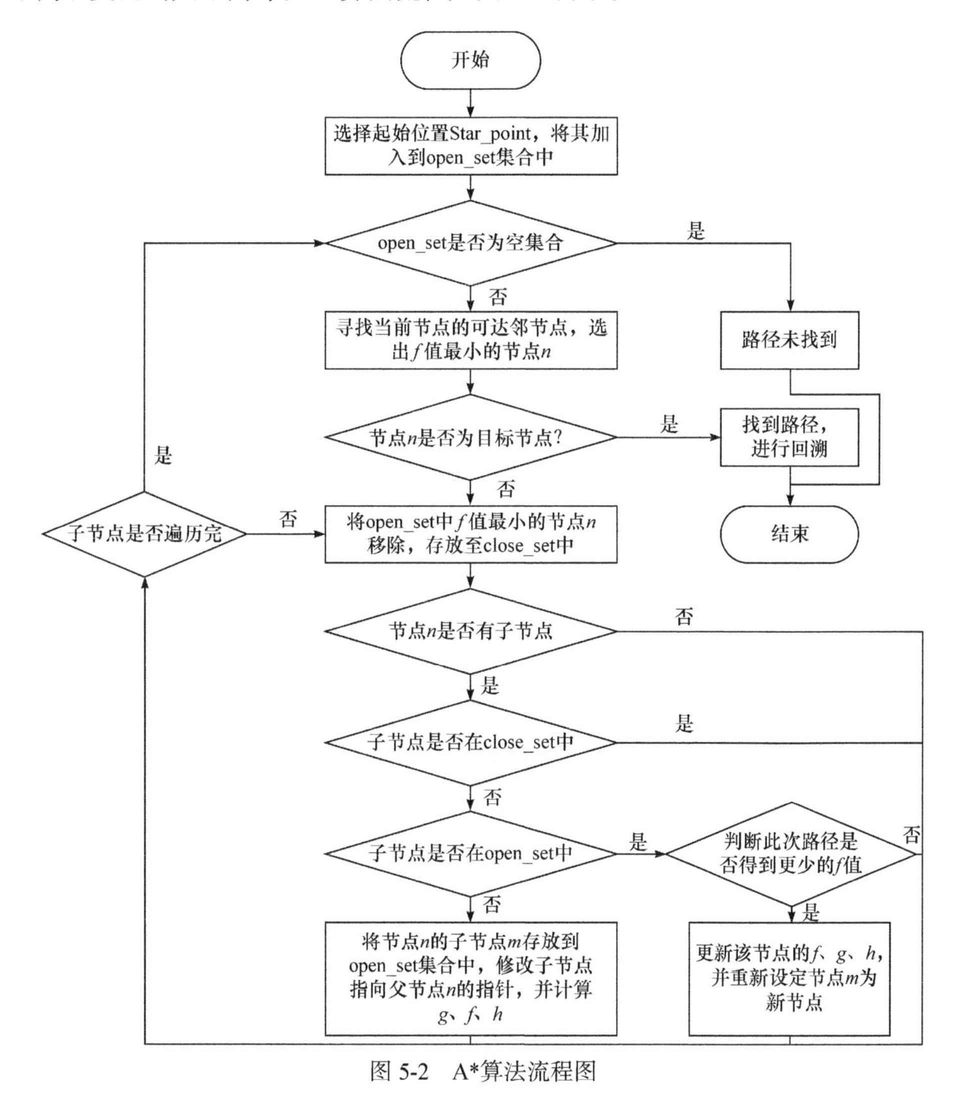

图 5-2　A*算法流程图

同时，A*算法还需要满足以下条件。

(1) 在整个搜索空间内存在最优解。

(2) 求解的空间是有限的。

(3) 每一个子节点的搜索代价均大于 0。

(4) $h(n) \leqslant h^*(n)$，其中 $h^*(n)$为实际的代价。

第 4 个条件表明，对于 A*算法，启发式函数 $h(n)$ 是十分重要的。$g(n)$ 是当前已经消耗的代价，其值是固定不变的，而影响整体估计代价 $f(n)$ 的唯一因素就是 $h(n)$。对于 $h(n)$ 来说，设定的约束条件越多，排除路径的可能性就越大，那么相应的搜索效率就越来越高。当 $h(n)=0$ 时，此时的算法就是 Dijkstra 算法。在这种情况下，无疑会增加搜索的节点，降低搜索的效率，但是总是能够找到一条最短的路径。当 $h(n) \leqslant h^*(n)$ 时，A*算法一定能够搜索出一条最优路径，同时还能保持较高的搜索速率。

在整个搜索过程中，A*算法主要利用两个集合，即 close_set 和 open_set。open_set 中主要存放没有检测过的点，而 close_set 中主要存放已经检测过的点。open_set 中的元素按照 f 的值升序排列，每次循环搜索时，都先从 open_set 中选取 f 值最小的节点进行检测，将检测出的点放入 close_set 中，同时更新计算与该点相邻节点的 f、g、h。当 open_set 中的节点为空或者搜索到目标节点时，停止搜索算法。

以一个 5×5 大小的网格为例，假设其出发点为 S，终点为 E，水平和竖直方向上的移动代价为 10，且只能沿着水平或者竖直方向移动，A*算法搜索示意图如图 5-3 所示。

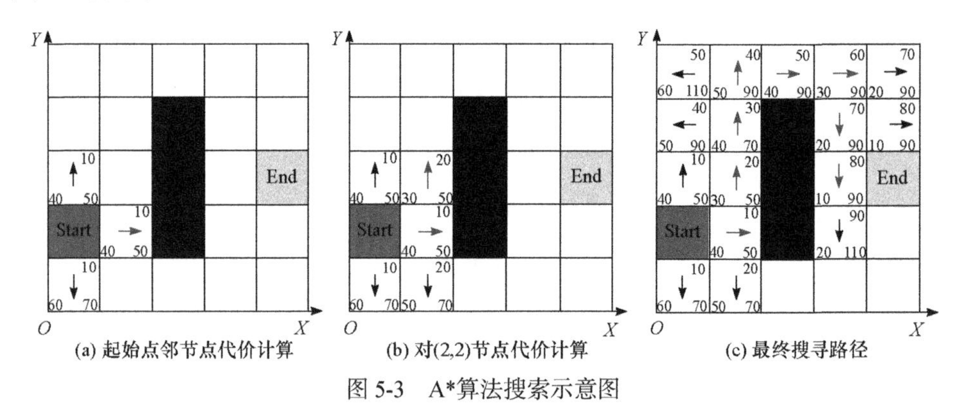

(a) 起始点邻节点代价计算　　(b) 对(2,2)节点代价计算　　(c) 最终搜寻路径

图 5-3　A*算法搜索示意图

图中黑色栅格代表障碍物；浅色箭头代表最终获得的最优路径；每个小格子右上角数值代表 g 值，右下角代表 h 值，左下角代表 f 值。

5.2.3 LPA*搜索算法

LPA*(lifelong planning A*)算法[86]是增量式 A*算法，即在使用 A*算法进行路径规划时，为每个栅格节点保存父节点的路径规划代价值，一旦此节点遇到障碍还可以利用保存的父节点规划信息重新规划，而不必做全局的规划。当执行路径规划的路线遇到障碍时，只是简单将相应栅格填允为障碍点，重复利用已经计算出的路径规划信息，只对估价值改变的栅格(增量)重新计算，因此需要对已经计算的栅格估价信息做存储，增加 rhs(s) 参数，也就是 LPA*算法维护三个参数，即从起始点到 s 的实际代价 $g(s)$、当前节点位置 n 到目标点的估计值 $h(s)$，以及保存遍历过的节点花销 $\text{rhs}(s)$。前两者与 A*中的意义一样，$\text{rhs}(s)$ 代表栅格点 s 的父节点的 $g(s)$ 值，因此有 $\text{rhs}(s)=\min[\text{Pred}(s)+1]$ 成立。$\text{rhs}(s)$ 记录栅格节点的父节点的 $g(s)$，是增量搜索的关键。$g(s)$ 和 $\text{rhs}(s)$ 的关系如图 5-4 所示。计算公式为

$$\text{rhs}(s)=\begin{cases}0, & s=s_{\text{start}}\\ \min_{s'\subseteq\text{Pred}(s)}(g(s')+c(s,s')), & \text{其他}\end{cases}\tag{5-2}$$

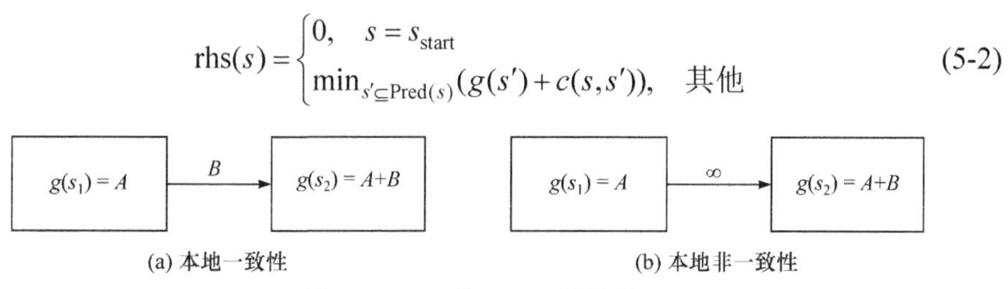

图 5-4　$g(s)$ 和 $\text{rhs}(s)$ 的关系

在图 5-4(a)，在正常的计算过程中，$\text{rhs}(s_2)=g(s_1)+c(s_1,s)=A+B=g(s_2)$，即 $g(s_2)=\text{rhs}(s_2)$，称为本地一致性。当节点 s_1 与 s_2 不可达时，如图 5-4(b)所示，$\text{rhs}(s_2)=g(s_1)+c(s_1,s_2)=A+\infty>g(s_2)$，即 $g(s_2)<\text{rhs}(s_2)$。当 $g(s_2)\neq\text{rhs}(s_2)$ 时，称节点 s 为本地非一致性。当 $g(s_2)>\text{rhs}(s_2)$ 时，称为低一致性，一旦发现节点处于本地低一致状态，则表明该节点的路径花费更大，一般是遇到了障碍物。发现为低一致性的节点需要重置，路径完全重计算。当 $g(s)<\text{rhs}(s)$ 时，称为溢一致性。发现一条溢一致性的路径意味着，该节点可以降低路径花费，一般是障碍物节点被清除。

在评价栅格点的估价值时，LPA*引入 $k(s)$值对 Open List 中的节点进行比较排序，其中 $k(s)$ 包含两个值$[k(s_1)\ k(s_2)]$，分别满足

$$k_1(s)=\min(g(s),\text{rhs}(s))+h(s,s_{\text{goal}})\tag{5-3}$$

$$k_2(s)=\min(g(s),\text{rhs}(s))\tag{5-4}$$

路径规划过程就是从当前节点 s 的邻节点中选择 $k(s)$较小或者相等的点作为前进节点，对于任意相邻节点 s' 判断 $k(s)$大小的公式为

$$k(s) \leqslant k(s') => \begin{cases} k_1(s) \leqslant k_1(s') \\ k_1(s) = k_1(s')且k_2(s) \leqslant k_2(s') \end{cases} \tag{5-5}$$

其中，$k_1(s)$ 相当于 A*算法中的估价函数 $f(s)$；$k_2(s)$ 相当于 A*算法中的启发函数 $g(s)$。

LPA*算法中节点 s 的搜索启发函数包括两部分，即节点 s 到节点 s' 的代价 $c(s,s')$，以及 s' 到目标点 s_{goals} 的启发函数值，即

$$h(s,s_{\text{goal}}) = \begin{cases} 0, & s = s_{\text{goal}} \\ c(s,s') + h(s,s_{\text{goal}}), & 其他 \end{cases} \tag{5-6}$$

对于地图中任一节点 s，如果满足 $g(s) = \text{rhs}(s)$，则称节点 s 为局部一致的，而在路径规划时，需要使用一个优先对列维护局部不一致的节点，并采用类似 A*中计算最小估价值节点进行扩展的方式计算最小 $k(s)$ 的节点进行扩展。

LPA*算法中的数据结构包括地图数组或图 Graph、节点 Node，以及开启列表 OpenList。节点 Node 含有实际代价 $g(s)$、启发函数 $h(s)$、rhs(s) 函数、key 函数、节点 s 可以去往的节点数组 Children[]，以及可以抵达节点 s 的节点数组 Parents[]。LPA*算法如算法 1 所示。

算法 1　LPA*算法

```
1:  for each s in Graph
2:      s.g(x) = rhs(x) = ∞; //本地一致
3:  end for each
4:  startNode.rhs = 0; //溢一致
5:  forever
6:      while(OpenList.Top().key<goal.key OR goal is incosistent)
7:          currentNode=OpenList.Pop();
8:          if(currentNode is overconsistent)
9:              currentNode.g(x) = currentNode.rhs(x); //使其重新一致
10:         else currentNode.g(x)= ∞; //变为溢一致或一致
11:         or each s in currentNode.Children[]
12:             update s.rhs(x); //变为溢一致或一致
13:         end for each
14:     end while
15:     wait for changes in Graph
16:     for each connection (u, v) with changed cost
```

```
17:            update connection(u, v);
18:            make v locally inconsistent;
19:        end for each
20:    end forever
```

5.2.4　D* Lite 算法[87]

与 LPA*采用的正向搜索算法不同，D* Lite 采用反向搜索方式。无论是 LPA*算法，还是 A*算法都不能满足移动机器人在未知环境中的路径规划需求，因为其在未知地图中需要不断地尝试，与边走边找到最优路径背道而驰。此时，反向搜索算法能够很好地处理这种情况，基于 LPA*的 D* Lite 可以很好地应对环境未知的情况。其算法核心在于假设未知区域都是自由空间，以此为基础，增量式实现路径规划，通过最小化 rhs 找到目标点到各个节点的最短距离。在移动机器人按照规划的路径前进时，将其所到的节点设置为起始节点，因此路径变化或者 key 值需要更新时，需要更新从目标点到新起点的启发值，以及估计成本。移动机器人不断靠近目标点，节点的启发值将不断减少。由于每次都要减去相同的值，开启列表的顺序并不会改变，因此可以不进行这部分的计算，这样便可以避免每次路径改变时的队列遍历过程。D* Lite 算法流程完全是基于 LPA*的，一致性原理相同，利用反向搜索机制适应变化的环境。算法流程与 LPA*基本相同，这里不再赘述。

5.3　动态路径规划算法

5.3.1　人工势场法

人工势场法是移动机器人局部在线避碰常用的方法之一[88]。人工势场的基本思想来自物理力学，在对环境地图建模时，对障碍物建立斥力场，对目标点建立引力场，环境中的目标引力和其他障碍物的斥力的合力构成机器人的控制力，如图 5-5 所示。

移动机器人在一个虚拟的力场中运动，障碍物被斥力势场U_r包围，其产生的斥力F_r随着机器人与障碍物距离的减小而迅速增大，方向背离障碍物；目标点被引力势场U_a包围，其产生的引力F_a随机器人与目标位姿的接近而减小，方向指向目标点。然后，根据各个障碍物和目标点产生人工势能的总和，取势函数梯度下降的方向实现无碰撞路径规划。

对于处在运动空间M点的机器人，目标点对机器人的引力场可以定义为

$$U_a(M)=\frac{1}{2}\zeta\rho^2(M,M_g) \tag{5-7}$$

其中，ζ 为正比例系数；M_g 为目标点在运动空间的坐标；$\rho(M,M_g)$ 为机器人到目标点的距离。

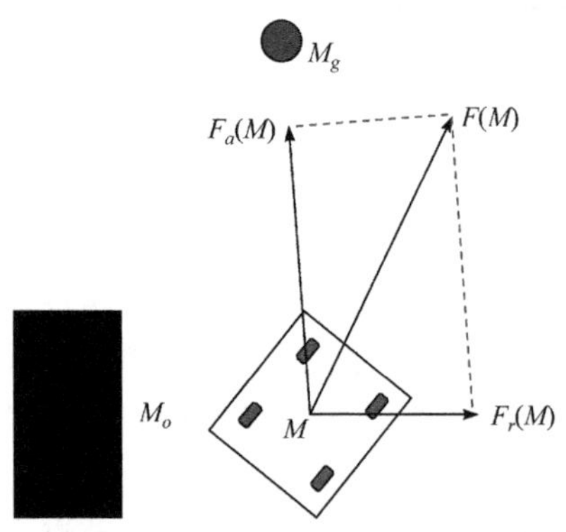

图 5-5 对机器人控制的合力

该引力场对机器人产生的引力即引力势能的负梯度(函数值减小最快的)，即

$$F_a(M)=-\nabla U_a(M)=-\zeta(M_g-M) \tag{5-8}$$

该力随机器人靠近目标点线性趋近于零，障碍物对机器人的斥力场常表示为

$$U_r(M)=\begin{cases}\frac{1}{2}\eta\left(\frac{1}{\rho(M,M_o)}-\frac{1}{\rho_o}\right), & \rho(M,M_o)\leqslant\rho_o\\ 0, & \rho(M,M_o)>\rho_o\end{cases} \tag{5-9}$$

其中，η 为正比例系数；M_o 为距离机器人最近的障碍物的点；ρ_o 为障碍物的影响范围系数；$\rho(M,M_o)$ 为机器人距障碍物的最小距离。

该斥力场对机器人产生的斥力为斥力势能的负梯度，即

$$F_r(M)=-\nabla U_r(M)=\begin{cases}\eta\left(\frac{1}{\rho(M,M_o)}-\frac{1}{\rho_o}\right)\frac{1}{\rho^3(M,M_o)}(M-M_o), & \rho(M,M_o)\leqslant\rho_o\\ 0, & \rho(M,M_o)>\rho_o\end{cases} \tag{5-10}$$

机器人在引力 F_a 和斥力 F_r 的共同作用下运动达到目标点 M_g。

由于人工势场法在数学描述上简洁且便于底层的实时控制，因此这种方法仍是最具吸引力的。但它也有内在的局限性，即当目标附近有障碍物时，移动机器人将永远到达不了目的地。在以前的许多研究中，目标和障碍物都离得很远，当机器人逼近目标时，障碍物的斥力变得很小，甚至可以忽略，机器人将只受到引

力的作用而直达目标。在许多实际环境中，往往至少有一个障碍物与目标点离得很近。在这种情况下，当移动机器人逼近目标的同时，也将向障碍物靠近，如果利用经典的对引力场函数和斥力场函数的定义，斥力将比引力大得多。这样目标点将不是整个势场的全局最小点，因此移动机器人将不可能到达目标。另外，势场法还存在陷阱区域、在相近障碍物之间不能发现路径、在障碍物前面振荡、在狭窄通道中摆动等问题。

5.3.2　动态窗口法

动态窗口法(dynamic window approach，DWA)[89]是一种经典的局部路径规划方法。DWA 的基本思想是，通过把机器人的运动模型，以及初始速度等因素的考虑在内，在当前环境条件下，模拟机器人的速度采样空间。在此基础上，用轨迹评价函数对速度采样空间内的每一具体速度产生的轨迹进行评价，最后选取质量最高的采样速度驱动机器人运动。

1. 机器人运动模型的建立

在 DWA 中，生成最优的角速度和线速度组合值依赖模拟移动机器人的运动轨迹，因此建立移动机器人的运动模型是必要的。移动机器人的基本运动结构有两种，一种是非全向结构，另一种是全向结构。这两种结构的主要区别在于，机器人的运动主方向是不是受限制的，全向机器人可以沿任意的主方向运动，非全向机器人只能沿着一个主运动方向运动。下面分两种情况建立与之相对应的运动模型。

1) 非全向运动学模型

非全向运动模型，即移动机器人仅能进行移动和旋转，不能纵向移动。设 $x(t)$ 和 $y(t)$ 表示移动机器人在 t 时刻的世界坐标系坐标，机器人的航向角由 $\theta(t)$ 表示，则移动机器人的运动学位姿可以由一组 (x,y,θ) 表示。设 $v(t)$ 表示移动机器人在 t 时刻的平移速度，$w(t)$ 为旋转速度。由于两个相邻采样时刻的时间间隔较短，因此将两相邻时刻运动轨迹当作匀速直线运动考虑，那么移动机器人两个相邻时刻的位姿增量可以表示为

$$\begin{cases}\Delta x = v_t \Delta t \cos\theta_t \\ \Delta y = v_t \Delta t \sin\theta_t \\ \Delta\theta_t = w\Delta t\end{cases} \tag{5-11}$$

因此，$t+1$ 时刻的移动机器人位姿可以表示为

$$\begin{cases}x(t+1) = x(t) + v_t \Delta t \cos\theta_t \\ y(t+1) = y(t) + v_t \Delta t \sin\theta_t \\ \theta(t+1) = \theta(t) + w\Delta t\end{cases} \tag{5-12}$$

2) 全向运动学模型

全向移动机器人运动时在 y 轴存在速度分量，设 v_{xt} 和 v_{yt} 分别为 t 时刻移动机器人的横向速度和纵向速度，则可得位姿增量，即

$$\begin{cases} \Delta x = v_{xt}\Delta t\cos\theta_t + v_{yt}\Delta t\cos\left(\theta_t + \dfrac{\pi}{2}\right) \\ \Delta y = v_{xt}\Delta t\sin\theta_t + v_{yt}\Delta t\sin\left(\theta_t + \dfrac{\pi}{2}\right) \\ \Delta\theta_t = w_t\Delta t \end{cases} \tag{5-13}$$

因此，$t+1$ 时刻的位姿方程为

$$\begin{cases} x_{t+1} = x_t + v_{xt}\Delta t\cos\theta_t - v_{yt}\Delta t\sin\theta_t \\ y_{t+1} = y_t + v_{xt}\Delta t\sin\theta_t + v_{yt}\Delta t\cos\theta_t \\ \theta_{t+1} = \theta_t + w_t\Delta t \end{cases} \tag{5-14}$$

2. 速度搜索空间

DWA 直接通过最大化目标函数得到速度空间的最佳速度指令。DWA 算法中的动态窗口是指以移动机器人的动态性能和障碍物的安全距离等为依据，在选定的时间间隔内从一个具体的约束范围内对线速度和角速度分别进行采样。通过将得到的多组采样速度组合代入运动模型中推算轨迹，最后以评价函数为依据从多组待选轨迹中择优选出最优轨迹对应的速度组合。因此，利用线速度和角速度的搜索空间对 DWA 中的速度进行采样。

机器人的轨迹可以认为是一系列圆弧组成的。圆弧中的每一段曲率都是由速度矢量 (v_t, w_t) 决定的。为了产生一条给定目标点的路径轨迹，在接下来的 n 个时间间隔内确定一对速度矢量 (v_t, w_t)。(v_t, w_t) 不但要保证生成的轨迹不与障碍物相交，而且要受到移动机器人自身电机动态性能带来的加速度限制。DWA 结合电机的动力学约束和允许的速度范围建立速度矢量的动态窗口。速度搜索空间一般由三部分组成。

1) 运动学约束

移动机器人自身的最大最小速度范围为

$$V_{\mathrm{s}} = \{(v, w) | v \in [v_{\min}, v_{\max}] \cap w \in [w_{\min}, w_{\max}]\} \tag{5-15}$$

2) 避免碰撞的速度限制

DWA 算法最初目标是在有危险存在和障碍物密集的环境中处理高速行驶机器人的避免碰撞问题，大多基于二维搜索空间，在一个分段时间内提供速度命令。一组满足安全性的速度值集合 V_a 应包含在与任何障碍物碰撞前都可以停止的速度。假设速度矢量 (v_t, w_t) 对应轨迹上离障碍物最近的距离为 $\mathrm{dist}(v, w)$，在最大减

速度 $\dot{v}_b$ 和 $\dot{w}_b$ 的作用下，能够让移动机器人与障碍物碰撞前停下来的速度集合 V_a 应满足

$$V_a = \left\{(v,w) \middle| v \leqslant \sqrt{2\text{dist}(v,w)\dot{v}_b} \cap w \leqslant \sqrt{2\text{dist}(v,w)\dot{w}_b}\right\} \tag{5-16}$$

3) 电机动力学约束

移动机器人电机的输出力矩是有限的。该有限力矩能够为机器人在轨迹模拟时间周期 Δt 建立一个最大加速度 $\dot{v}_a$、$\dot{w}_a$，最大减速度 $\dot{v}_b$、$\dot{w}_b$ 的速度值集合，即

$$V_d = \left\{(v,w) \middle| v \in \left[v_c - \dot{v}_b\Delta t, v_c + \dot{v}_a\Delta t\right] \cap w \in \left[w_c - \dot{w}_b\Delta t, w_c + \dot{w}_a\Delta t\right]\right\} \tag{5-17}$$

在动态窗口区域内，速度搜索空间 V_r 可以表示为

$$V_r = V_s \cap V_a \cap V_d \tag{5-18}$$

3. 评价函数

在确定速度搜索空间 V_r 后，通过对搜索空间的离散化，能够从搜索空间 V_r 中采样多组速度组合，在多组速度指令下会生成若干轨迹。为选出较优路径，需要构建一个目标评价函数，从而保证能从 V_r 中选出的速度满足路径较短、有效避障、快速到达目标位置的要求。DWA 使用一个目标函数选择最优速度指令，其评价目标函数由 3 个加权项组成，即

$$G(v,w) = \sigma(\alpha \text{heading}(v,w) + \beta \text{dist}(v,w) + \gamma \text{vel}(v,w)) \tag{5-19}$$

其中，α、β 和 γ 分别为目标方位角、与障碍物的距离和速度函数的权重。

因此，下一个时间周期的速度指令是目标函数取值最大时所对应的速度组合。下面分别介绍 DWA 算法评价函数中的三个分量。

1) 目标方位角 $\text{heading}(v,w)$

目标方位角评价函数 $\text{heading}(v,w)$ 是衡量移动机器人在选定采样速度下，移动机器人产生轨迹末端方向角与目标方向角的角度差 θ，$\text{heading}(v,w)$ 等于 $180° - \theta$。目标方向与轨迹末端方向的夹角示意图如图 5-6 所示。

2) 障碍物间隙 $\text{dist}(v,w)$

障碍物间隙函数 $\text{dist}(v,w)$ 表示在一段模拟轨迹上移动机器人与障碍物的最小距离，距离越小，机器人就越可能与障碍物发生碰撞。$\text{dist}(v,w)$ 越大，说明当前速度在模拟周期内产生的轨迹越安全。

3) 速度 $\text{vel}(v,w)$

速度 $\text{vel}(v,w)$ 是移动机器人的前进速度，用于评估机器人在向目标点行进过程中的前进速度，通常可以简化为平移速度。

评价函数 $G(v,w)$ 的三个组成分量目标方位角，与障碍物的间隙和前进速度三者是缺一不可的。如果仅仅最大化间隙和速度这两个目标函数，机器人会进入一

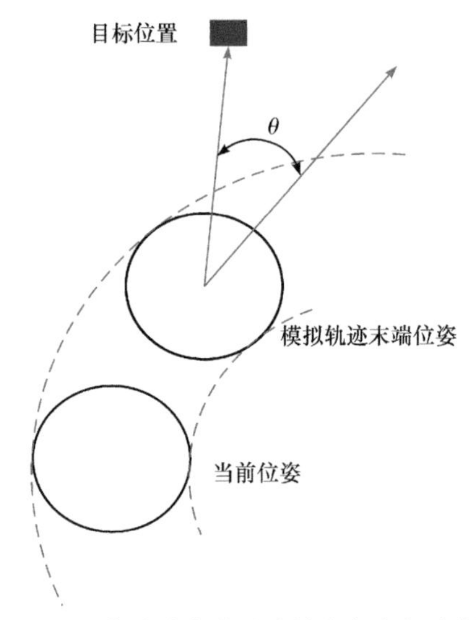

图 5-6　目标方向与轨迹末端方向夹角示意图

个自由空间，但是没有动力向目标位置移动。同时，如果最大化机器人的方位角，机器人在前进过程中很快就会被前进过程中遇到的障碍物阻挡，无法绕过障碍物。通过结合上面列出的三个目标函数，机器人能够在约束条件下以尽可能快的速度绕过碰撞，同时朝着实现目标的方向前进。评价函数的三个分量需要归一化处理再进行计算，即

$$
\begin{aligned}
N\_\text{heading}(i) &= \frac{\text{heading}(i)}{\sum_{i=1}^{n}\text{heading}(i)} \\
N\_\text{dist}(i) &= \frac{\text{dist}(i)}{\sum_{i=1}^{n}\text{dist}(i)} \\
N\_\text{velocity}(i) &= \frac{\text{velocity}(i)}{\sum_{i=1}^{n}\text{velocity}(i)}
\end{aligned}
\tag{5-20}
$$

其中，n 为一个模拟周期中所有的采样轨迹；i 为当前待评价的速度轨迹。

5.4　基于采样的路径规划算法

5.4.1　RRT 算法

RRT 算法[90]利用树形结构代替具有方向的图结构，对状态空间的随机采样进

行碰撞检测，通过采样和扩展树节点的方式获取一条从起点到终点的有效路径。同时，RRT 算法是一种概率完备的搜索算法，即在自由空间中，只要存在可以指向起点到终点的路径，同时给足采样点，RRT 算法一定能够寻找到一条可通过的路径。该算法不需要对空间结构进行精确建模，计算量小。RRT 算法示意图如图 5-7 所示。

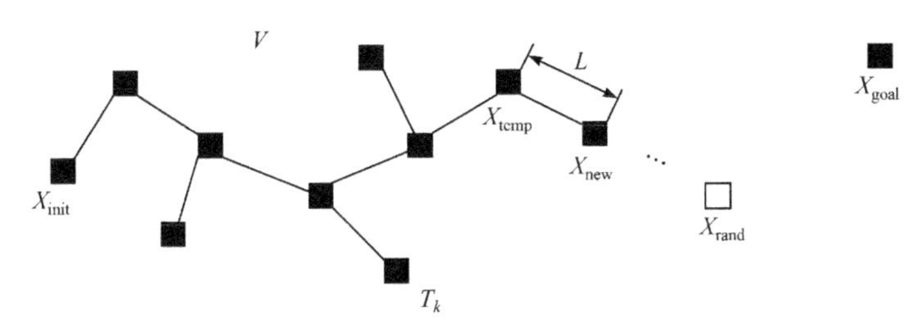

图 5-7　RRT 算法示意图

图中，T_k 是一棵已经拥有 k 个节点的随机扩展树；X_{init} 是树的根节点，也就是搜索的起点；X_{goal} 是随机树空间内的目标点，即搜索的终点。搜索时，首先在随机树的可达空间随机产生一个节点 X_{rand}，然后遍历整个随机树 T_k 上的每一个节点，寻找到距离 X_{rand} 最近的那个节点 X_{nearest}，然后在方向 $X_{\text{nearest}} \to X_{\text{rand}}$，以 L 为步长距离，寻找生成一个新的节点 X_{new}，对 X_{new} 进行判断，若满足条件，将其加入树 T_k 上。度量距离通常用欧氏距离计算，即

$$\text{dis}(x_1, x_2) = \| x_2 - x_1 \| \tag{5-21}$$

其中，$\| \cdot \|$表示向量的 2 范数。

然后，判断节点 X_{new} 到节点 X_{goal} 之间的距离，若 X_{new} 在 X_{goal} 的邻域内，则搜索结束，即

$$\| X_{\text{new}} - X_{\text{goal}} \| \leqslant \text{dis}_{\text{goal}} \tag{5-22}$$

其中，dis_{goal} 为 X_{goal} 的邻域距离，也是循环搜索的停止标志距离。

RRT 算法如下(算法 2)。

算法 2　RRT 算法

Input： $X_{\text{init}}, X_{\text{goal}}, L, X, N$

Output： T

1：Init $T(X_{\text{init}})$

2：for $n = 1$ to N do

3：　　$X_{\text{rand}} = \text{RandomSample}(X)$

```
4:      X_nearest = SearchNearest(T, X_rand)
5:      X_new = ExtendTree(X_near, T, L)
6:      if CollisionCheck(X_nearest, X_new) == 0  then
7:          T.add(X_new)
8:      end if
9:      if || X_new − X_goal ||⩽ dis_goal  then
10:         Return(T)
11:     end if
12:     if (n > N)  then
13:         Return failed
14:     end if
15: end if
16: Path = Path(T)
17: return(Path)
```

算法中，RandomSample 是随机采样函数，所有的采样点服从均匀分布，即

$$\begin{cases} X_{\text{rand}}.x = p(\max(X,x)-\min(X,x))+\min(X,x) \\ X_{\text{rand}}.y = p(\max(X,y)-\min(X,y))+\min(X,y) \end{cases} \tag{5-23}$$

SearchNearest 是寻找最近点函数，即

$$X_{\text{nearest}} = \min \| X_{\text{rand}} - T \| \tag{5-24}$$

ExtendTree 是扩展随机树函数，扩展公式为

$$X_{\text{new}} = X_{\text{nearest}} + L\frac{X_{\text{rand}} - X_{\text{nearest}}}{\| X_{\text{rand}} - X_{\text{nearest}} \|} \tag{5-25}$$

CollisionCheck 是碰撞检测函数，是一个 bool 类型的函数。对于节点 X_{nearest} 到 X_{new} 之间的所有点，都表示为

$$\{X:\ x \in (X_{\text{nearest}}, X_{\text{new}}), x = x_{\text{nearest}} + t\times(x_{\text{new}} - x_{\text{new}}), t\in[0,1]\} \tag{5-26}$$

RRT 算法的二维仿真图如图 5-8 所示。图中黑色点代表搜索过程中新增加的节点；细线表示树节点之间的联系；粗折线代表最终搜索得到的路径。在仿真过程中，我们发现 RRT 算法存在一些缺陷。

(1) 不同的采样策略会影响整体的收敛速度。

(2) 邻近空间的范围选择会对算法的精确度有明显的影响。

(3) 如果空间中障碍物信息过多，会导致求解速度过慢。

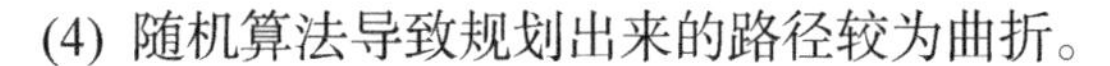

(4) 随机算法导致规划出来的路径较为曲折。

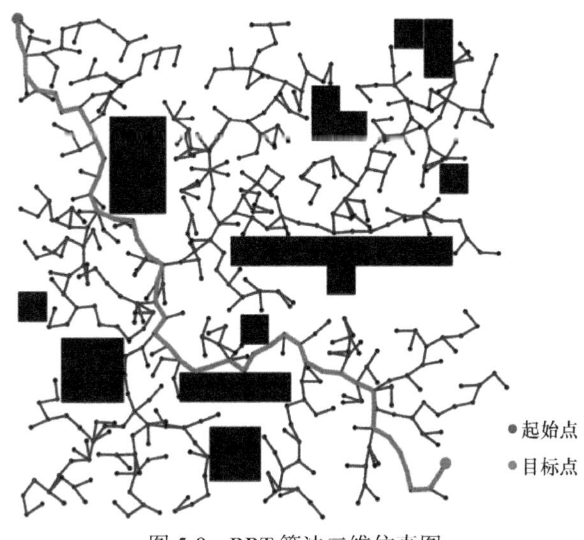

图 5-8　RRT 算法二维仿真图

5.4.2　RRT*算法

RRT*算法是 Karaman 在 2010 年提出的。他将代价函数引入 RRT 算法中，通过多次迭代优化之前的路径。RRT*算法在保留 RRT 算法优点的同时，还能通过引入代价函数使 RRT*算法既能快速有效地实现路径规划，又能得到一条满足条件的最优路径。

RRT*算法主要通过引入代价函数实现路径的优化。大体思路与 RRT 算法相似，具体算法步骤如下。

第一步，初始化拥有 K 个节点的随机扩展树 T_k。树的根节点是 X_{init}，目标节点是 X_{goal}。

第二步，在树形空间内选取随机点 X_{rand}，然后遍历整个 T_k 上所有节点，寻找到距离 X_{rand} 最近的节点 $X_{nearest}$。

第三步，以 L 为步长，在方向 $X_{nearest} \to X_{rand}$ 上寻找生成一个新的节点 X_{new}。

第四步，在 $X_{nearest} \to X_{new}$ 之间进行碰撞检测，若之间存在障碍物，则抛弃这个节点；否则，以节点 X_{new} 为中心，R 为半径，寻找节点 X_{new} 的邻域内所有 T_k 树中的点，都存放到点集 $\{X_{near}\}$ 中。

第五步，在 $\{X_{near}\}$ 中遍历所有节点，寻找到 X_{min} 节点，该节点如果满足 X_{min} 到 X_{new} 的代价比 $X_{nearest}$ 到 X_{new} 的代价小，那么将 X_{min} 和 X_{new} 连接，断开 $X_{nearest}$ 与 X_{new} 的联系。

第六步，将 $\{X_{near}\}$ 中除节点 X_{min} 外的所有节点 $X_i(i=1,2,\cdots,n)$ 再次进行遍历，

得到从根节点到 X_{new} 再到 X_i 的代价，若该代价值小于先前树中从根节点到节点 X_i 的代价，那么将节点 X_i 与其父节点断开，将节点 X_i 与节点 X_{new} 建立联系；反之，保持原树中关系不变。

第七步，重复上述步骤，直至节点 X_{new} 满足 $\|X_{new} - X_{goal}\| \leqslant dis_{goal}$ 停止搜索。

RRT*算法示意图如图 5-9 所示。图 5-9(a)描述了根据随机采样得到的点 X_{rand}，以及寻找到最近的节点 X_{new}。图 5-9(b)描绘在点集 $\{X_{near}\}$ 中寻找距离节点代价最小的节点 X_{min}，同时断开节点 $X_{nearest}$ 和 X_{new} 之间的联系；图 5-9(c)表示再次遍历整个点集，寻找通过节点 X_{new} 到 X_2 总代价最小的新路径，重构整个随机扩展树。

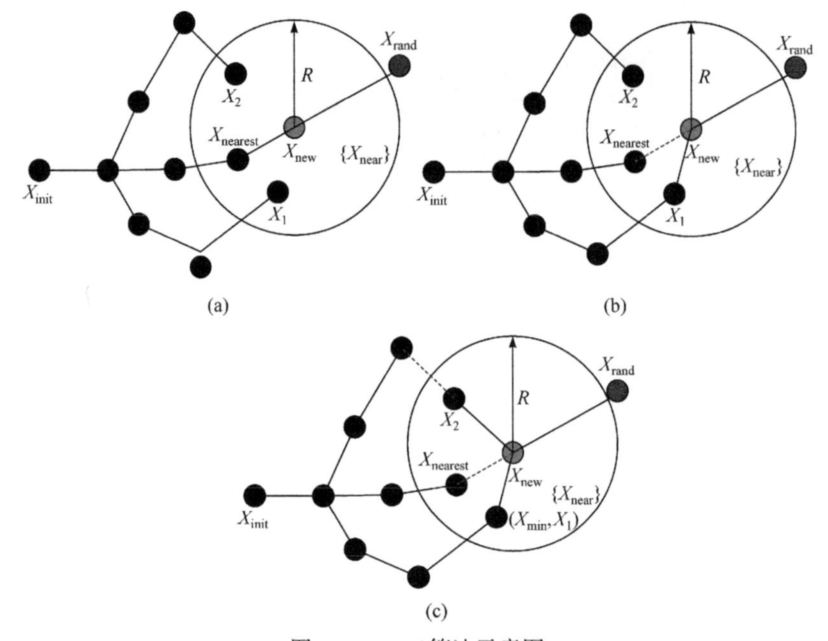

图 5-9　RRT*算法示意图

与 RRT 算法相比，RRT*算法实际上就是增加对代价函数的判断，以及重构树的过程。RRT*算法如下(算法 3)。

算法 3　RRT_star 算法

Input： $X_{init}, X_{goal}, L, X, N, X_{near}, R$

Output： T

1：Init $T(X_{init})$

2：for $n = 1$ to N do

3：　　$X_{rand} = \text{RandomSample}(X)$

4：　$X_{\text{nearest}} = \text{SearchNearest}(T, X_{\text{rand}})$
5：　$X_{\text{new}} = \text{ExtendTree}(X_{\text{near}}, T, L)$
6：　if $\text{CollisionCheck}(X_{\text{nearest}}, X_{\text{new}}) == 0$ then
7：　　$X_{\text{near}} = \text{AdjacentArea}(T_k, X_{\text{new}}, R)$
8：　　$X_{\min} = \text{CostMin}((X_{\text{near}}), X_{\text{nearest}}, X_{\text{new}})$
9：　　$T.\text{add}(X_{\min}, X_{\text{new}})$
10：　　$\text{TotalCostMin}(T_k, X_{\text{near}} \mid X_i \neq X_{\min}, X_{\text{new}})$
11：　　$\text{Rebuild}(T_k, X_{\text{new}}, X_{\min}, X_i)$
12：　end if
13：　if $\| X_{\text{new}} - X_{\text{goal}} \| \leqslant \text{dis}_{\text{goal}}$ then
14：　　$\text{Return}(T)$
15：　end if
16：　if $(n > N)$ then
17：　　Return failed
18：　end if
19：end for
20：$\text{Path} = \text{Path}(T)$
21：return(Path)

对 RRT*算法进行仿真，仿真图如图 5-10 所示。

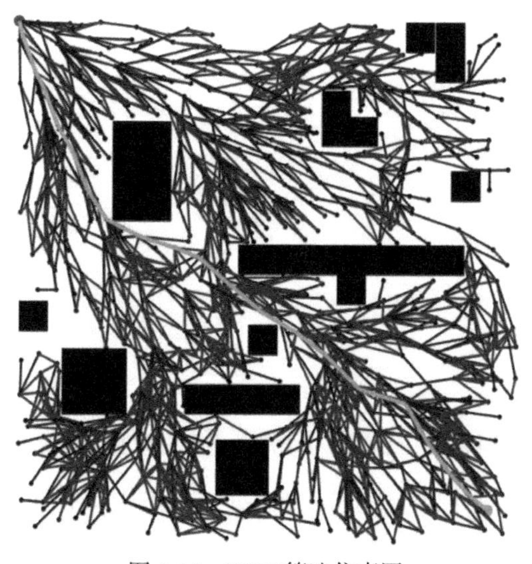

图 5-10　RRT*算法仿真图

5.5　智能规划算法

智能规划方法包括模糊逻辑控制法、蚁群算法、粒子群算法、遗传算法、神经网络算法等新兴的智能技术。模糊逻辑控制法采用一种近似自然语言的方式，将目前已知的环境障碍物信息作为模糊推理的输入量，通过模糊推理的方式输出移动机器人的运动方式。蚁群算法是通过模拟蚂蚁寻找食物的最短路径行为进行设计的一种仿生学算法。粒子群算法也称鸟群觅食法，从随机解出发，通过迭代的方式寻求最佳解。这种算法搜索速度快、精度高。遗传算法采用多点式搜索方法，能极大可能地搜索到全局最优解。大多数智能规划算法通常结合传统路径规划算法，如 A*算法与蚁群算法结合改进蚁群算法前期信息素低的缺点，提高算法的效率，以及鲁棒性，使之适应更加复杂的实验环境。

5.6　路径平滑处理

由图 5-8 和图 5-10 可知，搜索出来的路径存在折角、锯齿状，整体路径不平滑。拐点较多的运动轨迹会使机器人控制时的速度、加速度不连续，因此有必要对搜索到的轨迹曲线进行平滑处理。常用的办法有贝塞尔曲线法、Hermite 插值法、弗洛伊德算法，以及样条曲线插值法等。本书采用三次均匀 B 样条插值的方法，对搜索出的规划路径进行平滑处理。三次均匀 B 样条插值法效果示意图如图 5-11 所示。

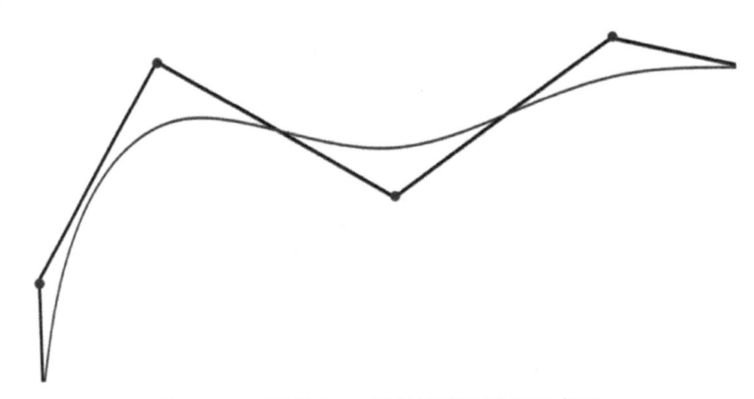

图 5-11　三次均匀 B 样条插值法效果示意图

可以看到，三次 B 样条插值法能够有效地平滑锯齿状的曲线。

假设平面内或者空间中存在 n 个顶点 $P_i(i=0,1,\cdots,n)$，那么 p 阶 B 样条函数可

以表示为

$$B(t)=\sum_{i=0}^{n}P_iM_{i,p}(t),\quad t\in[t_p,t_{p+1}] \tag{5-27}$$

其中，P_i 为顶点；t 为参数；$M_{i,p}(t)$ 为 p 阶规范 B 样条插值法的基函数，即

$$\begin{cases}M_{i,0}(t)=\begin{cases}1, & t_i\leqslant t\leqslant t_{i+1}\\0, & 其他\end{cases}\\M_{i,p}=\dfrac{t-t_i}{t_{i+1}-t_i}M_{i,p-1}(t)+\dfrac{t_{i+p+1}-t}{t_{i+p+1}-t_{i+1}}M_{i+1,p-1}(t)\\\text{define}\dfrac{0}{0}=0\end{cases} \tag{5-28}$$

当 $p=3$ 时，曲线就称为三次 B 样条插值曲线，对应的三次基函数为

$$\begin{cases}M_{0,3}(t)=\dfrac{1}{6}(-t^3+3t^2-3t+1)\\M_{1,3}(t)=\dfrac{1}{6}(3t^3-6t^2+4)\\M_{2,3}(t)=\dfrac{1}{6}(-3t^3+3t^2+3t+1)\\M_{3,3}(t)=\dfrac{1}{6}t^3\end{cases},\quad t\in[0,1] \tag{5-29}$$

此时，三次 B 样条曲线的表达式为

$$B(t)=\frac{1}{6}[1,(t-i),(t-i)^2,(t-i)^3]\begin{bmatrix}1&4&1&0\\-3&0&3&0\\3&-6&3&0\\-1&3&-3&1\end{bmatrix}\begin{bmatrix}p_i\\p_{i+1}\\p_{i+2}\\p_{i+3}\end{bmatrix},\quad t\in[i,i+1],i=0,1,\cdots,n-1 \tag{5-30}$$

5.7 本 章 小 结

本章主要从路径规划算法特点入手，分别从基于图的搜索、动态路径规划，以及基于采样的搜索算法介绍典型的路径规划算法。Dijkstra 和 A*算法是经典的全局路径规划算法，能够很好的规划出无碰撞的最短全局路径，但对于较大规模的复杂环境，其搜索速度过慢。为克服这一点，衍生出 LPA*和 D*_Lite 等搜索效率更高的搜索算法，并且可以应对起始点改变的动态环境。基于采样的搜索算法、

RRT 算法和 RRT*算法可以更好地解决户外复杂环境，以及作业臂末端执行器的操作环境，但是其规划出来的路径是随机的，会产生很多不必要的路段。因此，在生成路径后必须进行路径优化，以送到移动机器人运动模块进行控制。基于网格地图的路径规划算法是移动机器人的主流算法。人工势场法和 DWA 是两种常用的局部路径规划算法。人工势场法数学公式简洁、易控，但是障碍物过多或者目标点和障碍物过近时便会陷入局部最小，无法实现有效路径；DWA 可以结合移动机器人的运动学和动力学特性通过调整动态参数来适应不同的地图环境。

第 6 章 轮/履式仿人机器人模型建立及运动学研究

6.1 引　　言

在轮/履式仿人机器人自主作业的过程中，通过双目视觉感知系统获取目标物体的位置信息后，为了让机器人的末端执行器成功到达目标物体所在的位置，必须对机器人运动学展开分析研究。机器人运动学，包括正运动学和逆运动学。正运动学是指，在已知机器人关节的类型、相邻关节的尺寸和偏移量等参数的条件下，给定机器人各个关节的运动量，确定机器人末端执行器在基坐标系中的位置和姿态(称为位姿)。逆运动学是指，给定机器人末端执行器最终期望到达的目标位姿，确定机器人各个关节所需的运动量。

本章首先介绍机器人在空间中的描述，然后根据 Modified-DH 法则对该类机器人平台进行运动学建模，对其正、逆运动学进行详细分析与研究。

6.2 空间描述和变换

机器人操作是指通过某种机构使机器人零件和工具在空间中运动，需要将机器人零件、工具和机构本身的位置和姿态表达出来。为了定义和运用表达位姿的数学量，需要建立空间坐标系并给出表达的规则[91]。

6.2.1 位置和姿态的描述

建立坐标系后，就可以用一个 3×1 的位置矢量对空间中的任何点进行定位。点的位置如图 6-1 所示。在直角坐标系 $\{A\}$ 中，空间中任意一点 P 的位置可用列矢量 ${}^{A}P$ 表示为

$$
{}^{A}P=[P_x \quad P_y \quad P_z]^{\mathrm{T}} \tag{6-1}
$$

其中，${}^{A}P$ 为位置矢量；A 表示参考坐标系；P_x 、P_y 、P_z 为点 P 在坐标系中三个位置坐标的分量。

在机器人的运动与操作中，除了需要表示空间中某个点的位置，还需要表示空间中某个刚体的位置和姿态。刚体的位置和姿态如图 6-2 所示。设直角坐标系

$\{B\}$与刚体固接，原点O_B设在刚体的P点处，在参考坐标系$\{A\}$中，刚体的位置和点位置的表达一样，均为${}^AP$。刚体的姿态用坐标系$\{B\}$的三个坐标轴方位描述，即坐标轴x_B、y_B、z_B的单位矢量n、o、a在参考坐标系$\{A\}$中的方向余弦值。

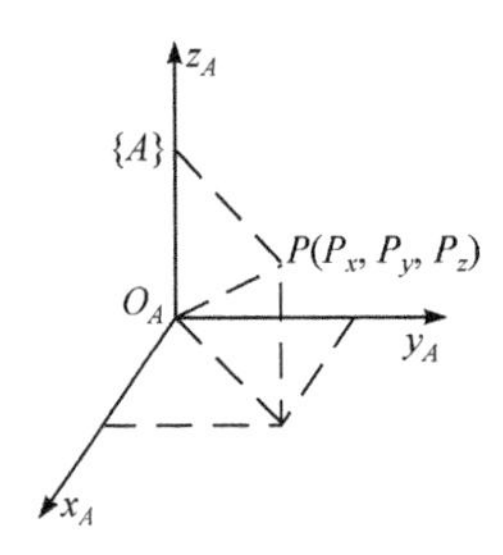

图 6-1 点的位置

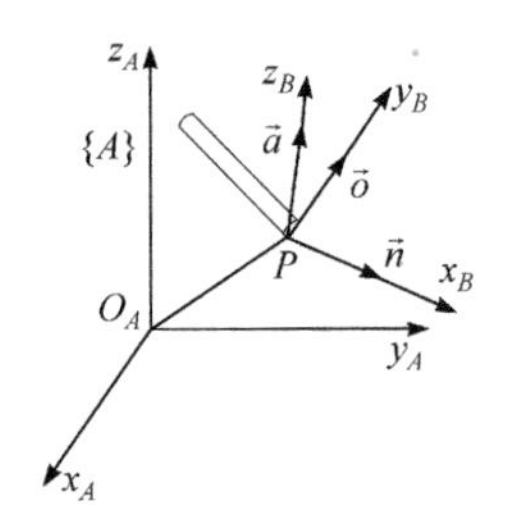

图 6-2 刚体的位置和姿态

组成 3×3 的旋转矩阵 ${}^A_BR$，即

$$ {}^A_BR=[{}^An \quad {}^Ao \quad {}^Aa]=\begin{bmatrix} n_x & o_x & a_x \\ n_y & o_y & a_y \\ n_z & o_z & a_z \end{bmatrix}=\begin{bmatrix} \cos\alpha_{nx} & \cos\alpha_{ox} & \cos\alpha_{ax} \\ \cos\beta_{ny} & \cos\beta_{oy} & \cos\beta_{ay} \\ \cos\gamma_{nz} & \cos\gamma_{oz} & \cos\gamma_{az} \end{bmatrix} \tag{6-2} $$

其中，${}^A_BR$为旋转矩阵；B代表刚体的坐标系$\{B\}$；${}^An$、${}^Ao$、${}^Aa$为$\{B\}$坐标系各坐标轴的单位矢量n、o、a在坐标系$\{A\}$中的表达；$\cos\alpha_{ij}$、$\cos\beta_{ij}$、$\cos\gamma_{ij}$为坐标系$\{B\}$的i坐标轴相对于坐标系$\{A\}$的j坐标轴的方向余弦，$i=n,o,a$，$j=x,y,z$。

n、o、a都是单位矢量，且两两正交，因此有

$$ {}^An\cdot{}^An={}^Ao\cdot{}^Ao={}^Aa\cdot{}^Aa=1 \tag{6-3} $$

$$ {}^An\cdot{}^Ao={}^Ao\cdot{}^Aa={}^Aa\cdot{}^An=0 \tag{6-4} $$

旋转矩阵${}^A_BR$是正交阵。

综上，在参考坐标系$\{A\}$中，刚体B的位姿就由与其固连坐标系$\{B\}$的位姿来描述。一般地，将位姿的描述表示为一个 4×4 的矩阵，记为${}^A_BT$，并将其称为齐次变换矩阵，即

$$ {}^A_BT_{4\times4}=\begin{bmatrix} {}^A_BR & {}^A_BP \\ 0 & 1 \end{bmatrix} \tag{6-5} $$

6.2.2 坐标变换

在机器人学中，空间同一个量在不同参考坐标系中的表达是不一样的。所以，从一个坐标系的描述变换到另一个坐标系的描述过程称为坐标变换。设空间坐标

系$\{A\}$和$\{B\}$，在空间中有任意一点P，坐标系$\{A\}$、$\{B\}$中的描述分别记为${}^{A}P$、${}^{B}P$。在坐标系$\{A\}$和$\{B\}$之间进行的坐标变换包括相同姿态下的平移变换、原点重合时的旋转变换，以及两者同时进行的复合变换。

1) 平移变换

只有当$\{A\}$和$\{B\}$两个坐标系的姿态相同，原点不重合时，才可以只考虑这两个坐标系之间的平移变换，并使用两个坐标系原点之间的位置矢量描述两者之间的位置关系。坐标系之间的平移变换如图 6-3 所示。

设$\{A\}$和$\{B\}$两个坐标系，X、Y、Z坐标轴的方向是一致的，但是原点的位置不同。两坐标系之间的位置关系可以用位置矢量${}^{A}P_{BO}$或${}^{B}P_{AO}$表达。其中，${}^{A}P_{BO}$代表坐标系$\{B\}$的原点相对于坐标系$\{A\}$的位置关系，${}^{B}P_{AO}$正好相反。在这种情况下，空间中点P在坐标系$\{B\}$中的描述为${}^{B}P$，在坐标系$\{A\}$中的描述为

$$
{}^{A}P = {}^{B}P + {}^{A}P_{BO} \tag{6-6}
$$

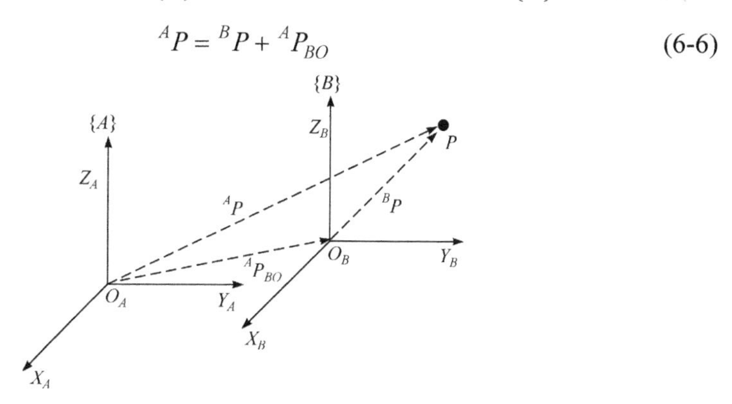

图 6-3　坐标系之间的平移变换

2) 旋转变换

一般地，当$\{A\}$和$\{B\}$两个坐标系的原点重合，X、Y、Z坐标轴的方向不相同时，需要用旋转矩阵${}^{A}_{B}R$或${}^{B}_{A}R$描述两个坐标系之间的关系。坐标系之间的旋转变换如图 6-4 所示。

若空间点P在坐标系$\{B\}$中的描述为${}^{B}P$，则在坐标系$\{A\}$中的描述为

$$
{}^{A}P = {}^{A}_{B}R\,{}^{B}P \tag{6-7}
$$

在描述坐标系$\{A\}$和$\{B\}$之间的姿态关系时，可以根据不同的角坐标系表示法，按一定的顺序将坐标系绕着主轴旋转。角坐标系表示法包括X-Y-Z固定角、Z-Y-X欧拉角、Z-Y-Z欧拉角等。设坐标系绕着其X、Y、Z坐标轴分别旋转的角度为α、β、γ，则其旋转矩阵$R_X(\alpha)$、$R_Y(\beta)$、$R_Z(\gamma)$分别为

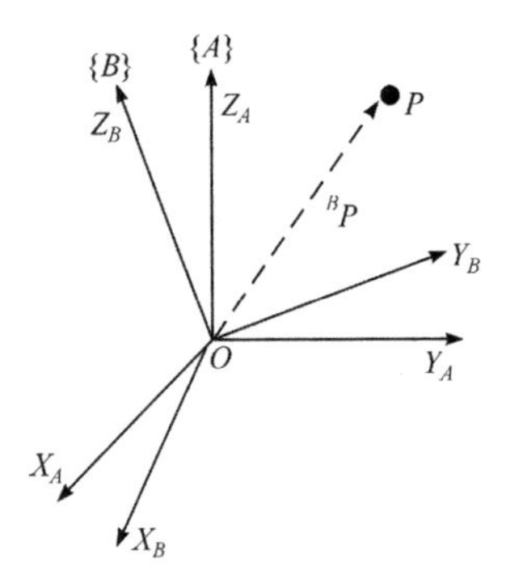

图 6-4　坐标系之间的旋转变换

$$R_X(\alpha)=\begin{bmatrix}1 & 0 & 0\\ 0 & \cos\alpha & -\sin\alpha\\ 0 & \sin\alpha & \cos\alpha\end{bmatrix} \tag{6-8}$$

$$R_Y(\beta)=\begin{bmatrix}\cos\beta & 0 & \sin\beta\\ 0 & 1 & 0\\ -\sin\beta & 0 & \cos\beta\end{bmatrix} \tag{6-9}$$

$$R_Z(\gamma)=\begin{bmatrix}\cos\gamma & -\sin\gamma & 0\\ \sin\gamma & \cos\gamma & 0\\ 0 & 0 & 1\end{bmatrix} \tag{6-10}$$

3) 复合变换

当$\{A\}$和$\{B\}$两个坐标系的原点既不重合，X、Y、Z坐标轴的方向也不相同时，两个坐标系之间的变换即复合变换。坐标系之间的复合变换如图 6-5 所示。

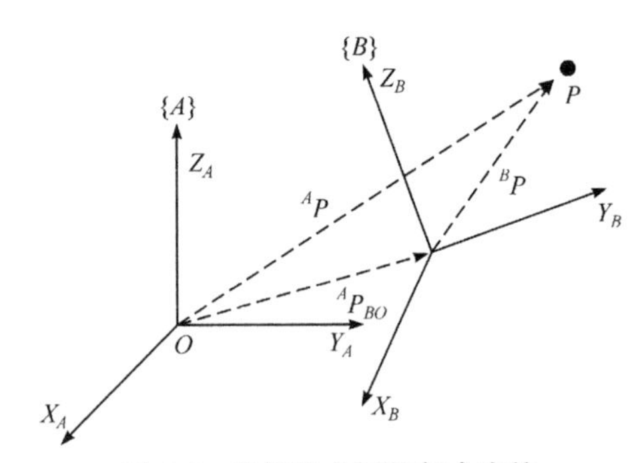

图 6-5　坐标系之间的复合变换

在一般状态下，空间点P在坐标系$\{B\}$中的描述为^BP，则坐标系$\{A\}$中的描述为

$$^AP={}^A_BR\,{}^BP+{}^AP_{BO} \tag{6-11}$$

6.3　机器人运动学描述

机器人的操作臂是由多个刚体通过转动关节或移动关节连接而成的运动链。这些刚体被称为连杆。习惯上，根据从选取的机器人基座到其末端的顺序，依次排序为杆件 0、杆件 1、…，关节 1、关节 2、…，并将固连在关节 i 上的坐标系称为 i 坐标系。

Denavit 等[92]提出一种关于连杆关节间的描述关系，称为 DH 参数法。之后，又在标准 DH 参数法的基础上，提出 Modified-DH 参数法。本书采用 Modified-DH 参数法构建机器人的模型。在运动学分析之前，应用 Modified-DH 法则对该类机器人整个系统进行运动学建模，再根据所建模型得到机器人的各个连杆参数。

在 Modified-DH 方法中，坐标系建立在连杆的输入端。坐标系建立过程如下。

(1) 标出机器人的各关节轴，以及各个轴线的延长线。在以下步骤中，只考虑相邻两关节轴 i 和 $i+1$ 的轴线。

(2) 确定连杆坐标系 $\{i\}$ 的原点：首先找出 i 和 $i+1$ 两个关节轴的交点或公垂线，两个关节轴的交点或公垂线与关节轴 i 的交点，即选定连杆坐标系 $\{i\}$ 的原点.

(3) 确定连杆坐标系 $\{i\}$ 的 z_i 轴：规定其沿着关节轴 i 的方向。

(4) 确定连杆坐标系 $\{i\}$ 的 x_i 轴：如果两个关节轴不相交，则规定 x_i 轴的方向是沿着两轴线的公垂线的方向；如果两个关节轴相交，则规定 x_i 轴的方向垂直于两关节轴所在的平面。

(5) 确定连杆坐标系 $\{i\}$ 的 y_i 轴：由步骤(3)和(4)，根据右手定则直接确定 y_i 轴的方向。

(6) 机器人基坐标系 $\{0\}$ 的选取：当选取的基坐标系与第一个关节变量固连，即第一个关节变量为 0 时，一般规定 $\{0\}$ 和 $\{1\}$ 坐标系重合。在选取原点和坐标系 $\{i\}$ 的 x_i 轴方向时，为了简化计算，尽量使连杆参数为 0。

根据以上步骤，转动关节 DH 坐标系建立示意图如图 6-6 所示。按照上述规定，将连杆坐标系固连于连杆上时，连杆参数及相关符号说明如表 6-1 所示。

表 6-1　连杆参数及相关符号说明

连杆参数	符号说明
连杆长度 a_i	沿 $\hat{X}_i$ 轴，从 $\hat{Z}_i$ 移动到 $\hat{Z}_{i+1}$ 的距离
扭转角 α_i	绕 $\hat{X}_i$ 轴，从 $\hat{Z}_i$ 旋转到 $\hat{Z}_{i+1}$ 的角度
连杆偏距 d_i	沿 $\hat{Z}_i$ 轴，从 $\hat{X}_{i-1}$ 移动到 $\hat{X}_i$ 的距离
关节角 θ_i	绕 $\hat{Z}_i$ 轴，从 $\hat{X}_{i-1}$ 旋转到 $\hat{X}_i$ 的角度

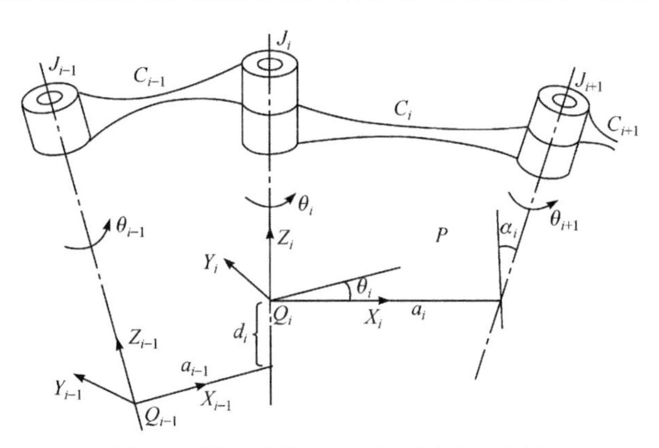

图 6-6 转动关节 DH 坐标系建立示意图

根据其连杆参数，连杆坐标系 $\{i-1\}$ 变换到坐标系 $\{i\}$，需要经过四次变换，即按绕 X_{i-1} 轴旋转 α_{i-1}，沿 X_{i-1} 轴平移 a_{i-1}，绕 Z_i 轴旋转 θ_i，沿 Z_i 轴平移 d_i 的顺序，得到 $\{i-1\}$、$\{i\}$ 的变换关系 ${}^{i-1}_{i}T$ 的一般表达式为

$$
{}^{i-1}_{i}T=R_X(\alpha_{i-1})\times D_X(a_{i-1})\times R_Z(\theta_i)\times D_Z(d_i) \tag{6-12}
$$

即

$$
{}^{i-1}_{i}T=\begin{bmatrix} c\theta_i & -s\theta_i & 0 & a_{i-1} \\ s\theta_i c\alpha_{i-1} & c\theta_i c\alpha_{i-1} & -s\alpha_{i-1} & -s\alpha_{i-1}d_i \\ s\theta_i s\alpha_{i-1} & c\theta_i s\alpha_{i-1} & c\alpha_{i-1} & c\alpha_{i-1}d_i \\ 0 & 0 & 0 & 1 \end{bmatrix} \tag{6-13}
$$

为方便，统一将 $\sin\theta_i$、$\cos\theta_i$ 记为 $s\theta_i$、$c\theta_i$。

当机器人有 n 个连杆时，根据 Modified-DH 法则建立模型并得到其参数表，根据式(6-13)得到机器人连杆坐标系之间的变换矩阵 ${}^{i-1}_{i}T$，将所得的变换矩阵进行连乘，即可得机器人末端执行器坐标系 $\{n\}$ 相对于初始基坐标系 $\{0\}$ 的位姿，即

$$
{}^{0}_{n}T=\prod_{i=1}^{n}{}^{i-1}_{i}T \tag{6-14}
$$

6.4 正运动学分析

本书双目摄像头获取目标物体位姿的过程在第 4 章作了详细阐述。在此基础上，针对苹果采摘作业，将整个作业平台分为感知系统、主作业系统和辅助作业系统。主要过程是，机器人双目摄像头获取的目标位姿信息通过感知系统变换到机器人基坐标系中，得到目标具体信息后通过主作业系统和辅助作业系统完成作

业任务。其中，感知系统包含 9 个自由度，分别为移动小车(3 个自由度)、机器人脚部旋转关节(1 个自由度)、腰部并联机构(3 个自由度)、机器人头部俯仰和旋转关节(2 个自由度)；主作业系统有 12 个自由度，分别为移动小车(3 个自由度)、机器人脚部旋转关节(1 个自由度)、腰部并联机构(3 个自由度)、机器人主作业臂(5 个自由度)；辅助作业系统包括机器人辅助作业臂系统(6 个自由度)。

对机器人系统进行运动学分析，需要首先建立运动学模型。本书根据 Modified-DH 法则，建立机器人各个系统的运动学模型。机器人系统整体模型如图 6-7 所示。

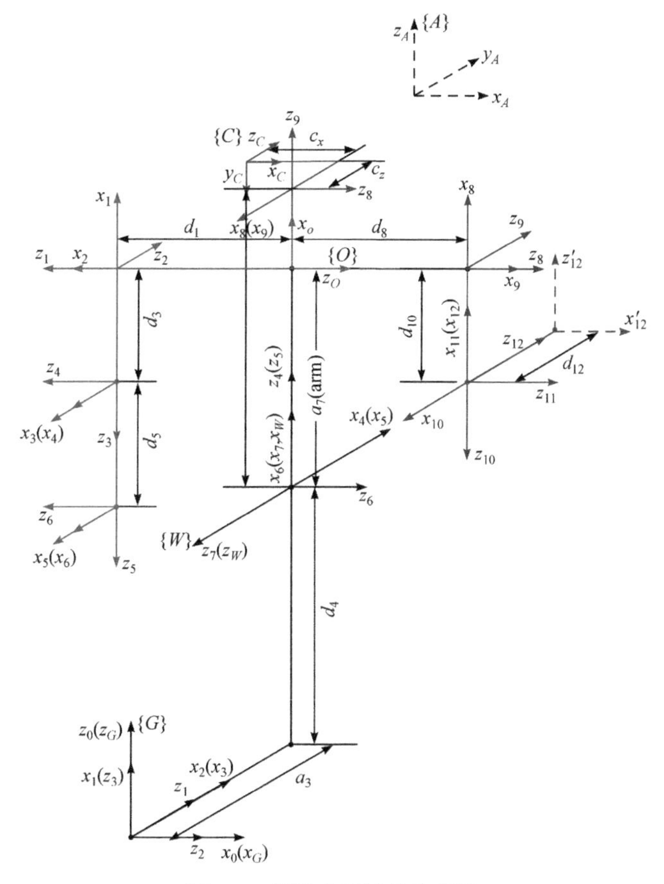

图 6-7　机器人系统整体模型

图 6-7 中，黑色+蓝色模型为感知系统的运动学模型，黑色+红色模型为主作业系统的运动学模型，绿色模型为辅助作业系统的运动学模型。其中，坐标系$\{A\}$为目标苹果 A 的坐标系。作业平台使用的双目摄像头有其自身的基坐标系，记为坐标系$\{C\}$，该坐标系的原点位于机器人左眼位置处。将选定的大地坐标系$\{G\}$作

为整个感知系统和主作业系统的基坐标系，在机器人开始运动之前，移动小车的中心点与坐标系$\{G\}$的原点是重合的。因为辅助作业系统与主作业系统协调完成作业任务时，只需要机器人系统的辅助作业臂进行动作，所以将辅助作业系统的基坐标系选定于机器人胸部中心处，记为坐标系$\{O\}$。坐标系$\{W\}$、坐标系$\{H\}$分别表示机器人腰部坐标系、头部中心坐标系。

为了对感知系统、主作业系统、辅助作业系统进行分析并区分三个系统的不同坐标系，将感知系统的各个关节坐标系及其对应的关节角分别定义为$\{i\},\theta_i, i=0,1,\cdots,9$；将主作业系统各个关节坐标系及其对应的关节角分别定义为$\{i_m\}$、$\theta_{mi}, i=0,1,\cdots,12$；将辅助作业系统各个关节坐标系及其对应的关节角分别定义为$\{i_a\}$、$\theta_{ai}, i=0,1,\cdots,6$。

6.4.1 感知系统正运动学

摄像头获取的目标苹果A的位姿是相对于摄像头基坐标系$\{C\}$而言的。感知系统是在整个系统的各个关节处于不同的运动状态时，确定机器人双目基坐标系的位姿信息。因此，在双目摄像头获取目标苹果的位姿后，需要通过感知系统将位姿从摄像头基坐标系$\{C\}$转换到坐标系$\{G\}$中，即可确定目标苹果在果园中的位姿信息。另外，为了确保辅助作业臂末端手掌能够成功到达目标点，还需要将双目摄像头获取的目标苹果的位姿转换到基坐标系$\{O\}$中。

1) 目标苹果A在大地坐标系$\{G\}$中的位姿变换

根据图 6-7，将感知系统的运动学模型分离出来。感知系统模型如图 6-8 所示。

根据图 6-8 中的模型，得到的感知系统 DH 参数表如表 6-2 所示。

表 6-2 感知系统 DH 参数表

连杆 i	关节角 θ_i/(°)	扭转角 α_{i-1}/(°)	连杆长度 a_{i-1}/mm	连杆偏移量 d_i/mm	θ_i 的范围/(°)
1	−90	−90	0	$d_1=d_y$ (变量)	常数
2	−90	−90	0	$d_2=d_x$ (变量)	常数
3	θ_3	−90	0	0	−180～180
4	θ_4	0	$a_3=186$	$d_4=545$	−180～180
5	0	0	0	$d_5=h_z$ (变量)	常数
6	θ_6+90	90	0	0	−60～60
7	θ_7	−90	0	0	−60～60
8	θ_8+90	90	$a_7=505$	0	−20～60
9	θ_9	90	0	0	−90～90

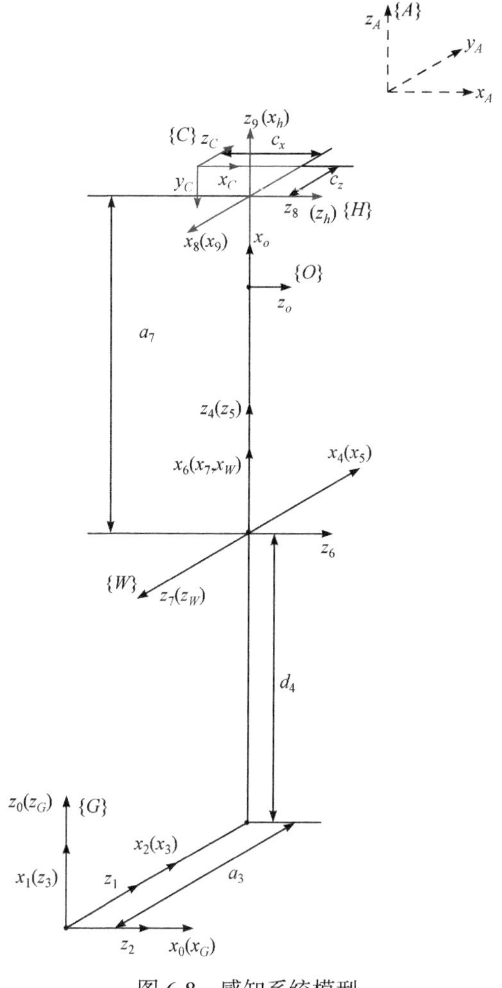

图 6-8　感知系统模型

表中，d_x 代表小车沿基坐标系 x 轴方向移动的距离；d_y 代表小车沿基坐标系 y 轴方向移动的距离；h_z 代表并联机构竖直方向移动的距离；a_3 代表小车中心到机器人脚部中心的距离；d_4 代表机器人脚部中心到腰部中心的距离；a_7 代表腰部中心到机器人头部中心的距离。根据建立的参数表，得到的各个连杆的变换矩阵为

$$
{}_1^0T = \begin{bmatrix} 0 & 1 & 0 & 0 \\ 0 & 0 & 1 & d_y \\ 1 & 0 & 0 & 0 \\ 0 & 0 & 0 & 1 \end{bmatrix}, \quad {}_2^1T = \begin{bmatrix} 0 & 1 & 0 & 0 \\ 0 & 0 & 1 & d_x \\ 1 & 0 & 0 & 0 \\ 0 & 0 & 0 & 1 \end{bmatrix}, \quad {}_3^2T = \begin{bmatrix} c_3 & -s_3 & 0 & 0 \\ 0 & 0 & 1 & 0 \\ -s_3 & -c_3 & 0 & 0 \\ 0 & 0 & 0 & 1 \end{bmatrix}
$$

$$
{}_4^3T=\begin{bmatrix} c_4 & -s_4 & 0 & a_3 \\ s_4 & c_4 & 0 & 0 \\ 0 & 0 & 1 & d_4 \\ 0 & 0 & 0 & 1 \end{bmatrix},\quad {}_5^4T=\begin{bmatrix} 1 & 0 & 0 & 0 \\ 0 & 1 & 0 & 0 \\ 0 & 0 & 1 & h_z \\ 0 & 0 & 0 & 1 \end{bmatrix}
$$

$$
{}_6^5T=\begin{bmatrix} -s_6 & -c_6 & 0 & 0 \\ 0 & 0 & -1 & 0 \\ c_6 & -s_6 & 0 & 0 \\ 0 & 0 & 0 & 1 \end{bmatrix},\quad {}_7^6T=\begin{bmatrix} c_7 & -s_7 & 0 & 0 \\ 0 & 0 & 1 & 0 \\ -s_7 & -c_7 & 0 & 0 \\ 0 & 0 & 0 & 1 \end{bmatrix}
$$

$$
{}_8^7T=\begin{bmatrix} -s_8 & -c_8 & 0 & a_7 \\ 0 & 0 & -1 & 0 \\ c_8 & -s_8 & 0 & 0 \\ 0 & 0 & 0 & 1 \end{bmatrix},\quad {}_9^8T=\begin{bmatrix} c_9 & -s_9 & 0 & 0 \\ 0 & 0 & -1 & 0 \\ s_9 & c_9 & 0 & 0 \\ 0 & 0 & 0 & 1 \end{bmatrix} \tag{6-15}
$$

根据式(6-15)，头部中心相对于大地坐标系的位姿为

$$
{}_9^0T=\prod_{i=1}^{9}{}_i^{i-1}T \tag{6-16}
$$

感知系统的第 9 个关节坐标系原点位于机器人头部中心，坐标系$\{C\}$是摄像头自身的基坐标系，x_c、y_c、z_c坐标轴分别如图 6-8 所示。通过模型可得，摄像头坐标系$\{C\}$与第 9 个关节坐标系的关系，即

$$
\begin{aligned}
{}_C^9T &= R_Z(90°)\times R_X(-90°)\times D_X(-c_x)\times D_Z(c_z) \\
&=\begin{bmatrix} 0 & 0 & -1 & -c_z \\ 1 & 0 & 0 & -c_x \\ 0 & -1 & 0 & 0 \\ 0 & 0 & 0 & 1 \end{bmatrix}
\end{aligned} \tag{6-17}
$$

其中，$c_x=32.5\text{mm}$，表示摄像头坐标系原点与双目中心左右相差的距离；$c_z=68.5\text{mm}$，表示双目中心到头部中心前后的距离。

双目摄像头相对于大地坐标系的位姿为

$$
{}_C^GT={}_9^0T\,{}_C^9T=\prod_{i=1}^{9}{}_i^{i-1}T\,{}_C^9T \tag{6-18}
$$

根据式(6-18)，当给定机器人感知系统中各关节旋转角度值和平移距离时，可求出机器人头部在大地坐标系中的位姿${}_9^0T$，进而求出双目基坐标系在大地坐标系中的位姿${}_C^GT$。在此基础上，便解决了目标“在哪儿”的问题。我们将双目摄像头获取的目标苹果的位姿记为${}_A^CT$，将目标苹果A在大地坐标系$\{G\}$中的位姿记为

$$ {}_{A}^{G}T = {}_{C}^{G}T\,{}_{A}^{C}T \tag{6-19}$$

2) 目标苹果 A 在机器人胸部中心基坐标系 $\{O\}$ 中的位姿变换

机器人头部有上下俯仰和左右旋转两个关节，可以带动摄像头运动以增加其扫描空间。如果将摄像头获取的目标苹果的位姿记为 T_{camera}，则需要经过头部的两个旋转关节才能将 T_{camera} 转换到胸部中心坐标系 $\{O\}$ 中。根据模型可知，机器人头部可以分别绕着坐标系 $\{H\}$ 的 x_h 轴、z_h 轴进行旋转。摄像头坐标系 $\{C\}$、头部中心坐标系 $\{H\}$、胸部中心坐标系 $\{O\}$ 之间的转换关系示意图如图 6-9 所示。

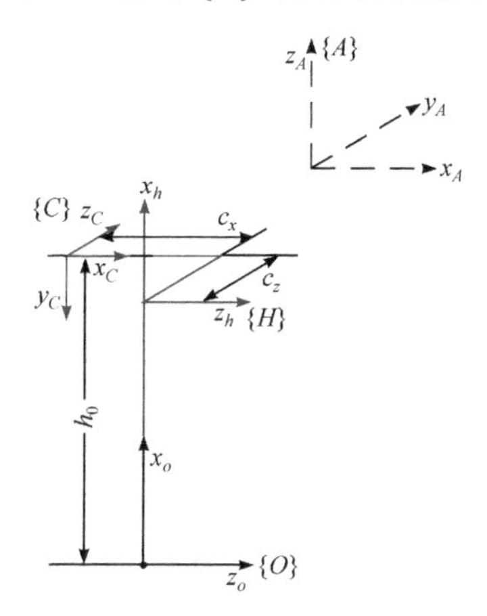

图 6-9　转换关系示意图

根据图 6-9，可得如下变换步骤。

第一步，头部绕固定坐标系 $\{H\}$ 有俯仰、左右偏转两个关节，绕 x_h 轴旋转 α_2 (逆时针为正)，再绕 z_h 轴旋转 α_1 (仰头为正)，变换关系记为

$$T_h = \text{Rot}(z_h, \alpha_1)\text{Rot}(x_h, \alpha_2) = \begin{bmatrix} c\alpha_1 & -s\alpha_1 c\alpha_2 & s\alpha_1 s\alpha_2 & 0 \\ s\alpha_1 & c\alpha_1 c\alpha_2 & -c\alpha_1 s\alpha_2 & 0 \\ 0 & s\alpha_2 & c\alpha_2 & 0 \\ 0 & 0 & 0 & 1 \end{bmatrix} \tag{6-20}$$

第二步，由图 6-9 可得，坐标系 $\{H\}$ 与坐标系 $\{O\}$ 各坐标轴的方向均一致，两坐标系的原点在 x 轴方向相差一定的距离，记为 $h_0 = 230\text{mm}$。因此，可得头部中心坐标系 $\{H\}$ 相对于胸部基坐标系 $\{O\}$ 的位姿，即

$$ {}_{H}^{O}T = \begin{bmatrix} c\alpha_1 & -s\alpha_1 c\alpha_2 & s\alpha_1 s\alpha_2 & h_0 \\ s\alpha_1 & c\alpha_1 c\alpha_2 & -c\alpha_1 s\alpha_2 & 0 \\ 0 & s\alpha_2 & c\alpha_2 & 0 \\ 0 & 0 & 0 & 1 \end{bmatrix} \tag{6-21}$$

第三步，摄像头坐标系 $\{C\}$ 在机器人头部中心坐标系 $\{H\}$ 中的表达，并记为

$$
{}_{C}^{H}T = R_Z(90°)\times R_Y(-90°)\times D_X(-c_x)\times D_Z(c_z)=\begin{bmatrix} 0 & -1 & 0 & 0 \\ 0 & 0 & -1 & -c_z \\ 1 & 0 & 0 & -c_x \\ 0 & 0 & 0 & 1 \end{bmatrix} \tag{6-22}
$$

第四步，得到摄像头基坐标系 $\{C\}$ 通过头部两个旋转关节在胸部中心坐标系 $\{O\}$ 的位姿关系，记为

$$
{}_{C}^{O}T = {}_{H}^{O}T\,{}_{C}^{H}T = \begin{bmatrix} s\alpha_1 s\alpha_2 & -c\alpha_1 & s\alpha_1 c\alpha_2 & h_0 + c_z s\alpha_1 c\alpha_2 - c_x s\alpha_1 s\alpha_2 \\ -c\alpha_1 s\alpha_2 & -s\alpha_1 & -c\alpha_1 c\alpha_2 & -c_z c\alpha_1 c\alpha_2 + c_x c\alpha_1 s\alpha_2 \\ c\alpha_2 & 0 & -s\alpha_2 & -c_z s\alpha_2 - c_x c\alpha_2 \\ 0 & 0 & 0 & 1 \end{bmatrix} \tag{6-23}
$$

第五步，得到目标苹果 A 相对于胸部中心基坐标系 $\{O\}$ 的位姿，即

$$
{}_{A}^{O}T = {}_{C}^{O}T \times T_{\text{camera}} \tag{6-24}
$$

6.4.2　主作业系统正运动学

根据图 6-7，将主作业系统运动学模型单独分离出来，主作业系统运动学模型如图 6-10 所示。

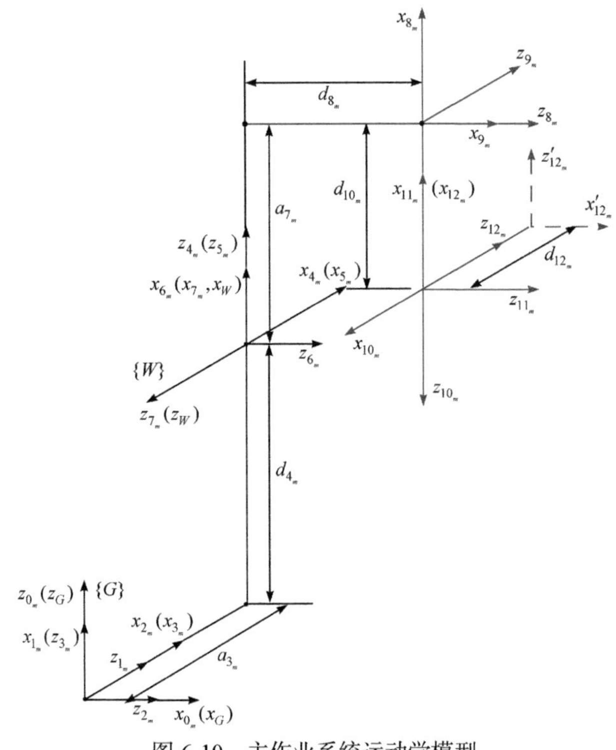

图 6-10　主作业系统运动学模型

根据图 6-10，主作业系统 DH 参数表如表 6-3 所示。

表 6-3　主作业系统 DH 参数表

连杆 i_m	关节角 θ_{i_m} /(°)	扭转角 α_{i_m-1}/(°)	连杆长度 a_{i_m-1}/mm	连杆偏移量 d_{i_m} /mm	θ_{i_m} 的范围 /(°)
1_m	90	−90	0	$d_{1_m}=d_y$ (变量)	常数
2_m	−90	−90	0	$d_{2_m}=d_x$ (变量)	常数
3_m	θ_{3_m}	−90	0	0	−180～180
4_m	θ_{4_m}	0	$a_{3_m}=186$	$d_{4_m}=545$	−180～180
5_m	0	0	0	$d_{5_m}=h_z$ (变量)	常数
6_m	$\theta_{6_m}+90$	90	0	0	−60～60
7_m	θ_{7_m}	−90	0	0	−60～60
8_m	θ_{8_m}	90	$a_{7_m}=275$	$d_{8_m}=200$	−120～120
9_m	$\theta_{9_m}+90$	90	0	0	−120～10
10_m	$\theta_{10_m}+90$	−90	0	$d_{10_m}=183$	−90～90
11_m	$\theta_{11_m}-90$	90	0	0	−120～20
12_m	θ_{12_m}	90	0	0	−90～90

其中，d_x、d_y、h_z 与感知系统模型中的含义相同；a_{3_m}、d_{4_m} 与感知系统模型中 a_3、d_4 的含义相同；a_{7_m} 为腰部中心到机器人胸部中心的距离；d_{8_m} 为胸部中心到机器人主作业臂肩部的距离；d_{10_m} 为主作业臂肩部中心到主作业臂肘部的距离。

根据参数表，可以得到主作业系统各个连杆的齐次变换矩阵，即

$$
{}_{1_m}^{0_m}T=\begin{bmatrix}0&1&0&0\\0&0&1&d_y\\1&0&0&0\\0&0&0&1\end{bmatrix},\quad
{}_{2_m}^{1_m}T=\begin{bmatrix}0&1&0&0\\0&0&1&d_x\\1&0&0&0\\0&0&0&1\end{bmatrix},\quad
{}_{3_m}^{2_m}T=\begin{bmatrix}c_{3_m}&-s_{3_m}&0&0\\0&0&1&0\\-s_{3_m}&-c_{3_m}&0&0\\0&0&0&1\end{bmatrix}
$$

$$
{}_{4_m}^{3_m}T=\begin{bmatrix}c_{4_m}&-s_{4_m}&0&a_{3_m}\\s_{4_m}&c_{4_m}&0&0\\0&0&1&d_{4_m}\\0&0&0&1\end{bmatrix},\quad
{}_{5_m}^{4_m}T=\begin{bmatrix}1&0&0&0\\0&1&0&0\\0&0&1&h_z\\0&0&0&1\end{bmatrix},\quad
{}_{6_m}^{5_m}T=\begin{bmatrix}-s_{6_m}&-c_{6_m}&0&0\\0&0&-1&0\\c_{6_m}&-s_{6_m}&0&0\\0&0&0&1\end{bmatrix}
$$

$$
{}^{6_m}_{7_m}T=\begin{bmatrix} c_{7_m} & -s_{7_m} & 0 & 0 \\ 0 & 0 & 1 & 0 \\ -s_{7_m} & -c_{7_m} & 0 & 0 \\ 0 & 0 & 0 & 1 \end{bmatrix},\quad {}^{7_m}_{8_m}T=\begin{bmatrix} c_{8_m} & -s_{8_m} & 0 & a_{7_m} \\ 0 & 0 & -1 & -d_{8_m} \\ s_{8_m} & c_{8_m} & 0 & 0 \\ 0 & 0 & 0 & 1 \end{bmatrix}
$$

$$
{}^{8_m}_{9_m}T=\begin{bmatrix} -s_{9_m} & -c_{9_m} & 0 & 0 \\ 0 & 0 & -1 & 0 \\ c_{9_m} & -s_{9_m} & 0 & 0 \\ 0 & 0 & 0 & 1 \end{bmatrix}
$$

$$
{}^{9_m}_{10_m}T=\begin{bmatrix} -s_{10_m} & -c_{10_m} & 0 & 0 \\ 0 & 0 & 1 & d_{10_m} \\ -c_{10_m} & s_{10_m} & 0 & 0 \\ 0 & 0 & 0 & 1 \end{bmatrix},\quad {}^{10_m}_{11_m}T=\begin{bmatrix} s_{11_m} & c_{11_m} & 0 & 0 \\ 0 & 0 & -1 & 0 \\ -c_{11_m} & s_{11_m} & 0 & 0 \\ 0 & 0 & 0 & 1 \end{bmatrix}
$$

$$
{}^{11_m}_{12_m}T=\begin{bmatrix} c_{12_m} & -s_{12_m} & 0 & 0 \\ 0 & 0 & -1 & 0 \\ s_{12_m} & c_{12_m} & 0 & 0 \\ 0 & 0 & 0 & 1 \end{bmatrix} \tag{6-25}
$$

由图 6-10 可得，主作业系统末端坐标系的原点位于肘部中心，因此需要将末端坐标系变换到与末端手爪中心坐标系$\{12'_m\}$重合。变换过程是将坐标系$\{12_m\}$先绕 z 轴旋转 90°，再绕 x 轴旋转 90°，最后沿变换后坐标系的 y 轴方向平移 d_{12_m} 到坐标系$\{12'_m\}$。因此，末端手爪中心相对于基坐标系$\{0_m\}$(大地坐标系$\{G\}$)的位姿 ${}^{0_m}_{12'_m}T$ 为

$$
{}^{0_m}_{12'_m}T={}^{0_m}_{12_m}T\times R_Z(90°)\times R_X(90°)\times D_Y(d_{12_m}) \tag{6-26}
$$

$$
{}^{0_m}_{12_m}T=\prod_{i=1}^{12}{}^{i_m-1}_{i_m}T \tag{6-27}
$$

其中，d_{12_m}=300mm，是肘部中心到末端手爪中心的距离。

当已知主作业系统各个关节运动的角度值时，就可根据式(6-26)和式(6-27)确定其手爪末端相对于基坐标系的位姿信息。

6.4.3　辅助作业系统正运动学

辅助作业系统即机器人辅助作业臂机构，包含 6 个自由度，基坐标系$\{0_a\}$位

于机器人胸部中心坐标系 $\{O\}$ 处。根据图 6-7，将辅助作业系统的运动学模型分离出来，辅助作业系统运动学模型如图 6-11 所示。

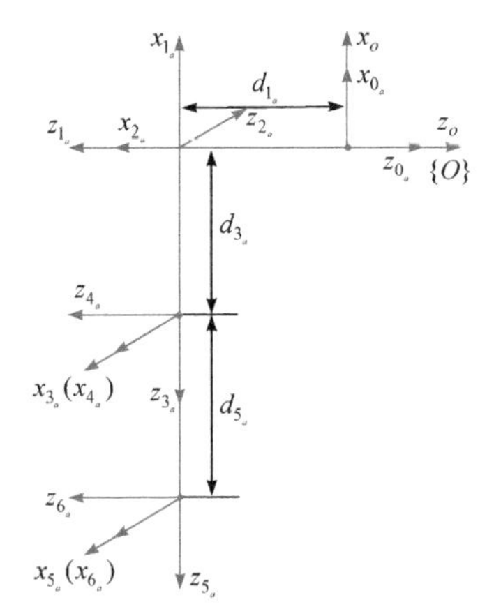

图 6-11　辅助作业系统运动学模型

根据图 6-11，可得辅助作业系统 DH 参数表如表 6-4 所示。

表 6-4　辅助作业系统 DH 参数表

连杆 i_a	关节角 θ_{i_a}/(°)	扭转角 α_{i_a-1}/(°)	连杆长度 a_{i_a-1}/mm	连杆偏移量 d_{i_a}/mm	θ_{i_a} 的范围/(°)
1_a	θ_{1_a}	180	0	$d_{1_a}=200$	−120～120
2_a	$\theta_{2_a}-90$	−90	0	0	−10～120
3_a	$\theta_{3_a}-90$	90	0	$d_{3_a}=183$	−90～90
4_a	θ_{4_a}	−90	0	0	−120～20
5_a	θ_{5_a}	90	0	$d_{5_a}=300$	−90～90
6_a	θ_{6_a}	−90	0	0	−15～15

其中，d_{1_a} 为机器人胸部中心到辅助作业臂肩部的距离；d_{3_a} 为辅助作业臂肩部中心到辅助作业臂肘部的距离；d_{5_a} 为肘部中心到末端手腕的距离。

根据以上参数表，得到的辅助作业系统各个连杆的齐次变换矩阵为

$$
{}_{1_a}^{0_a}T=\begin{bmatrix} c_{1_a} & -s_{1_a} & 0 & 0 \\ -s_{1_a} & -c_{1_a} & 0 & 0 \\ 0 & 0 & -1 & -d_{1_a} \\ 0 & 0 & 0 & 1 \end{bmatrix},\quad {}_{2_a}^{1_a}T=\begin{bmatrix} s_{2_a} & c_{2_a} & 0 & 0 \\ 0 & 0 & 1 & 0 \\ c_{2_a} & -s_{2_a} & 0 & 0 \\ 0 & 0 & 0 & 1 \end{bmatrix}
$$

$$
{}_{3_a}^{2_a}T=\begin{bmatrix} s_{3_a} & c_{3_a} & 0 & 0 \\ 0 & 0 & -1 & -d_{3_a} \\ -c_{3_a} & s_{3_a} & 0 & 0 \\ 0 & 0 & 0 & 1 \end{bmatrix}
$$

$$
{}_{4_a}^{3_a}T=\begin{bmatrix} c_{4_a} & -s_{4_a} & 0 & 0 \\ 0 & 0 & 1 & 0 \\ -s_{4_a} & -c_{4_a} & 0 & 0 \\ 0 & 0 & 0 & 1 \end{bmatrix},\quad {}_{5_a}^{4_a}T=\begin{bmatrix} c_{5_a} & -s_{5_a} & 0 & 0 \\ 0 & 0 & -1 & -d_{5_a} \\ s_{5_a} & c_{5_a} & 0 & 0 \\ 0 & 0 & 0 & 1 \end{bmatrix},\quad {}_{6_a}^{5_a}T=\begin{bmatrix} c_{6_a} & -s_{6_a} & 0 & 0 \\ 0 & 0 & 1 & 0 \\ -s_{6_a} & -c_{6_a} & 0 & 0 \\ 0 & 0 & 0 & 1 \end{bmatrix}
$$

(6-28)

将机器人辅助作业臂手腕沿着其固连坐标系的 y 轴负方向平移 $d=30$ mm 后变换到末端手掌的中心，则手掌中心相对于机器人胸部中心基坐标系的位姿为

$$
{}_{p_a}^{0_a}T={}_{6_a}^{0_a}T\times D_Y(-d)=\prod_{i}^{6}{}_{i_a}^{i_a-1}T\times D_Y(-d) \tag{6-29}
$$

当已知机器人辅助作业系统各个关节运动的角度值时，可以根据式(6-29)得到辅助作业臂末端手掌的位姿信息。

6.4.4　3-RPS 并联机构正运动学

描述机器人的位置和姿态有三种方法，即驱动器空间描述、关节空间描述和笛卡儿空间描述[93]。上面将机器人腰部结构的运动关节假设为直接由驱动器驱动。然而，3-RPS 并联平台是通过三个电机分别驱动三根连杆使其运动，在关节空间中可以将并联平台等效为两个转动关节和一个移动关节。因此，根据并联机构连杆的伸缩并不能直接得出动平台的运动状态。将连杆的运动等效成动平台运动的过程，称为并联机构的正运动学。3-RPS 并联平台简化结构如图 6-12 所示。

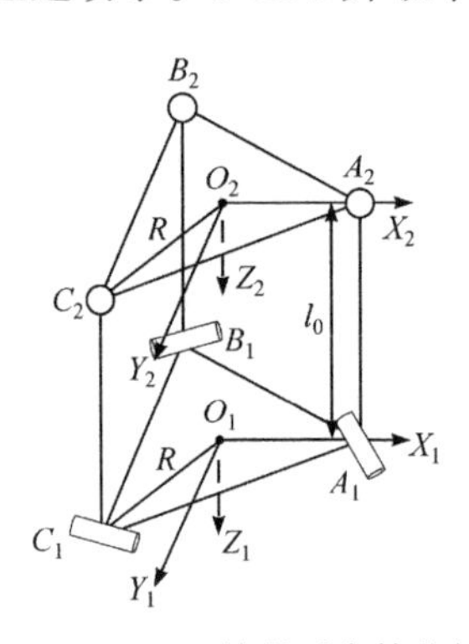

图 6-12　3-RPS 并联平台简化结构

并联机构的下层为定平台，固定在定平台的电机呈120°均匀分布，并且动、静平台之间的连线构成等边三角形；上层动平台通过球铰与驱动支链相连，支链带动上层动平台运动，并且定平台平面与动平台平面均为圆面，其半径均为 $R=45\text{mm}$。同时，定平台与动平台初始状态的相距距离就是滚轴丝杆套筒高度，即 $l_0=425\text{mm}$。

根据并联机构在机器人上的安装结构，在上、下两层平台上，以等边三角形的几何中心为坐标原点，分别建立坐标系 $O_1X_1Y_1Z_1$、$O_2X_2Y_2Z_2$，如图 6-12 所示。其中，X_i 轴方向为 O_i 点到顶点 A_i 的连线方向，Y_i 轴方向为从 O_i 点出发与 B_iC_i 平行的方向，Z_i 轴即垂直于等边三角形平面向下的方向，其中 $i=1,2$。

因此，可以得到在初始状态时，3-RPS 并联机构的定平台和动平台的内接等边三角形的顶点在其对应坐标系 $O_iX_iY_iZ_i$ 的位置坐标，即

$$\begin{aligned}A_i&=(R,0,0)\\B_i&=\left(-\frac{R}{2},-\frac{\sqrt{3}R}{2},0\right),\quad i=1,2\\C_i&=\left(-\frac{R}{2},\frac{\sqrt{3}R}{2},0\right)\end{aligned}\tag{6-30}$$

可得在初始状态时，动平台坐标系 $O_2X_2Y_2Z_2$ 的原点 O_2 在坐标系 $O_1X_1Y_1Z_1$ 中的位置坐标，即

$$O_2=(0,0,-l_0)\tag{6-31}$$

当三条支链 A_1A_2'、B_1B_2'、C_1C_2' 伸缩之后的长度分别为 l_1、l_2、l_3 时，三条支链对定平台的倾斜角分别为 ϕ_1、ϕ_2、ϕ_3。并联机构支链伸缩如图 6-13 所示。

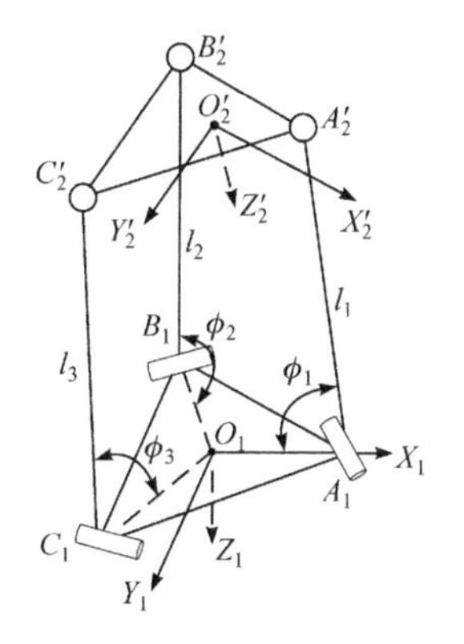

图 6-13　并联机构支链伸缩

在支链驱动上层动平台运动之后，A_1A_2'、B_1B_2'、C_1C_2' 三条支链在定平面上

的投影随着支链与定平台倾斜角 ϕ_1 、ϕ_2 、ϕ_3 改变的同时，分别在线段 O_1A_1 、O_1B_1 、O_1C_1 上滑动。

因此，在支链伸缩后，结合式(6-30)，得到上层动平台三个顶点 A_2' 、B_2' 、C_2' 在坐标系 $O_1X_1Y_1Z_1$ 的位置坐标分别为

$$A_2':\begin{cases} X_{A_2'}=R-l_1\cos\phi_1 \\ Y_{A_2'}=0 \\ Z_{A_2'}=-l_1\sin\phi_1 \end{cases} \tag{6-32}$$

$$B_2':\begin{cases} X_{B_2'}=-\dfrac{R}{2}+l_2\cos\phi_2\cos60^\circ \\ Y_{B_2'}=-\dfrac{\sqrt{3}R}{2}+l_2\cos\phi_2\sin60^\circ \\ Z_{B_2'}=-l_2\sin\phi_2 \end{cases} \tag{6-33}$$

$$C_2':\begin{cases} X_{C_2'}=-\dfrac{R}{2}+l_3\cos\phi_3\cos60^\circ \\ Y_{C_2'}=\dfrac{\sqrt{3}R}{2}-l_3\cos\phi_3\sin60^\circ \\ Z_{C_2'}=-l_3\sin\phi_3 \end{cases} \tag{6-34}$$

已知等边三角形的边长为 $\sqrt{3}R$ ，则有

$$\begin{cases} |A_2'B_2'|=\sqrt{3}R \\ |A_2'C_2'|=\sqrt{3}R \\ |B_2'C_2'|=\sqrt{3}R \end{cases} \tag{6-35}$$

将式(6-32)～式(6-34)代入式(6-35)，即可得三根支链相对于定平台的倾斜角 ϕ_1 、ϕ_2 、ϕ_3 。该方程是以倾斜角 ϕ_1 、ϕ_2 、ϕ_3 为自变量的超越方程，求解过程较为复杂。这里只用到并联机构从关节空间转换到驱动器空间的运算过程，因此不对该超越方程的详细求解过程赘述。

此外，由于动平台内接三角形为等边三角形，因此动平台坐标系 $O_2X_2Y_2Z_2$ 的原点 O_2 即该等边三角形的重心。动平台运动后，将其坐标系的原点记为 O_2' 。O_2' 在坐标系 $O_1X_1Y_1Z_1$ 的坐标为

$$
O_2':\begin{cases} X_{O_2'}=\dfrac{1}{3}(X_{A_2'}+X_{B_2'}+X_{C_2'}) \\ Y_{O_2'}=\dfrac{1}{3}(Y_{A_2'}+Y_{B_2'}+Y_{C_2'}) \\ Z_{O_2'}=\dfrac{1}{3}(Z_{A_2'}+Z_{B_2'}+Z_{C_2'}) \end{cases} \tag{6-36}
$$

因此，可得动平台坐标系的 X 、Y 、Z 三坐标轴的方向余弦[94]，即

$$
\begin{cases} u_X=\dfrac{1}{|O_2'A_2'|}\Big[\Big(X_{A_2'}-X_{O_2'}\Big)i+\Big(Y_{A_2'}-Y_{O_2'}\Big)j+\Big(Z_{A_2'}-Z_{O_2'}\Big)k\Big] \\ u_Y=\dfrac{1}{|B_2'C_2'|}\Big[\Big(X_{C_2'}-X_{B_2'}\Big)i+\Big(Y_{C_2'}-Y_{B_2'}\Big)j+\Big(Z_{C_2'}-Z_{B_2'}\Big)k\Big] \\ u_Z=u_X\times u_Y \end{cases} \tag{6-37}
$$

为简化书写，将式(6-37)记为

$$
\begin{cases} u_X=u_{x1}i+u_{x2}j+u_{x3}k \\ u_Y=u_{y1}i+u_{y2}j+u_{y3}k \\ u_Z=u_{z1}i+u_{z2}j+u_{z3}k \end{cases} \tag{6-38}
$$

综上，根据式(6-36)和式(6-38)即可得到动平台在定平台坐标系 $O_1X_1Y_1Z_1$ 中的位姿矩阵，即

$$
{}^{O_1}_{O_2}T=\begin{bmatrix} u_{x1} & u_{y1} & u_{z1} & X_{O_2'} \\ u_{x2} & u_{y2} & u_{z2} & Y_{O_2'} \\ u_{x3} & u_{y3} & u_{z3} & Z_{O_2'} \\ 0 & 0 & 0 & 1 \end{bmatrix} \tag{6-39}
$$

6.5　逆运动学研究分析

通过机器人双目视觉系统和感知系统获取的外界目标物体的位姿信息后，需要求解机器人主作业系统和辅助作业系统的各个关节运动量，才能驱动末端执行器到达目标点。这个过程必须对机器人系统进行逆运动学研究。

针对苹果采摘，通过感知系统得到目标苹果的位姿信息后，为了让主作业系统的末端手爪准确抓取到苹果,必须对 12 个自由度的主作业系统进行逆运动学研究。一方面，当主作业系统在作业过程中没有障碍物遮挡时，辅助系统也可以摘取其他待采摘目标苹果。另一方面，当目标苹果位于树冠内侧或被树干遮挡时，

可以应用辅助作业臂将树干、树叶等障碍物清除。此时，辅助作业系统的目标物体即树干、树叶等障碍物，也需要进行逆运动学分析才能得到其目标角度值。

下面对主作业系统、辅助作业系统，以及主作业系统中的 3-RPS 并联平台进行逆运动学分析。

6.5.1 主作业系统逆运动学

一般地，机器人连杆坐标系之间的关系是通过齐次变换矩阵表示的。该矩阵有 16 个元素，含有机器人连杆参数、关节参数的只有 12 个元素。在求解多自由度机器人逆运动学时，需要列出含有多个参数的 12 个非线性方程，但是其求解过程十分复杂。因此，本书参考基于太空机器人基座悬浮理论[95]的多自由度机器人运动学建模与求解方法，对该多自由度系统采用模型分离的方法进行逆运动学的求解，即将图 6-10 中主作业系统模型，从腰部坐标系 $\{W\}$ 处分开，分为移动小车到机器人腰部、机器人腰部到主作业臂末端执行器两部分，再进行逆运动学的分析。其中，腰部坐标系 $\{W\}$ 既在下半部分模型中，也附着在上半部分模型中。

模型分离法的整体思想是，根据地面作业多自由度机器人结构特征，为机器人选取一个分离点，将系统分为上、下两部分，首先将目标点从目标物体处转换到上半部分模型分离点，再将上半部分模型分离点的位姿作为下半部分模型的目标位姿进行逆运动学分析，进而求出下半部分模型的关节变量值。但是，该方法必须满足一个条件，即必须保证分离的上、下两部分模型能够实现无缝对接。因此，在选取分离点时，上半部分分离点的可达空间必须在下半部分末端执行器的可操作空间。然后，对上、下两部分进行求解。

第一部分，假设上半部分末端执行器已成功到达目标点，即此时模型的上半部分处于虚拟“悬浮”状态。然后，建立末端执行器到分离点的运动学模型，进行正运动学计算，得到分离点在整个模型基坐标系中的位姿信息。

第二部分，分离点同时作为下半部分模型的末端执行器。然后，将得到的分离点位姿信息作为模型下半部分末端执行器期望到达的目标位姿，对下半部分模型进行逆运动学分析，实现下半部分与“悬浮”上半部分系统的无缝对接。

在该类机器人平台中，将分离点选取在腰部，记为 W ，坐标系即 $\{W\}$ 。上半部分模型中的关节个数为 5，下半部分模型中的关节个数为 7。轮/履式仿人机器人平台作业示意图如图 6-14 所示。

因此，将模型分离法归纳总结为初始、过渡、执行三个阶段。其中，初始阶段为上半部分成功抓取到目标苹果时，腰部分离点处于虚拟“悬浮”状态时位姿的求解；过渡阶段即机器人下半部分与“悬浮”上半部分完成对接时各个关节所需运动量的求取；执行阶段为下半部分的腰部末端到达指定“悬浮”位姿后，为上半部分手臂末端更精确地到达目标点，双目摄像头再次追踪目标苹果时，对上半部分系统进行逆运动学分析。下面对主作业系统求取逆解的三个阶段进行详细介绍。

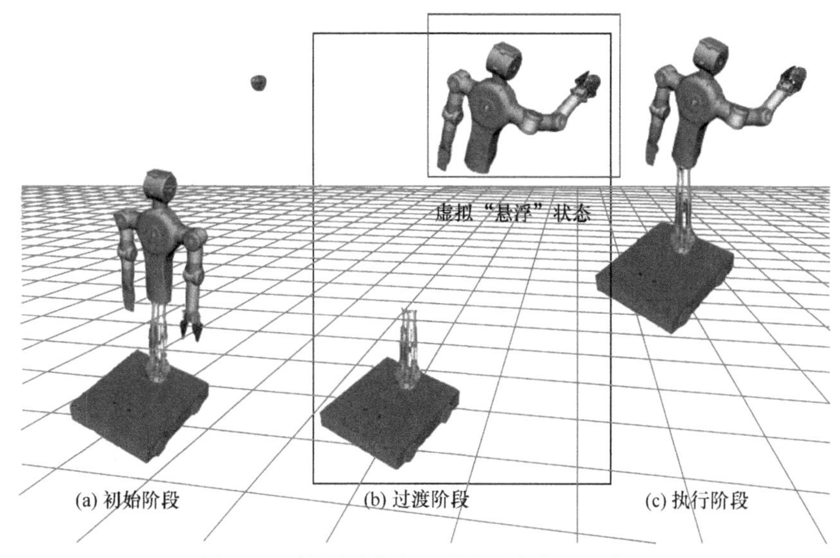

图 6-14　轮/履式仿人机器人平台作业示意图

1) 初始阶段：分离点“悬浮”状态位姿的求解

在机器人准备作业之前，假设主作业系统的上半身末端手爪已经成功抓取到目标苹果 A，即坐标系 $\{A\}$ 与图 6-10 中末端手爪坐标系 $\{12'_m\}$ 完全重合。此时，机器人的下半部分还没动作，因此上半身处于虚拟“悬浮”状态。为了求取“悬浮”状态时分离点腰部的位姿，建立手爪末端(目标点)到腰部的运动学模型。手爪末端到腰部运动学模型如图 6-15 所示。

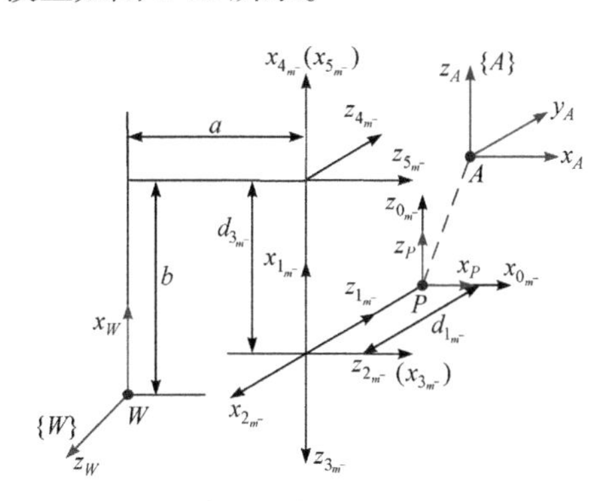

图 6-15　手爪末端到腰部运动学模型

在图 6-15 模型中，为了计算方便，各个关节坐标系旋转轴的方向与图 6-10

模型中对应的关节坐标系旋转轴保持一致。同时，为了与主作业系统中腰部到手爪末端的运动学模型区别，将连杆记为i_{m-}，坐标系记为$\{i_{m-}\}$；末端手爪记为点P，并定义坐标系为末端手爪坐标系$\{P\}$，与坐标系$\{12'_m\}$完全重合。其中，a为肩部关节到胸部中心的距离，大小同图 6-10 模型中d_{8_m}的相等；b为胸部中心到腰部的距离，大小同图 6-10 模型中a_{7_m}的相等。

根据以上模型，末端P到腰部分离点W模型的 DH 参数表如表 6-5 所示。

表 6-5　末端 P 到腰部分离点 W 模型的 DH 参数表

连杆 i_{m-}	关节角 $\theta_{i_{m-}}$ /(°)	扭转角 $a_{i_{m-}-1}$ /(°)	连杆长度 $a_{i_{m-}-1}$ /(°)	连杆偏移量 $d_{i_{m-}}$ /mm	$\theta_{i_{m-}}$ 的范围/(°)
1_{m-}	$\theta_{1_{m-}}-90$	−90	0	$-d_{1_{m-}}=-300$	−90～90
2_{m-}	$\theta_{2_{m-}}+90$	−90	0	0	−20～120
3_{m-}	$\theta_{3_{m-}}-90$	−90	0	$-d_{3_{m-}}=-183$	−90～90
4_{m-}	$\theta_{4_{m-}}-90$	90	0	0	−10～120
5_{m-}	$\theta_{5_{m-}}$	−90	0	0	−120～120

其中，$d_{1_{m-}}$表示主作业臂末端手爪中心到肘部的距离；$d_{3_{m-}}$表示肘部到主作业臂肩部的距离。根据以上模型及参数表，各个连杆之间的变换矩阵为

$$
{}_{1_{m-}}^{0_{m-}}T=\begin{bmatrix} s_{1_{m-}} & c_{1_{m-}} & 0 & 0 \\ 0 & 0 & 1 & -d_{1_{m-}} \\ c_{1_{m-}} & -s_{1_{m-}} & 0 & 0 \\ 0 & 0 & 0 & 1 \end{bmatrix},\quad {}_{2_{m-}}^{1_{m-}}T=\begin{bmatrix} -s_{2_{m-}} & -c_{2_{m-}} & 0 & 0 \\ 0 & 0 & 1 & 0 \\ -c_{2_{m-}} & s_{2_{m-}} & 0 & 0 \\ 0 & 0 & 0 & 1 \end{bmatrix}
$$

$$
{}_{3_{m-}}^{2_{m-}}T=\begin{bmatrix} s_{3_{m-}} & c_{3_{m-}} & 0 & 0 \\ 0 & 0 & 1 & -d_{3_{m-}} \\ c_{3_{m-}} & -s_{3_{m-}} & 0 & 0 \\ 0 & 0 & 0 & 1 \end{bmatrix}
$$

$$
{}_{4_{m-}}^{3_{m-}}T=\begin{bmatrix} s_{4_{m-}} & c_{4_{m-}} & 0 & 0 \\ 0 & 0 & -1 & 0 \\ -c_{4_{m-}} & s_{4_{m-}} & 0 & 0 \\ 0 & 0 & 0 & 1 \end{bmatrix},\quad {}_{5_{m-}}^{4_{m-}}T=\begin{bmatrix} c_{5_{m-}} & -s_{5_{m-}} & 0 & 0 \\ 0 & 0 & 1 & 0 \\ -s_{5_{m-}} & -c_{5_{m-}} & 0 & 0 \\ 0 & 0 & 0 & 1 \end{bmatrix} \tag{6-40}
$$

因此，肩部关节在基坐标系$\{0_{m-}\}$中的位姿为

$$ {}^{0_{m-}}_{5_{m-}}T = {}^{0_{m-}}_{1_{m-}}T\,{}^{1_{m-}}_{2_{m-}}T\,{}^{2_{m-}}_{3_{m-}}T\,{}^{3_{m-}}_{4_{m-}}T\,{}^{4_{m-}}_{5_{m-}}T \tag{6-41} $$

由于机器人上半身只有 5 个关节，并且图 6-15 中模型的最后一个关节是肩部关节，因此需要通过坐标转换关系 T_0 将肩部关节坐标系 $\{5_{m-}\}$ 变换到分离点 W 处，其中，T_0 为

$$ T_0=R_X(-90°)\times D_X(-b)\times D_Y(a)=\begin{bmatrix} 1 & 0 & 0 & -b \\ 0 & 0 & 1 & 0 \\ 0 & -1 & 0 & -a \\ 0 & 0 & 0 & 1 \end{bmatrix} \tag{6-42} $$

通过给定图 6-15 模型中各个关节的角度值，就可以得到手爪末端成功抓取到目标苹果时，腰部分离点 W 相对于目标苹果 A 的位姿信息 ${}^{A}_{W}T$ 。本书根据以下两种情景给定机器人作业时上半部分模型对应的关节角度值。

第一种情景，当主作业系统摘取果树外围的苹果，考虑如下因素。

(1) 机器人腰部并联机构升降高度有限制。

(2) 苹果所处的位置高度不同。

这两个因素对作业臂各个关节的转动角度影响较大。因此，在进行了大量实验后，根据苹果与双目摄像头水平视线的位置关系，给定两组合适的作业关节角度值。用 (p_{Cx}, p_{Cy}, p_{Cz}) 表示目标苹果在摄像头坐标系中的位置坐标，单位为 mm 。

① 苹果在视线上方时($p_{Cy}<0$)，有

$$ \theta_{1_{m-}}=0°,\ \theta_{2_{m-}}=45°,\ \theta_{3_{m-}}=20°,\ \theta_{4_{m-}}=5°,\ \theta_{5_{m-}}=-110° \tag{6-43} $$

② 苹果在视线下方时($p_{Cy}\geqslant 0$)，有

$$ \theta_{1_{m-}}=10°,\ \theta_{2_{m-}}=10°,\ \theta_{3_{m-}}=30°,\ \theta_{4_{m-}}=10°,\ \theta_{5_{m-}}=-60° \tag{6-44} $$

第二种情景，当主作业系统摘取果树树冠内侧的苹果时，上半部分模型中各个关节的角度值需要根据规划的无碰路径来设定。对于无碰路径的规划，下面给出详细的方法。选定上半身各个关节的角度值后，就可以得到腰部坐标系 $\{W\}$ 相对于目标苹果坐标系 $\{A\}$ 的位姿，即

$$ {}^{A}_{W}T={}^{0_{m-}}_{5_{m-}}T\,T_0 \tag{6-45} $$

2) 过渡阶段：下半身末端腰部对接到指定的“悬浮”状态

根据式(6-19)，通过双目摄像头和感知系统得到目标苹果 A 在大地坐标系 $\{G\}$ 中的位姿。同时，结合式(6-45)，可求解当腰部“悬浮”时，相对于大地坐标系 $\{G\}$ 的位姿，即

$$ {}^{G}_{W}T_{\text{float}}={}^{G}_{A}T\,{}^{A}_{W}T \tag{6-46} $$

为了让机器人下半身末端能与“悬浮”的上半身完成对接，需要根据目标位姿 ${}^{G}_{W}T_{\text{float}}$ 对下半部分模型进行逆运动学分析。分别截取图 6-10、表 6-3 中的移动小车到腰部的运动模型及其连杆参数。小车到腰部运动学模型如图 6-16 所示。

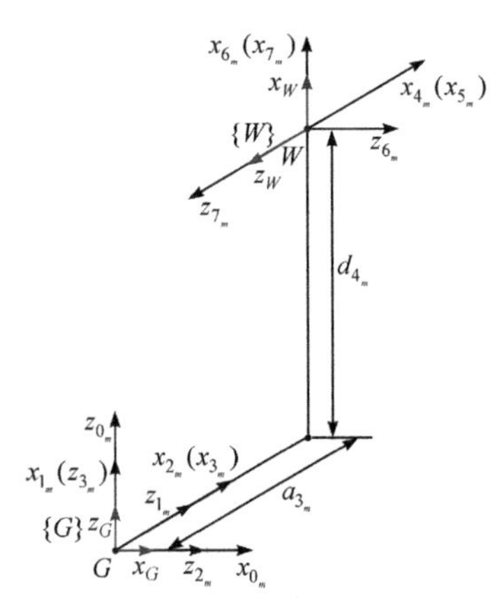

图 6-16　小车到腰部运动学模型

小车到腰部模型的 DH 参数表如表 6-6 所示。

表 6-6　小车到腰部模型的 DH 参数表

连杆 i_m	关节角 θ_{i_m} /(°)	扭转角 α_{i_m-1} /(°)	连杆长度 a_{i_m-1} /mm	连杆偏移量 d_{i_m} /mm	θ_{i_m} 的范围/(°)
1_m	−90	−90	0	$d_{1_m}=d_y$ (变量)	常数
2_m	−90	−90	0	$d_{2_m}=d_x$ (变量)	常数
3_m	θ_{3_m}	−90	0	0	−180～180
4_m	θ_{4_m}	0	$a_{3_m}=186$	$d_{4_m}=545$	−180～180
5_m	0	0	0	$d_{5_m}=h_z$ (变量)	常数
6_m	$\theta_{6_m}+90$	90	0	0	−60～60
7_m	θ_{7_m}	−90	0	0	−60～60

该模型各个关节的变换矩阵即式(6-18)中的前 7 个矩阵。由于下半部分模型中最后一个关节坐标系 $\{7_m\}$ 与腰部坐标系 $\{W\}$ 是重合的，其变换关系是单位矩阵，即

$$ {}^{7_m}_{W}T = I_{4\times4} \tag{6-47}$$

因此，机器人下半身模型中末端 W 相对于大地坐标系 $\{G\}$ 的位姿为

$$ {}_{W}^{G}T = {}_{1_m}^{0_m}T\,{}_{2_m}^{1_m}T\,{}_{3_m}^{2_m}T\,{}_{4_m}^{3_m}T\,{}_{5_m}^{4_m}T\,{}_{6_m}^{5_m}T\,{}_{7_m}^{6_m}T\,{}_{W}^{7_m}T \tag{6-48}$$

为了求得小车到腰部各个关节的运动量，设目标位姿 ${}_{W}^{G}T_{\mathrm{float}}$ 已知，将其记为

$$ {}_{W}^{G}T_{\mathrm{float}} = \begin{bmatrix} a_{11} & a_{12} & a_{13} & p_x \\ a_{21} & a_{22} & a_{23} & p_y \\ a_{31} & a_{32} & a_{33} & p_z \\ 0 & 0 & 0 & 1 \end{bmatrix} \tag{6-49}$$

则根据 ${}_{W}^{G}T={}_{W}^{G}T_{\mathrm{float}}$ ，可得

$$\begin{aligned}
a_{11} &= c_{7_m}s_{6_m}(c_{3_m}s_{4_m}+c_{4_m}s_{3_m})-s_{7_m}(c_{3_m}c_{4_m}-s_{3_m}s_{4_m})\\
a_{21} &= -s_{7_m}(c_{3_m}s_{4_m}+c_{4_m}s_{3_m})-c_{7_m}s_{6_m}(c_{3_m}c_{4_m}-s_{3_m}s_{4_m})\\
a_{31} &= c_{6_m}c_{7_m}\\
a_{12} &= -c_{7_m}(c_{3_m}c_{4_m}-s_{3_m}s_{4_m})-s_{6_m}s_{7_m}(c_{3_m}s_{4_m}+c_{4_m}s_{3_m})\\
a_{22} &= s_{6_m}s_{7_m}(c_{3_m}c_{4_m}-s_{3_m}s_{4_m})-c_{7_m}(c_{3_m}s_{4_m}+c_{4_m}s_{3_m})\\
a_{32} &= -c_{6_m}s_{7_m}\\
a_{13} &= c_{6_m}(c_{3_m}s_{4_m}+c_{4_m}s_{3_m})\\
a_{23} &= -c_{6_m}(c_{3_m}c_{4_m}-s_{3_m}s_{4_m})\\
a_{33} &= -s_{6_m}\\
p_x &= d_x-a_{3_m}s_{3_m}\\
p_y &= d_y+a_{3_m}c_{3_m}\\
p_z &= d_{4_m}+h_z
\end{aligned} \tag{6-50}$$

经过验证，选取其中一组符合关节限度范围内的角度值，即

$$\begin{cases}
\theta_{7_m} = a\tan(2(-a_{32},a_{31}))\\
\theta_{6_m} = a\tan(2(-a_{33},a_{31}/c_{7_m}))\\
\theta_{3_m}+\theta_{4_m} = a\tan(2(a_{13}/c_{6_m},a_{23}/(-c_{6_m})))\\
d_x = p_x+a_{3_m}s_{3_m}\\
d_y = p_y-a_{3_m}c_{3_m}\\
h_z = p_z-d_{4_m}
\end{cases} \tag{6-51}$$

其中，机器人腰部弯腰、侧腰两个旋转关节 θ_{6_m} 、θ_{7_m} 的角度范围为 $[-60°,60°]$ ；c_{6_m} 、c_{7_m} 均不等于 0。

同时，在该模型中，只能得到 θ_3 、θ_4 之和。因此，本书做如下规定，若两角之和没有超出机器人脚部旋转的最大限度，优先机器人脚部的转动，小车不进行

转动；当两角之和超出机器人脚部旋转的最大限度时，小车进行一定角度的旋转。

3) 执行阶段：上半身抓取过程分析

基于上述初始阶段和过渡阶段，将求出的下半身各个关节角通过控制系统下发至底层驱动系统。在机器人下半身到达指定的虚拟“悬浮”位置后，为了能够更准确地抓取到苹果，再次利用双目摄像头获取的目标苹果 A 的位姿信息，对上半身进行逆运动学分析。在这个过程中，小车和机器人腰部以下各个关节的运动，很大程度上会导致双目摄像头找不到第一次看到的目标苹果 A 。

本书预设机器人颈部的俯仰、左右旋转两个关节分别转动 δ_1 、δ_2 之后，双目摄像头跟踪到第一次看到的目标苹果 A ，并且跟踪到的目标苹果 A 处于摄像头视野的中间像素值，即目标苹果 A 相对于双目摄像头的基坐标系 $\{C\}$ 中 x 、y 轴方向的偏差值比较小，而在视野前方的距离，即 z 方向的距离限制在 0～600mm 。因此，可得该目标苹果相对于双目摄像头基坐标系 $\{C\}$ 的位置，记为 (X_c,Y_c,Z_c) ，且其约束条件设定为 $X_c\in[-10,10]$、$Y_c\in[-10,10]$、$Z_c\in[0,600]$ ，单位均为 mm 。此处只考虑位置，并将此时苹果的姿态设为单位矩阵。

将式(6-51)中各个关节的角度值，以及头部 δ_1 、δ_2 的两个角度值，代入式(6-19)，就可得腰部到达指定“悬浮”位姿，以及目标苹果在大地坐标系中的位姿 ${}^G_AT'$ 。在整个平台还没有开始运动，即双目第一次识别到目标苹果时，已经得到目标苹果相对于大地坐标系的位姿为 ${}^G_AT$ 。若不考虑整个平台运动过程中误差的存在，${}^G_AT$ 与 ${}^G_AT'$ 两者的位置应该是完全相等的。实际上，这两者之间的位置是有偏差存在的。

本书将 ${}^G_AT$ 、${}^G_AT'$ 中 x 、y 、z 三个方向的位置偏差值分别限制在 ±10mm 、±10mm 、±100mm 。为了让目标苹果能够处于双目视野的中央位置，将目标函数定义为 x 、y 方向苹果的位置绝对值之和达到最小值，即 $\min(\mathrm{Abs}(X_c)+\mathrm{Abs}(Y_c))$ 。目标函数和约束条件为

$$
\begin{gathered}
\text{MinFunction Abs}(X_c)+\text{Abs}(Y_c)\\
\text{s.t.}\quad\begin{cases}\text{Abs}({}^G_AT(1,4)-{}^G_AT'(1,4))\leqslant 10\\ \text{Abs}({}^G_AT(2,4)-{}^G_AT'(2,4))\leqslant 10\\ \text{Abs}({}^G_AT(3,4)-{}^G_AT'(3,4))\leqslant 100\end{cases}
\end{gathered}
\tag{6-52}
$$

应用高斯牛顿法和通用全局优化算法求解以上方程便可得头部两个旋转关节转动的角度值 δ_1、δ_2 ，从而实现对目标苹果的跟踪定位。视觉系统对目标苹果的跟踪如图 6-17 所示。

在双目摄像头第二次跟踪到目标苹果 A 时，建立上半身运动学模型，再进行运动学分析。上半身模型将机器人胸部中心坐标系 $\{O\}$ 作为其基坐标系，一共包

含主作业臂 5 关节。胸部到主作业臂末端运动学模型如图 6-18 所示。

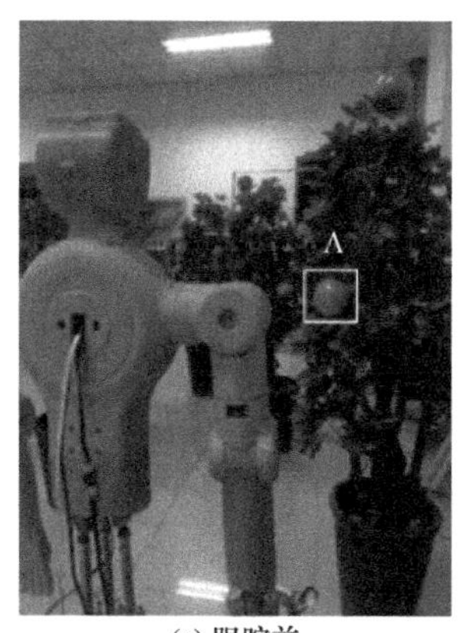

(a) 跟踪前

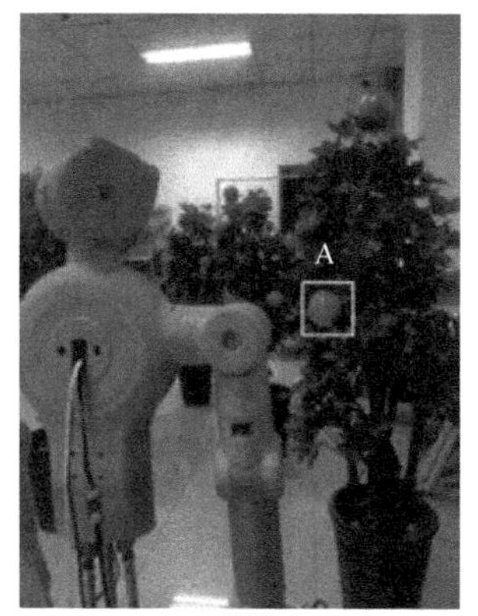

(b) 跟踪后

图 6-17 视觉系统对目标苹果的跟踪

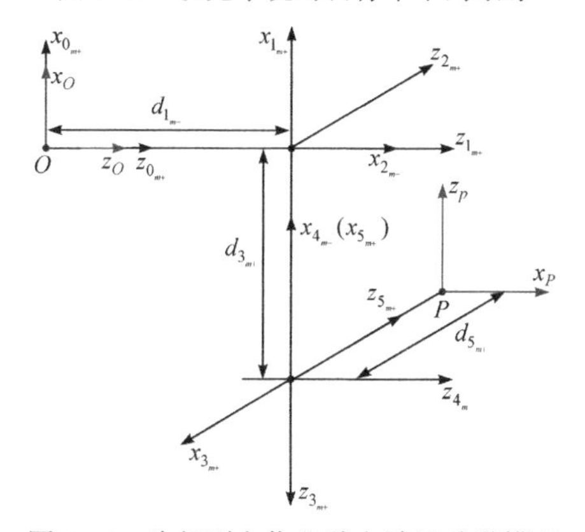

图 6-18 胸部到主作业臂末端运动学模型

为了与图 6-15 中的连杆参数及坐标系进行区分，上半身模型中的连杆记为 i_{m+}，各个关节坐标系记为 $\{i_{m+}\}$。同时，坐标系的建立与图 6-10 模型中主作业臂关节坐标系完全保持一致，并根据该模型得到其 DH 参数表如表 6-7 所示。

表 6-7 胸部中心到手爪末端的 DH 参数表

连杆 i_{m+}	关节角 $\theta_{i_{m+}}$ /(°)	扭转角 $\alpha_{i_{m+}-1}$ /(°)	连杆长度 $a_{i_{m+}-1}$ /mm	连杆偏移量 $d_{i_{m+}}$ /mm	$\theta_{i_{m+}}$ 的范围/(°)
1_{m+}	$\theta_{1_{m+}}$	0	0	$d_{1_{m+}}=200$	−120～120
2_{m+}	$\theta_{2_{m+}}+90$	90	0	0	−120～10
3_{m+}	$\theta_{3_{m+}}+90$	−90	0	$d_{3_{m+}}=183$	−90～90
4_{m+}	$\theta_{4_{m+}}-90$	90	0	0	−120～20
5_{m+}	$\theta_{5_{m+}}$	90	0	0	−90～90

其中，$d_{1_{m+}}$ 为胸部中心到主作业臂肩部的距离；$d_{3_{m+}}$ 为主作业臂肩部到肘部的距离。根据该参数表，可以得到该模型中各个关节的齐次变换矩阵，即

$$
{}_{1_{m+}}^{0_{m+}}T=\begin{bmatrix} c_{1_{m+}} & -s_{1_{m+}} & 0 & 0 \\ s_{1_{m+}} & c_{1_{m+}} & 0 & 0 \\ 0 & 0 & 1 & d_{1_{m+}} \\ 0 & 0 & 0 & 1 \end{bmatrix},\quad {}_{2_{m+}}^{1_{m+}}T=\begin{bmatrix} -s_{2_{m}} & -c_{2_{m}} & 0 & 0 \\ 0 & 0 & -1 & 0 \\ c_{2_{m}} & -s_{2_{m}} & 0 & 0 \\ 0 & 0 & 0 & 1 \end{bmatrix}
$$

$$
{}_{3_{m+}}^{2_{m+}}T=\begin{bmatrix} -s_{3_{m+}} & -c_{3_{m+}} & 0 & 0 \\ 0 & 0 & 1 & d_{3_{m+}} \\ -c_{3_{m+}} & s_{3_{m+}} & 0 & 0 \\ 0 & 0 & 0 & 1 \end{bmatrix}
$$

$$
{}_{4_{m+}}^{3_{m+}}T=\begin{bmatrix} s_{4_{m+}} & c_{4_{m+}} & 0 & 0 \\ 0 & 0 & -1 & 0 \\ -c_{4_{m+}} & s_{4_{m+}} & 0 & 0 \\ 0 & 0 & 0 & 1 \end{bmatrix},\quad {}_{5_{m+}}^{4_{m+}}T=\begin{bmatrix} c_{5_{m}} & -s_{5_{m}} & 0 & 0 \\ 0 & 0 & -1 & 0 \\ s_{5_{m}} & c_{5_{m}} & 0 & 0 \\ 0 & 0 & 0 & 1 \end{bmatrix} \tag{6-53}
$$

模型是将机器人右手臂从肘部抬起来建立的，因此为了将模型中的最后一个关节变换到末端执行器的手爪中心坐标系 $\{P\}$，需要将坐标系沿着 z 轴方向平移 $d_{5_{m+}}$=300 mm 。由此，可得主作业臂末端手爪中心在该模型基坐标系 $\{O\}$ 中的位姿，即

$$
{}_{P}^{O}T={}_{1_{m+}}^{0_{m+}}T\,{}_{2_{m+}}^{1_{m+}}T\,{}_{3_{m+}}^{2_{m+}}T\,{}_{4_{m+}}^{3_{m+}}T\,{}_{5_{m+}}^{4_{m+}}T\times D_{Z}(d_{5_{m+}}) \tag{6-54}
$$

双目摄像头随着机器人头部俯仰、左右旋转两个关节转动 δ_1、δ_2 之后，第二次跟踪到目标苹果，并根据式(6-24)得到目标苹果在胸部中心坐标系 $\{O\}$ 中的位姿信息，即

$$
{}_{P}^{O}T_{\text{des}}=\begin{bmatrix} b_{11} & b_{21} & b_{31} & b_{41} \\ b_{12} & b_{22} & b_{32} & b_{42} \\ b_{13} & b_{23} & b_{33} & b_{43} \\ 0 & 0 & 0 & 1 \end{bmatrix} \tag{6-55}
$$

将 ${}_{P}^{O}T_{\text{des}}$ 作为机器人上半身模型末端执行器期望到达的目标位姿，本书采用解析法和数值法对该上半身系统进行逆运动学求取。

逆运动学的过程是通过 ${}_{P}^{O}T$ 与 ${}_{P}^{O}T_{\text{des}}$ 中各对应元素相等来求得各个关节角度值，根据 ${}_{P}^{O}T={}_{P}^{O}T_{\text{des}}$ ，找出对应元素之间存在的关系，最终求出逆解，即

$$
\begin{aligned}
\theta_{2_{m+}} &= \arctan\left(2\left((d_{1_{m+}} - b_{34} + b_{33}d_{5_{m+}}) / d_{3_{m+}}, \pm\sqrt{1-((d_{1m+} - b_{34} + b_{33}d_{5_{m+}}) / d_{3_{m+}})^2}\right)\right) \\
\theta_{1_{m+}} &= \arctan\left(2\left((b_{24} - d_{5_{m+}}b_{23}) / (-d_{3_{m+}}c_{2_{m+}}), (b_{14} - d_{5_{m+}}b_{13}) / (-d_{3_{m+}}c_{2_{m+}})\right)\right) \\
\theta_{4_{m+}} &= \arctan\left(2\left(b_{33}s_{2_{m+}} + b_{13}c_{1_{m+}}c_{2_{m+}} + b_{23}c_{2_{m+}}s_{1_{m+}}, \pm\sqrt{1-(b_{33}s_{2_{m+}} + b_{13}c_{1_{m+}}c_{2_{m+}} + b_{23}c_{2_{m+}}s_{1_{m+}})^2}\right)\right) \\
\theta_{3_{m+}} &= \arctan\left(2\left((c_{2_{m+}}b_{34} - c_{2_{m+}}d_{1_{m+}} - c_{1_{m+}}b_{14}s_{2_{m+}} - b_{24}s_{1_{m+}}s_{2_{m+}}) / (c_{4_{m+}}d_{5_{m+}}), (b_{14}s_{1_{m+}} - c_{1_{m+}}b_{24}) / (c_{4_{m+}}d_{5_{m+}})\right)\right) \\
\theta_{5_{m+}} &= \arctan\left(2\left((-b_{32}s_{2_{m+}} - b_{12}c_{1_{m+}}c_{2_{m+}} - b_{22}c_{2_{m+}}s_{1_{m+}}) / c_{4_{m+}}, (b_{31}s_{2_{m+}} + b_{11}c_{1_{m+}}c_{2_{m+}} + b_{21}c_{2_{m+}}s_{1_{m+}}) / c_{4_{m+}}\right)\right)
\end{aligned}
\tag{6-56}
$$

在此求解过程中，求出角度值的单位是弧度。同时，由于三角函数具有周期性，所以会有多组解的情况，需要在所得的几组解中找出符合各关节限度内的角作为最终解。

根据式(6-54)、式(6-55)，${}_P^OT$ 与 ${}_P^OT_{\text{des}}$ 中各对应元素相等，选取矩阵中含有连杆参数的元素，建立非线性方程组，即

$$
F(\theta_{m+}) = 0, \quad F(\theta_{m+}) = (f_1, f_2, \cdots, f_{12})^{\mathrm{T}}, \quad \theta_{m+} = (\theta_{1_{m+}}, \theta_{2_{m+}}, \cdots, \theta_{5_{m+}})^{\mathrm{T}} \tag{6-57}
$$

在数值法[96]求解过程中，每一次迭代都会得到一个不同的变换矩阵 ${}_P^OT_{\theta_{m+}}(\theta_{1_{m+}}^i, \theta_{2_{m+}}^i, \theta_{3_{m+}}^i, \theta_{4_{m+}}^i, \theta_{5_{m+}}^i)$，$i$ 为迭代次数，$i = 0,1,2,\cdots$。将 ${}_P^OT$ 与 ${}_P^OT_{\text{des}}$ 两个变换矩阵前 3 行的 12 个对应元素相减得方程组，即

$$
F(\theta_{m+}) = {}_P^OT_{\theta_{m+}} - {}_P^OT_{\text{des}} = 0 \tag{6-58}
$$

即

$$
\begin{cases}
f_1(\theta_{m+}) = {}_P^OT_{\theta_{m+}}(1,1) - {}_P^OT_{\text{des}}(1,1) \\
f_2(\theta_{m+}) = {}_P^OT_{\theta_{m+}}(1,2) - {}_P^OT_{\text{des}}(1,2) \\
f_3(\theta_{m+}) = {}_P^OT_{\theta_{m+}}(1,3) - {}_P^OT_{\text{des}}(1,3) \\
f_4(\theta_{m+}) = {}_P^OT_{\theta_{m+}}(1,4) - {}_P^OT_{\text{des}}(1,4) \\
f_5(\theta_{m+}) = {}_P^OT_{\theta_{m+}}(2,1) - {}_P^OT_{\text{des}}(2,1) \\
f_6(\theta_{m+}) = {}_P^OT_{\theta_{m+}}(2,2) - {}_P^OT_{\text{des}}(2,2) \\
f_7(\theta_{m+}) = {}_P^OT_{\theta_{m+}}(2,3) - {}_P^OT_{\text{des}}(2,3) \\
f_8(\theta_{m+}) = {}_P^OT_{\theta_{m+}}(2,4) - {}_P^OT_{\text{des}}(2,4) \\
f_9(\theta_{m+}) = {}_P^OT_{\theta_{m+}}(3,1) - {}_P^OT_{\text{des}}(3,1) \\
f_{10}(\theta_{m+}) = {}_P^OT_{\theta_{m+}}(3,2) - {}_P^OT_{\text{des}}(3,2) \\
f_{11}(\theta_{m+}) = {}_P^OT_{\theta_{m+}}(3,3) - {}_P^OT_{\text{des}}(3,3) \\
f_{12}(\theta_{m+}) = {}_P^OT_{\theta_{m+}}(3,4) - {}_P^OT_{\text{des}}(3,4)
\end{cases}
\tag{6-59}
$$

其中，${}_{P}^{O}T_{\theta_{m+}}(m,n)$、${}_{P}^{O}T_{\text{des}}(m,n)$ 为对应变换矩阵 ${}_{P}^{O}T$ 、${}_{P}^{O}T_{\text{des}}$ 第 m 行、第 n 列的元素。

因此，可以确定方程组的雅可比矩阵，即

$$J_i(\theta_{m+}^i)=\begin{bmatrix} \dfrac{\partial f_1}{\partial \theta_{1_{m+}}^i} & \dfrac{\partial f_1}{\partial \theta_{2_{m+}}^i} & \cdots & \dfrac{\partial f_1}{\partial \theta_{5_{m+}}^i} \\ \dfrac{\partial f_2}{\partial \theta_{1_{m+}}^i} & \dfrac{\partial f_2}{\partial \theta_{2_{m+}}^i} & \cdots & \dfrac{\partial f_2}{\partial \theta_{5_{m+}}^i} \\ \vdots & \vdots & & \vdots \\ \dfrac{\partial f_{12}}{\partial \theta_{1_{m+}}^i} & \dfrac{\partial f_{12}}{\partial \theta_{2_{m+}}^i} & \cdots & \dfrac{\partial f_{12}}{\partial \theta_{5_{m+}}^i} \end{bmatrix} \tag{6-60}$$

求解该方程组的牛顿迭代公式，即

$$\theta_{m+}^{i+1}=\theta_{m+}^{i}-J^{-1}F(\theta_{m+}^{i}) \tag{6-61}$$

其中，雅可比矩阵 J 为 12×5 阶的矩阵，只能求出其伪逆，式(6-61)变为

$$\theta_{m+}^{i+1}=\theta_{m+}^{i}-(J_i^{\mathrm{T}}J_i)^{-1}J_i^{\mathrm{T}}F(\theta_{m+}^{i}) \tag{6-62}$$

其中，J^{T} 为雅可比矩阵 J 的转置。

因此，可以利用式(6-62)求解作业臂逆解。

牛顿迭代法的另一个优点是各个关节角迭代初值的选取更加合理。尽管整个系统中存在微小误差，但是机器人上半身系统求取得到的逆解，必然在初始关节角度值附近，即式(6-43)或式(6-44)附近。因此，将其作为迭代的初值，会更快地迭代出符合关节限度的角度值。

需要注意的是，由于本书从执行器末端到胸部中心、从胸部中心到执行器末端两种模型选取的参考基坐标系不同，因此对应关节角度值的正负号是相反的。另外，在抓取苹果时，影响因素最大的是位置的精度，因此只考虑位置的误差。迭代算法流程图如图 6-19 所示。

迭代完成后，会求出一组符合各个关节限度的关节角度，将其下发至底层，便可驱动作业臂成功抓取到目标苹果。

至此，主作业系统所有关节的角度值均已得到，为了验证该算法的正确性，可将 12 个关节角度值代入式(6-26)和式(6-27)，进行正运动学的验证。

综合以上初始、过渡、执行阶段，可得主作业系统逆运动学分析整体流程图，如图 6-20 所示。

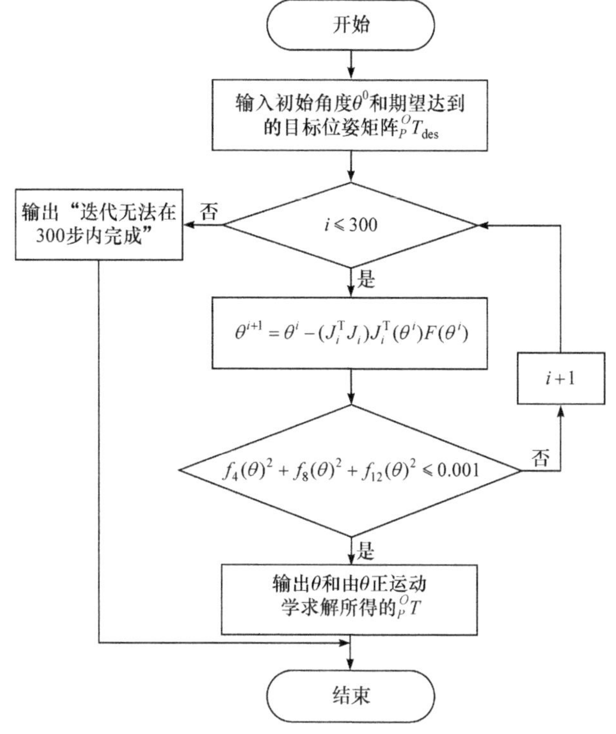

图 6-19 迭代算法流程图

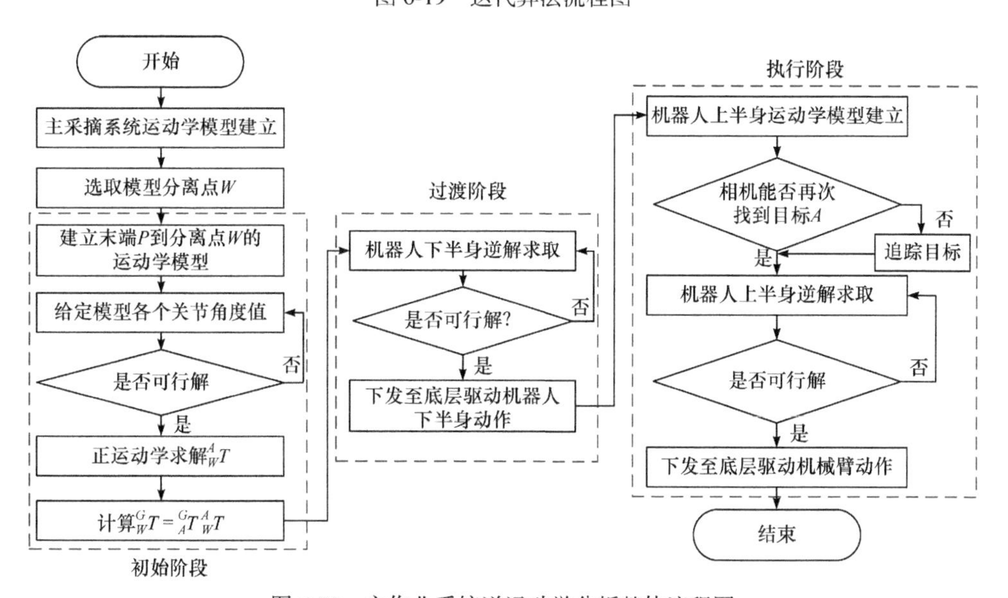

图 6-20 主作业系统逆运动学分析整体流程图

6.5.2 辅助作业系统逆运动学

本书采用的实验平台辅助作业系统为主作业系统清理掉遮挡目标的障碍物，方便主作业臂的摘取作业。因此，通过双目视觉获取的障碍物位姿后，需要对辅助作业系统的逆运动学分析，求解其各个关节的运动量。我们将需要被清理的障碍物体记为 B；双目摄像头获取的障碍物的位姿记为 ${}_B^CT$；辅助作业系统的基坐标系也选定为胸部中心坐标系 $\{O\}$；点 N 代表辅助作业臂手腕，并将坐标系 $\{N\}$ 定义为手腕坐标系，与图 6-11 模型中的 $\{6_a\}$ 坐标系完全保持一致。

当已知头部俯仰、左右旋转两个关节的运动量时，根据式(6-24)可得障碍物 B 相对于基坐标系 $\{O\}$ 的位姿 ${}_B^OT$，即

$$ {}_B^OT = {}_C^OT\,{}_B^CT \tag{6-63} $$

拥有 6 个旋转关节的机器人系统在求取逆解时，需要满足 Pieper 准则[97]，即相邻三个关节的轴线相交于一点或相邻三个关节的轴线平行。由图 6-11 可得，辅助作业臂是关于 6 个旋转关节的运动链，但是解析解计算过程较为复杂。所以，本书使用 FABRIK 算法[98]，对辅助作业系统进行逆运动学的求解。FABRIK 通过查找关节位置，把角度变为在直线上查找点的问题。该方法分为前向和后伸两个阶段。前向阶段是从最后一个关节开始，通过之前的关节位置，以向前的迭代模式更新，并在该过程中调整每个关节。后伸阶段以相同的方式向后工作，完成完整的迭代。设有 4 个关节，关节位置记为 $P_i\ (i=1,2,3,4)$，P_1 为根节点且不能移动，P_4 为末端执行器；连接关节的杆长记为 $d_j\ (j=1,2,3)$；t 表示目标。FABRIK 算法过程如图 6-21 所示。在图 6-21(a)初始状态时，P_1 到 t 的距离记为 d_0。

(1) 计算所有连杆长度的总和 $\sum_{j=1}^{3} d_j$，并与 d_0 进行比较，判断该运动链的末端 P_4 能否到达目标 t。若满足 $d_0 < \sum_{j=1}^{3} d_j$，则表示目标在可及的范围内；否则，目标不可达。

(2) 目标在可及范围内时，进行前向、后伸两个阶段的迭代。

(3) 前向阶段，从末端 P_4 开始向内移动到根节点 P_1 的每个关节位置。如图 6-21(b)所示，将 P_4 的新位置设为目标位置 $P_4'=t$，连接 P_4 与 P_3 之间的线段，关节 P_3 的新位置 P_3' 位于与 P_4' 的距离为 d_3 的这条线段上，如图 6-21(c)所示。依此类推，直到计算出所有新关节位置，如图 6-21(d)所示。

(4) 后伸阶段，从根节点 P_1 开始，与前向阶段类似，移动每一个关节位置，如图 6-21(e)所示。依此类推，直到计算出所有新关节位置，如图 6-21(f)所示。

(5) 前向、后伸两阶段为一次完整的迭代，重复(3)、(4)步骤，进行迭代，直

到末端 P_4 到达目标 t 。

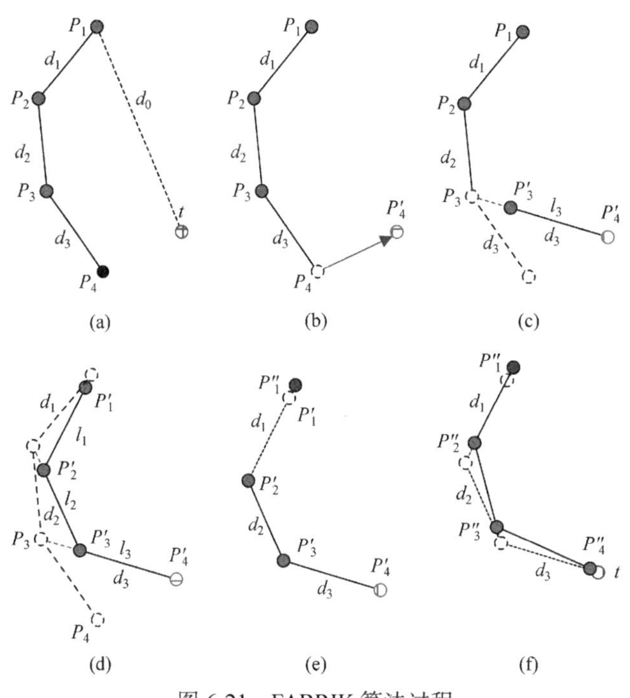

图 6-21　FABRIK 算法过程

在辅助作业臂的运动过程中，周围环境中考虑有障碍物的存在时，采用 FABRIK 算法与碰撞检测结合。碰撞检测方法示意图如图 6-22 所示。其中，将 P_1 设为肩关节，P_2 设为肘关节，P_3 设为腕关节，P_4 设为手掌中心；d_1 为大臂长度，d_2 为小臂长度，d_3 为腕部距手掌中心的长度；阴影表示障碍物的包络盒。辅助作业臂逆运动学求解采用避障向前搜索过程和避障向后搜索过程，先从目标点开始搜索到肩关节点，再从肩关节点向手爪计算，在局部选优时选择最靠近目标位姿 t 的点[99]。

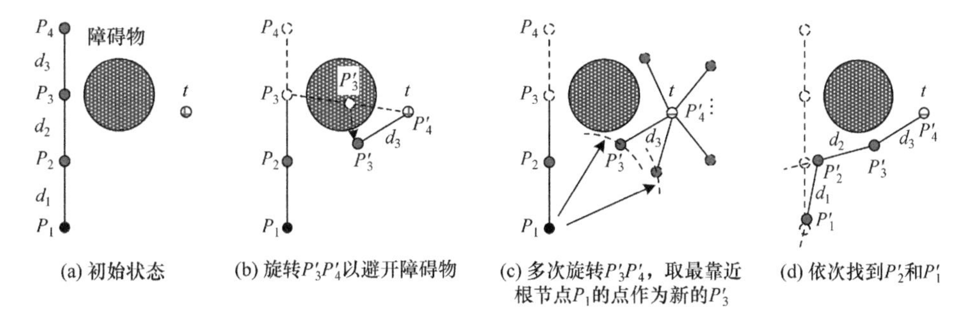

(a) 初始状态　(b) 旋转$P'_3P'_4$以避开障碍物　(c) 多次旋转$P'_3P'_4$，取最靠近根节点P_1的点作为新的P'_3　(d) 依次找到P'_2和P'_1

图 6-22　碰撞检测方法示意图

具体过程如下，图 6-22(a)设置初始状态，图 6-22(b)将末端执行器 P_4 移到目标位姿 t ，得到 P_4' ，连接 P_3 和 P_4' 后在连线上找到点 P_3' ，使 P_3' 与 P_4' 之间的距离为 d_3 。此时，$P_3'P_4'$ 与障碍物发生干涉，采用随机旋转策略，将 $P_3'P_4'$ 绕关节 P_4' 随机旋转一个角度，使其不与障碍物发生干涉，得到 P_3' 的新位置 P_3'' 。图 6-22(c)经过多次旋转，得到 P_3' 的 N 个新位置，从中选择最靠近关节 P_1 的点作为新的 P_3' 。在图 6-22(d)中，同理，继续向根节点运算，直至求得 P_2' 和 P_1' 。

综上，在肩部肩关节 P_1 位置确定，目标点位姿 t 已知的情况下，通过碰撞检测方法求出避开障碍物的辅助作业臂各关节角。应用辅助作业臂各关节角的解集，即可控制机器人沿着可行路径进行稳定行走和避障作业。此外，在机器人的稳定行走过程中，也可以采用该方法进行碰撞检测来避开障碍物。

6.5.3　3-RPS 并联机构逆运动学

设并联机构动平台通过连杆驱动使动平台绕 X 轴转 β 角，绕 Y 轴转 α 角，沿 Z 轴方向平移量为 z ，需要将旋转变量和平移变量变换到驱动连杆运动的长度。实质上，该变换问题即并联机构从其关节空间转换到驱动器空间的过程。本书将此过程称为并联机构的逆运动学过程。该动平台的旋转角 β 、α ，以及其平移距离 z ，分别对应机器人主作业系统和感知系统中的 θ_6 、θ_7 和 d_5 ，其中 z 与 d_5 的方向相反。

根据图 6-12，在并联机构的初始状态，动平台坐标系 $O_2X_2Y_2Z_2$ 在定平台坐标系 $O_1X_1Y_1Z_1$ 中的初始位姿矩阵为

$$T_{\text{init}}=\begin{bmatrix} 1 & 0 & 0 & 0 \\ 0 & 1 & 0 & 0 \\ 0 & 0 & 1 & -l_0 \\ 0 & 0 & 0 & 1 \end{bmatrix} \tag{6-64}$$

根据以上旋转关系，当 β 角、α 角和 $d_5=-z$ 已知时，则可得变换后的动坐标系 $O_2'X_2'Y_2'Z_2'$ 相对于定平台坐标系 $O_1X_1Y_1Z_1$ 的变换矩阵 T ，即

$$T=T_{\text{init}}D_Z(h_0)R_Y(\alpha)R_X(\beta)=\begin{bmatrix} c\beta & s\alpha s\beta & c\alpha s\beta & 0 \\ 0 & c\alpha & -s\alpha & 0 \\ -s\beta & s\alpha c\beta & c\alpha c\beta & -l_0-d_5 \\ 0 & 0 & 0 & 1 \end{bmatrix} \tag{6-65}$$

当上层动平台只有转动时，上、下平台之间的中心距离是不变的，只有动平台有升降运动量 $|d_5|$ 时，两者之间的中心距离才改变，且其值为初始距离与动平台升降距离之和 $|-l_0-d_5|$ 。其中，d_5 值可正可负。根据图 6-10，当 d_5 为正时，表

示动平台沿 Z_1 轴正方向上升；当 d_5 为负时，表示动平台沿 Z_1 轴负方向下降。

对于上述变换矩阵 T，将其姿态记为 3×3 阶的矩阵 T_R，位置记为 3×1 阶矩阵 P，即

$$T_R=\begin{bmatrix} c\beta & s\alpha s\beta & c\alpha s\beta \\ 0 & c\alpha & -s\alpha \\ -s\beta & s\alpha c\beta & c\alpha c\beta \end{bmatrix},\quad P=\begin{bmatrix} 0 \\ 0 \\ -l_0-d_5 \end{bmatrix} \tag{6-66}$$

将动平台上正三角形顶点 A_2'、B_2'、C_2'，在定坐标系 $O_1X_1Y_1Z_1$ 中的位置坐标分别记为

$$\begin{aligned} A_2' &= (X_{A_2'}, Y_{A_2'}, Z_{A_2'}) \\ B_2' &= (X_{B_2'}, Y_{B_2'}, Z_{B_2'}) \\ C_2' &= (X_{C_2'}, Y_{C_2'}, Z_{C_2'}) \end{aligned} \tag{6-67}$$

因此，根据式(6-30)和式(6-67)，可得动平台变换之后 A_2'、B_2'、C_2' 的位置坐标与初始状态时正三角形顶点 A_2、B_2、C_2 的位置之间的坐标变换关系，即

$$\begin{aligned} (A_2')^{\mathrm{T}} &= T_R\times A_2^{\mathrm{T}}+P \\ (B_2')^{\mathrm{T}} &= T_R\times B_2^{\mathrm{T}}+P \\ (C_2')^{\mathrm{T}} &= T_R\times C_2^{\mathrm{T}}+P \end{aligned} \tag{6-68}$$

即

$$\begin{bmatrix} X_{A_2'} \\ Y_{A_2'} \\ Z_{A_2'} \end{bmatrix}=T_R\times\begin{bmatrix} R \\ 0 \\ 0 \end{bmatrix}+P,\quad \begin{bmatrix} X_{B_2'} \\ Y_{B_2'} \\ Z_{B_2'} \end{bmatrix}=T_R\times\begin{bmatrix} -\dfrac{R}{2} \\ -\dfrac{\sqrt{3}R}{2} \\ 0 \end{bmatrix}+P,\quad \begin{bmatrix} X_{C_2'} \\ Y_{C_2'} \\ Z_{C_2'} \end{bmatrix}=T_R\times\begin{bmatrix} -\dfrac{R}{2} \\ \dfrac{\sqrt{3}R}{2} \\ 0 \end{bmatrix}+P \tag{6-69}$$

由此可得驱动连杆的伸缩量，即

$$\begin{aligned} l_1 &= \left|A_2A_2'\right|-l_0 \\ l_2 &= \left|B_2B_2'\right|-l_0 \\ l_3 &= \left|C_2C_2'\right|-l_0 \end{aligned} \tag{6-70}$$

其中，$\left|A_2A_2'\right|$、$\left|B_2B_2'\right|$、$\left|C_2C_2'\right|$ 分别表示上、下层平台上等边三角形顶点之间的距离；l_0 为上下平台之间的初始距离。

将 β、α 和 z 分别对应到关节空间 θ_6、θ_7 和 d_5 时，可以得到驱动连杆的伸缩量，即

$$l_1=\sqrt{(c_6R-R)^2+(-d_5-l_0-s_6R)^2}-l_0$$
$$l_2=\sqrt{(0.5R-0.5Rc_6-0.5\sqrt{3}Rs_6s_7)^2+(0.5\sqrt{3}R-0.5\sqrt{3}Rc_7)^2+(-d_5-l+0.5Rs_6-0.5\sqrt{3}Rc_6s_7)^2}-l_0$$
$$l_3=\sqrt{(0.5R+0.5\sqrt{3}Rs_6s_7-0.5Rc_6)^2+(0.5\sqrt{3}Rc_7-0.5\sqrt{3}R)^2+(-d_5-l+Rs_6/2+0.5\sqrt{3}Rc_6s_7)^2}-l_0$$
(6-71)

综上，可将机器人腰部的运动量从其关节空间转化到并联机构的驱动器空间。

6.6　轮/履式仿人机器人稳定判据及行走与作业的逆运动学

6.6.1　稳定判据

要保持移动小车稳定行走，只需要将小车腰部及上身的重心落在移动小车底盘的稳定区域内(该稳定区域为小车四轮连线的几何区域或履带支撑区域)。稳定区域容易确定，难点在于估计小车及上身的重心位置。本书基于对每个连杆惯性参数的运动学模型进行估计。稳定示意图如图 6-23 所示。

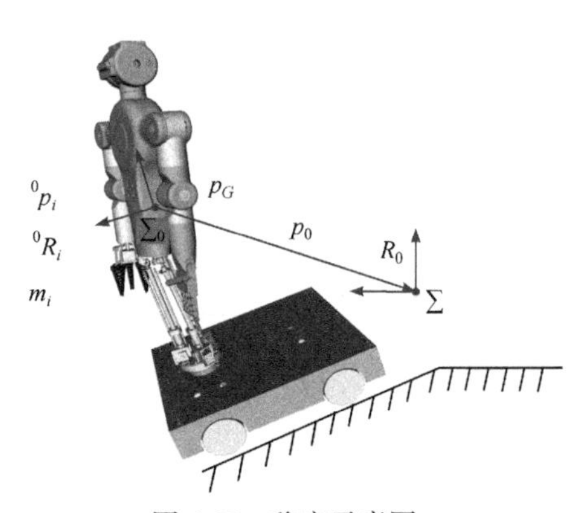

图 6-23　稳定示意图

令 m 为轮/履式仿人机器人除了底盘以外构件的总重量，N_I 为底盘以上部分的连杆总数，m_i 为第 i 个连杆的质量，$p_{G,i}\in R^3$ 为第 i 个连杆相对于基座坐标系的重心位置。$p_G\in[x_G,y_G,z_G]\in R^3$ 代表每个连杆的重心加权和，即

$$p_G=\frac{1}{m}\sum_{i=0}^{N_I}m_ip_{G,i} \tag{6-72}$$

$$m=\sum_{i=0}^{N_I}m_i \tag{6-73}$$

例如，$i=0$ 对应腰部和上身的首个连杆，即

$$p_{G,i}=p_0+R_0^0 p_{G,i} \tag{6-74}$$

$$^0p_{G,i}={}^0p_i+{}^0R_i^i p_{G,i} \tag{6-75}$$

此处，$p_0\in R^3$ 和 $R_0\in \mathrm{SO}(3)$ 分别表示机器人身体坐标系 $\sum_0$ 相对于基座坐标系 $\sum$ 的位置和姿态，$^0p_i\in \mathrm{R}^3$ 和 $^0R_i\in \mathrm{SO}(3)$ 分别为相对于机器人身体坐标系 $\sum_0$ 的第 i 个连杆的位置和姿态，$^0p_{G,i}\in \mathrm{R}^3$ 和 $^ip_{G,i}\in \mathrm{R}^3$ 分别表示第 i 个连杆相对于机器人身体坐标系 $\sum_0$ 和第 i 个坐标系 $\sum_i$ 的重心位置。通常情况下，$^0p_{G,i}$ 是恒定的。在以上推导的基础上，我们可以得到重心速度并定义为 $\dot{p}_G$，即

$$\dot{p}_G=\frac{1}{m}\sum_{i=0}^{N_L}m_i\dot{p}_{G,i} \tag{6-76}$$

其中

$$\dot{p}_{G,i}=\dot{p}_0+\omega_0R_0^0p_{G,i}+R_0^0\dot{p}_{G,i} \tag{6-77}$$

$$^0p_{G,i}={}^0p_i+{}^0\omega_i{}^0R_i^ip_{G,i}+{}^0R_ip_{G,i} \tag{6-78}$$

此处，$\omega_0\in R^3$ 和 $^0\omega_i\in R^3$ 分别表示机器人身体坐标系 $\sum_0$ 相对于基座坐标系 $\sum$ 的角速度和第 i 个坐标系相对于机器人身体坐标系 $\sum_0$ 的角速度。

用此方法求解重心位置，在判定稳定性前需要获取如下几组值。

(1) 相对于机器人身体坐标系的几个值，即 ^0p_i、$^0\dot{p}_i$、^0R_i 和 $^0\omega_i$。

(2) 相对于基座坐标系下的几个值，即 p_0、$\dot{p}_0$、R_0 和 ω_0。

(3) 每个关节的参数，即 m_i、$^ip_{G,i}$。

在计算过程中，只需要知道连杆的几何参数和关节位移就可以计算相对值。

6.6.2　上身与腰部适应下身稳定的行走逆运动学

由于轮/履式仿人机器人可以将所搬运重物放在小车上，因此在行走阶段，不考虑手爪夹持重物情况。基于路径规划的稳定行走逆运动学求解示意图如图 6-24 所示。轮/履式仿人机器人在非结构化环境中从初始位置 A 到目标位置 B 的行走过程中，为了解决由于地面高低不平而引起的行走稳定性问题，以及机器人避障问题，采用基于空间悬浮理论的模型分离法，即下身悬浮，上身适应下身稳定避障行走要求，对小车进行路径规划、腰部和上身进行稳定性判断和碰撞检测，即三者有机集成的逆运动学求解方法。

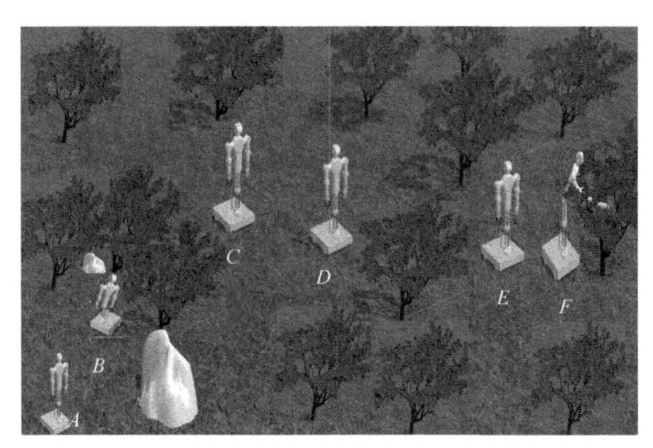

图 6-24　基于路径规划的稳定行走逆运动学求解示意图

(1) 采用改进 RRT 路径规划算法，规划小车的可行路径。小车路径规划示意图如图 6-25 所示。小车沿 A、B、C、D、E 可以求出小车三自由度关节值(沿 X 方向移动关节值、沿 Y 方向移动关节值、绕 Z 方向转动关节值)。

图 6-25　小车路径规划示意图

(2)根据稳定性判据和避障机器人行走逆运动学求解示意图如图 6-26 所示。整个机器人的重心在水平面上的投影必须落在小车虚线表示的区域，确定满足机器人稳定性的上身构型，解出升降关节值和腰关节各角度。

(3) 将胸部、肩部、大臂、小臂、手视作串联机构，如图 6-26 中机器人要经过树Ⅱ和树Ⅲ的中间，依次进行碰撞检测，优化升降关节、腰各关节角度值，并求出肩各关节、肘关节、腕各关节角度。

(4) 根据采样点得出满足各位置的各组稳定构型和避障的机器人全身逆运动学解。

(5) 重复(1)～(4)，求出到目标位置规划的可行路径上采样点的一系列逆运动学解集组，如图 6-24 中的 A～E 路径点。

图 6-26　根据稳定性判据和避障机器人行走逆运动学求解示意图

通过逆运动学解集，即可控制机器人沿着可行路径进行稳定和避障行走。

6.6.3 下身与腰部适应上身避障的作业逆运动学

在非结构化环境中，为了解决胸、肩、臂、手在多障碍物环境下作业的稳定性问题和避障问题，对手爪进行路径规划；胸、肩、臂进行碰撞检测；下身进行稳定性判断，即可实现三者有机集成的逆运动学求解方法。

(1) 手爪路径规划。采用改进 RRT 算法，规划手爪的可行路径。手爪逆运动学求解示意图如图 6-27 所示，即图 6-27 中的 A～I 过程，从而求出手爪位姿。

(2) 胸、肩、臂碰撞检测。对胸、肩、臂进行碰撞检测，确定各个关节的角度值。基于空间悬浮理论的模型分离法逆运动学求解方法示意图如图 6-28 所示。图中以手爪位置 H 为例描述机器人上身的肩关节、肘关节、腕关节及其对应的手、臂、胸的位姿。此时，机器人上身与腰关节相连处(标注“★”处)处于悬浮状态，“★”处的位姿由所求的手爪目标位姿、腕关节、肘关节、肩关节角度通过正运动学唯一确定。

(3) 下身进行稳定性判断。根据稳定性判据和碰撞检测方法，确定满足机器人稳定性的小车位姿。基于空间悬浮理论的模型分离法下身及腰部逆运动学求解方法示意图如图 6-29 所示。手爪位姿 H 对应的小车位姿，并以小车初始位置的中心点作为基坐标系原点，以腰部“★”处作为手爪位姿，通过逆运动学解出小车各关节角(三个自由度)、升降关节(一个自由度)、腰各关节角(三个自由度)。

图 6-27　手爪逆运动学求解示意图

图 6-28　基于空间悬浮理论的模型分离法逆运动学求解方法示意图

(4) 根据(1)～(3)，求出采样点的一组满足稳定构型和避障的下身、腰、上身机器人全身逆运动学解。

(5) 重复(1)～(4)，求出到目标位姿规划出的可行路径上所有采样点的一系列逆运动学解集组：图 6-27 描述手爪路径规划；图 6-28 以 A、C、H 位姿为例描述手臂关节角的求取方法；图 6-29 以 A、C、H 位姿为例描述小车关节角、升降关节角、腰各关节角的求解方法。手爪的每个位姿都对应一组小车各关节角、升降关节、腰各关节角、肩各关节角、肘关节角、腕各关节角。最终实现目标作业，示意图如图 6-30 所示。

图 6-29　基于空间悬浮理论的模型分离法下身及腰部逆运动学求解方法示意图

图 6-30　作业示意图

(6) 图 6-30 中的主作业臂和腰部、下身的关节角已求出，这样辅助作业臂的肩部位姿就完全由腰部和下身确定了，因此辅助作业臂逆运动学求解只能在确定肩部位姿的约束下求逆运动学。

6.7　本 章 小 结

本章首先介绍机器人的空间描述和坐标变换。然后，根据轮/履式仿人机器人平台的实际结构，应用改进型 DH 建模法则，建立机器人感知系统、主作业系统和辅助作业系统的连杆坐标系，并分别进行正、逆运动学的研究分析。在正运动学分析中，本书根据机器人运动学描述得到各系统的 DH 参数表，进行复杂的位姿变换，并分析 3-RPS 并联机构在关节空间和其驱动器空间的转换。在逆运动学的求解过程中，本书针对 12 自由度的主作业系统和 6 自由度辅助作业系统，分别提出相应的逆运动学求解方法，并对其进行研究分析。在轮/履式仿人机器人稳定的基础上，对上身与腰部适应下身稳定行走、下身与腰部适应上身避障作业的逆运动学进行规划分析。

第 7 章　轮/履式仿人机器人作业臂避障轨迹规划研究

7.1　引　　言

第 6 章主要介绍轮/履式仿人机器人的主作业系统和辅助作业系统的正、逆运动学过程。通过对机器人系统逆运动学的分析，可以得到机器人末端运动到目标位姿时作业臂各个关节所需转动的角度值。在复杂的场景中，作业臂从初始位姿到目标位姿的运行过程中可能有障碍物的存在。如何成功避开障碍物，并且当末端成功避开障碍物时，作业臂的各个杆件能否避开障碍物成为机器人学的研究热点。

运动规划目标是能够在高层次上指定任务并让机器人自动将其编译成一组低级运动原语或反馈控制器来完成任务。路径规划是运动规划的主要研究内容之一，典型任务是为机器人找到一条路径。机器人的路径规划是规划机器人的末端执行器从其初始位姿运动到指定的目标位姿且与时间无关，末端执行器在空间中运动的点的集合即机器人末端的运动路径[100-105]。机器人的轨迹规划是在机器人末端沿着其规划的路径运动过程中，对机器人各个关节的位置、速度、加速度等运动参数相对于时间的变化关系进行规划，确保机器人末端，以及其他关节能够平稳运动到目标点[102]。因此，所谓轨迹是机器人在运动过程中的位移、速度、加速度。轨迹规划是根据作业的要求计算预期的运动轨迹。

本章依据第 5 章算法生成的末端执行器运动路径，进行主作业系统避障轨迹规划，因此主要讨论作业臂连续路径的无障碍轨迹规划方法。由于末端执行器的运动轨迹只考虑末端执行器的无碰条件，并没有考虑作业臂各个连杆在末端运动过程中能否避开障碍物。在此基础上，根据末端的无碰路径对主作业系统进行避障规划并确定最终的运动路径。同时，为了控制末端执行器从其对应的初始位姿运动到目标位姿，对轮/履式仿人机器人平台双臂进行轨迹规划，期望作业臂能够完成其空间运动。同时，根据作业臂研究空间的不同，本章对作业臂关节空间、笛卡儿空间下的轨迹规划进行研究分析。

7.2 作业臂避障规划

传统意义的关节式避障是基于 W 空间(work space)假设-修正的避障方法，是早期提出的机器人避障规划方法。其基本思想是，首先假设一条从初始点到目标点的路径，然后进行作业臂与障碍物的碰撞检测。若发生碰撞就根据障碍物的信息对路径进行修改，重复前述步骤，直到找到一条完整的无碰撞路径[103]。

20 世纪 80 年代，有学者提出基于 C 空间(configuration space)的避障方法[104]，也是目前比较流行的一种规划方法。C 空间是由障碍空间和自由空间组成。其中，障碍空间是将作业臂各个关节中心轴作为坐标系，并把周围环境的障碍物映射到空间中形成障碍空间。除此之外为自由空间。自由空间中的点代表作业臂不与障碍物发生碰撞时的作业臂构型，此时的避障问题就转变为在 C 空间中避开障碍空间寻找一条无碰撞自由路径[105]。

传统的 W 空间避障法虽然简单，但是当环境信息比较复杂时，该方法就需要不断地去进行碰撞检测，实时性较差。基于 C 空间的避障规划的缺点是，C 空间的维数(机器人关节数)越多，计算过程会越复杂。

依据上述内容，本章作业臂的避障规划实际上是对作业臂各个关节在 W 空间中的避障规划，却又与传统意义上 W 空间中关节式作业臂的避障规划方法不同。本书第 5 章得到的路径只是关于作业臂末端手爪的无碰路径，并没有对作业臂各个杆件进行避障规划。因此，本章根据已知的无碰路径，在 W 空间首先确定末端到达目标点时作业臂各个杆件的最终构型，然后规划作业臂沿着导轨式的最终构型路径移动到目标点，确保作业臂在运动的整个过程中不与障碍物产生碰撞。

在作业臂的作业过程中，根据已经规划好的无碰路径，期望作业臂能够跟踪路径完成抓取任务，即在作业臂跟踪无碰路径的运动过程中，当末端执行器最终到达目标点抓取到目标苹果时，期望作业臂的构型最大程度上可以与已知路径轨迹重合。但是，输出的已知末端避障路径是由空间中的众多离散点拟合成的一条曲线，所以末端抓取到苹果后作业臂的构型不可能完全与已知的路径重合。因此，确定作业臂末端到达目标点的最终构型，即确定作业臂最终的跟踪路径。

根据主作业臂结构(图 2-1)，本章将肩部关节到肘部关节的连杆定义为连杆 1，肘部到末端手爪的连杆定义为连杆 2。为了使作业臂从末端到肩部一直跟踪到构型路径，需要按照以下步骤对作业臂杆件与周围障碍物进行碰撞检测确定最终的构型路径。

(1) 假设末端手爪已与目标点重合，即连杆 2 的末端已经达到目标苹果的位置。此时，以手爪的中心点 B 为圆心，杆件 2 的长度为半径画弧线，将所做的弧线与已规划路径的交点 C 作为作业臂肘部中心点跟踪已规划路径的位置，末端中心点 B 到交点 C 的连杆预设为杆件 2 的位置。

(2) 当杆件 2 的预设位置确定之后，判断该小臂连杆是否与周围环境中的树干、非目标苹果等障碍物发生碰撞。

(3) 若没有发生碰撞，则以肘部中心点(即交点 C)为圆心，连杆 1 的长度为半径画弧线，将所作弧线与已规划路径的交点 D 作为作业臂肩部中心点跟踪已规划路径的位置，肘部中心到交点的连接杆即预设为杆件 1 的位置并进行碰撞检测。若发生碰撞，则在确保连杆 2 不与其他障碍物发生碰撞的前提下，将连杆 2 朝着障碍物所在位置相反的方向转动一微小的角度值至与障碍物相切的位置，并将最终的停止点作为肘部关节的中心点位置，最后再重复没有发生碰撞时的任务，确定肩部关节所在的位置，肘部中心到交点 D 的连接杆即预设为杆件 1 的位置。

(4) 根据步骤(3)得到杆件 1 的位置之后，需要判断这个杆件与周围存在的障碍物是否有碰撞。若存在碰撞，则应用步骤(3)中相同的方法将大臂连杆 1 绕其肘部中心点旋转一个微小的角度，待避开障碍物之后再确定连杆 1 的实际位置。

(5) 以上步骤完成后，就可以确定作业臂末端手爪成功抓取到目标苹果时作业臂的最终构型。

综上所述，实现作业臂对已知路径的避障跟踪首先需要对作业臂杆件、果树枝干和非目标苹果等障碍物进行几何描述，通过几何模型对其进行包络；然后，规划过程需要对作业臂杆件与障碍物进行碰撞检测；最后，确定作业臂各个杆件与障碍物没有产生碰撞的最终构型，即确定作业臂运动最终的跟踪路径。

7.2.1　作业臂及障碍物几何模型的表达

苹果分布在果树周围和树冠内侧，如图 7-1 所示。

图 7-1　果树上苹果的分布

对于果树外围的苹果，通过视觉系统确定其位姿信息后，经过前述逆运动学分析得到轮-履式仿人机器人作业平台的各个关节角度值后，主作业系统可直接进行抓取。对于分布在树冠内侧的苹果，则需要作业臂绕过果树枝干伸进树冠内侧进行抓取。因此，在作业臂摘取果树树冠内侧的苹果时，需要在工作空间对作业臂和周围环境中的障碍物(障碍物为果树枝干和非目标苹果)进行碰撞检测。根据作业臂连杆和障碍物的形状，本章采用包围盒技术对作业臂连杆和障碍物进行包络。

包围盒技术是应用极为广泛的一种碰撞检测方法[106]。该方法的主要原理是使用体积稍大于被包围对象，形状简单的几何体将其包围起来以近似代替被包围对象。包围盒技术常用的方法包括包围球、轴对称包围盒和定向包围盒等[107]。其中，包围球是指应用能够完整包络目标物体的最小球体模型；轴对称包围盒在坐标系各个轴方向上是对称的，可表示一个能够完整包络目标物体的最小空间长方体；定向包围盒可以在坐标轴的任意方向紧密地包络目标物体，即根据目标物体的形状选择合适的包围盒。

本章根据作业臂的两个连杆，以及果树枝干的结构特征，在规划的过程中采用圆柱体对作业臂连杆和树干进行包络，球体对非目标苹果进行包络，最终以包络模型间的距离判断连杆与障碍物之间是否发生碰撞。模型及路径如图 7-2 所示。图 7-2(a)为通过三维重建得到的果树枝干及非目标苹果等障碍物。图 7-2(b)中的曲线表示作业臂末端从工作空间中任一已知点到目标点的无碰撞路径，浅色球体表示目标苹果。图 7-2(c)中折线表示末端手爪成功到达目标点时作业臂期望的无碰构型。

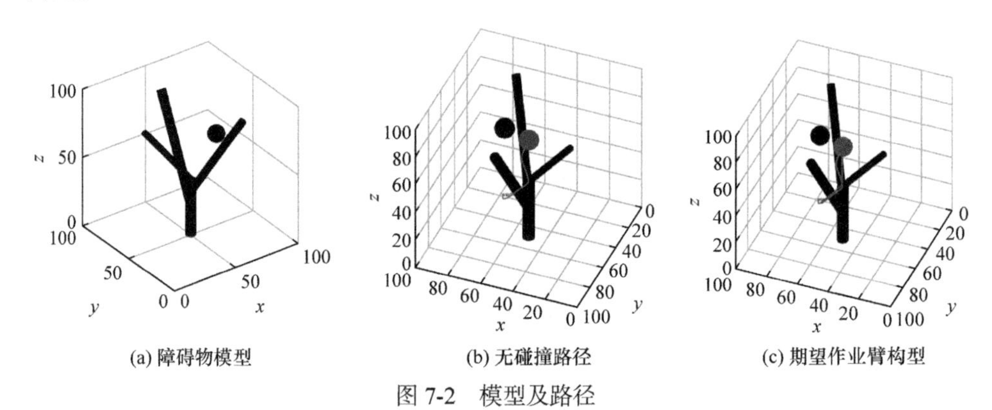

(a) 障碍物模型　　(b) 无碰撞路径　　(c) 期望作业臂构型

图 7-2　模型及路径

这里采用的包络模型有圆柱体和球体。

1) 圆柱体包络模型

作业臂连杆及果树枝干包络模型如图 7-3 所示。

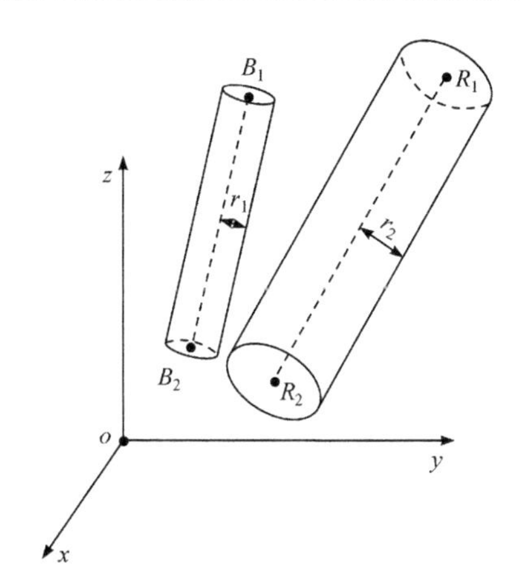

图 7-3 作业臂连杆及果树枝干包络模型

根据图 7-3 中的包络模型，假设树干圆柱体包络模型轴线上端点 B_1 ，其坐标为 $(x_{B_1}, y_{B_1}, z_{B_1})$ ，下端点 B_2 ，其坐标为 $(x_{B_2}, y_{B_2}, z_{B_2})$ ，且包络圆柱体的半径为 r_1 ；只考虑小臂与树干的碰撞检测时，作业臂连杆圆柱体包络模型轴线上端点 R_1 ，其坐标为 $(x_{R_1}, y_{R_1}, z_{R_1})$ ，下端点 R_2 ，其坐标为 $(x_{R_2}, y_{R_2}, z_{R_2})$ ，且半径为 r_2 。

根据其轴线上端点的坐标值，可以得出树干与作业臂的两条空间线段的方程，即

$$\frac{x - x_{B_1}}{x_{B_2} - x_{B_1}} = \frac{y - y_{B_1}}{y_{B_2} - y_{B_1}} = \frac{z - z_{B_1}}{z_{B_2} - z_{B_1}} = t_1 \tag{7-1}$$

$$\frac{x - x_{R_1}}{x_{R_2} - x_{R_1}} = \frac{y - y_{R_1}}{y_{R_2} - y_{R_1}} = \frac{z - z_{R_1}}{z_{R_2} - z_{R_1}} = t_2 \tag{7-2}$$

其中， t_1 和 t_2 为比例常数，且 $t_1, t_2 \in (0,1)$ 。

2) 球体包络模型

非目标苹果包络模型如图 7-4 所示。

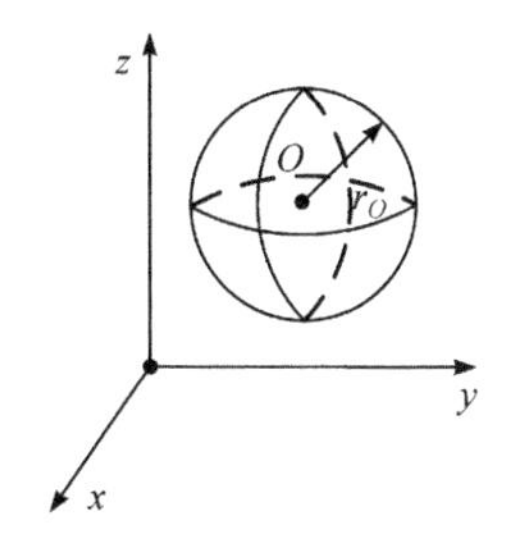

图 7-4 非目标苹果包络模型

图 7-4 中，O代表球体包络模型的中心，坐标为(x_O, y_O, z_O)，球体的半径记为r_O。此外，可得该球体的表达式，即

$$(x-x_O)^2+(y-y_O)^2+(z-z_O)^2 \leqslant r_O^2 \tag{7-3}$$

7.2.2 作业臂与障碍物的碰撞检测

作业臂的末端执行器在抓取目标苹果时，期望其构型能够最大程度与已知的路径重合。但是，可视为曲线路径的弦的作业臂杆件，仍可能会与周围环境中的障碍物发生碰撞。因此，需要通过碰撞检测找到作业臂各个杆件的最终构型，作为作业臂最终的运动路径。

为了检测作业臂杆件是否与障碍物发生了碰撞，根据图 7-3 和图 7-4 中的包络模型，将两者的碰撞检测转化为计算树干圆柱体的轴线与连杆圆柱体轴线之间的最短距离，以及包围球中心与作业臂圆柱体包络模型轴线之间的最短距离。

1) 作业臂与树干的碰撞检测

对作业臂与树干之间是否发生碰撞进行检测，即判断作业臂与树干的圆柱体包络模型轴线之间的最小距离与两个圆柱体半径之和的大小关系。根据式(7-1)和式(7-2)，可得两个圆柱包络模型的中心轴线方程及其对应的方向向量，即

$$s_1=(x_{B_2}-x_{B_1}, y_{B_2}-y_{B_1}, z_{B_2}-z_{B_1}) \tag{7-4}$$

$$s_2=(x_{R_2}-x_{R_1}, y_{R_2}-y_{R_1}, z_{R_2}-z_{R_1}) \tag{7-5}$$

为了方便，将其记为$s_1=(m_1, n_1, p_1)$、$s_2=(m_2, n_2, p_2)$。设向量$s=s_1\times s_2$，可得

$$s=s_1\times s_2=(n_1p_2-n_2p_1, p_1m_2-p_2m_1, m_1n_2-m_2n_1) \tag{7-6}$$

过B_1B_2、R_1R_2两条轴线分别作平面α、β，则两个平面的交线与向量s平行，并且与两条轴线都垂直，将交点分别记为点B_m、R_m，线段B_mR_m即两条轴线之间的唯一公垂线，$|B_mR_m|$即两条轴线之间的最短距离，将其记为d_t。圆柱包络模型轴线间距离如图 7-5 所示。

其中，$|B_mR_m|$是两条轴线上任意两点B_t、R_t连线线段在向量s上的投影。因此，可求出空间轴线B_1B_2、R_1R_2之间的最短距离d_t，且其值为

$$d_t=\left|B_tR_t\cdot\frac{s}{|s|}\right|=\frac{|B_tR_t\cdot s|}{|s|} \tag{7-7}$$

因此，通过判断两条轴线之间的最短距离d_t与两个圆柱体半径之和r_1+r_2的大小可以判定小臂(连杆 2)与树干之间的碰撞关系。

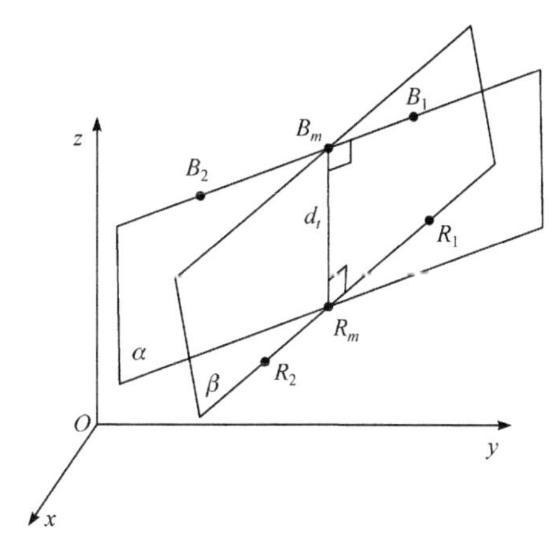

图 7-5　圆柱包络模型轴线间距离

① 当$d_t > r_1 + r_2$时，两个圆柱体包络盒不会发生碰撞，即作业臂与树干没有发生碰撞。

② 当$d_t \leqslant r_1 + r_2$时，两个圆柱体包络盒发生碰撞，即作业臂与树干发生碰撞，需要将作业臂沿着与树干包络盒相反的方向旋转一个小量的角度值，确保作业臂最终的构型不会碰撞到树干。

在以上过程中，当获得轴线间最小距离d_t时，将树干、作业臂圆柱体包络模型轴线上的垂足分别记为$B_m(x_b, y_b, z_b)$和$R_m(x_r, y_r, z_r)$。

根据式(7-8)中的方程组可得

$$\begin{cases} \dfrac{x_b - x_{B_1}}{x_{B_2} - x_{B_1}} = \dfrac{y_b - y_{B_1}}{y_{B_2} - y_{B_1}} = \dfrac{z_b - z_{B_1}}{z_{B_2} - z_{B_1}} = t_1 \\ \dfrac{x_r - x_{R_1}}{x_{R_2} - x_{R_1}} = \dfrac{y_r - y_{R_1}}{y_{R_2} - y_{R_1}} = \dfrac{z_r - z_{R_1}}{z_{R_2} - z_{R_1}} = t_2 \\ (x_r - x_b, y_r - y_b, z_r - z_b) = d_t \dfrac{s}{|s|} = (m, n, p) \end{cases} \tag{7-8}$$

式(7-8)中的三个方程分别等于t_1、t_2和(m,n,p)，可求出两条轴线上垂足点$B_m(x_b, y_b, z_b)$、$R_m(x_r, y_r, z_r)$的坐标值分别为

$$(x_b, y_b, z_b) = (t_1 x_{B_2} + (1-t_1)x_{B_1},\quad t_1 y_{B_2} + (1-t_1)y_{B_1},\quad t_1 z_{B_2} + (1-t_1)z_{B_1}) \tag{7-9}$$

$$(x_r, y_r, z_r) = (t_2 x_{R_2} + (1-t_2)x_{R_1},\quad t_2 y_{R_2} + (1-t_2)y_{R_1},\quad t_2 z_{R_2} + (1-t_2)z_{R_1}) \tag{7-10}$$

其中，t_1、t_2和(m,n,p)的值分别为

$$t_1 = \frac{(m + x_{B_1} - x_{R_1})(y_{R_2} - y_{R_1}) - (n + y_{B_1} - y_{R_1})(x_{R_2} - x_{R_1})}{(x_{R_2} - x_{R_1})(y_{B_2} - y_{B_1}) - (x_{B_2} - x_{B_1})(y_{R_2} - y_{R_1})} \tag{7-11}$$

$$t_2=\frac{(m+x_{B_1}-x_{R_1})(y_{B_2}-y_{B_1})-(n+y_{B_1}-y_{R_1})(x_{B_2}-x_{B_1})}{(x_{R_2}-x_{R_1})(y_{B_2}-y_{B_1})-(x_{B_2}-x_{B_1})(y_{R_2}-y_{R_1})} \tag{7-12}$$

$$(m,n,p)=\frac{d_t(n_1p_2-n_2p_1,p_1m_2-p_2m_1,m_1n_2-m_2n_1)}{\sqrt{(n_1p_2-n_2p_1)^2+(p_1m_2-p_2m_1)^2+(m_1n_2-m_2n_1)^2}} \tag{7-13}$$

2) 作业臂与非目标苹果的碰撞检测

对作业臂与非目标苹果之间是否发生碰撞进行检测，即求解球体中心 O 到空间线段 R_1R_2 的距离。根据包围球与圆柱体之间的位置关系，过球体中心 O 作一条垂直于线段 R_1R_2 的垂线段，则可得垂足的点在线段中的位置可能有三种情况。为了便于观察及计算，将空间中的球体中心 O 与圆柱体轴线线段 R_1R_2 投影到二维平面内，将中心点 O 在线段 R_1R_2 上的投影点定义为 Q，且将其坐标记为 (x_Q,y_Q,z_Q)，可以得到球体中心与圆柱体轴线之间的位置关系[108]，如图 7-6 所示。

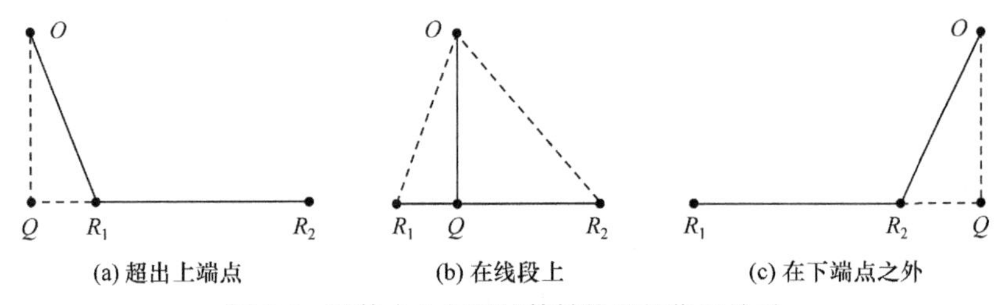

图 7-6　球体中心与圆柱体轴线段的位置关系

根据图 7-6，可以得到球心 O 在轴线线段 R_1R_2 上的投影点 Q 可能会超出上端点 R_1 左侧之外(图 7-6(a))；可能会在上端点 R_1 与下端点 R_2 之间(图 7-6(b))；也有可能会超出下端点 R_2 右侧之外(图 7-6(c))。根据作业臂连杆的上、下端点 $R_1(x_{R_1},y_{R_1},z_{R_1})$、$R_2(x_{R_2},y_{R_2},z_{R_2})$，以及 $Q(x_Q,y_Q,z_Q)$ 可得向量 R_1Q 与向量 R_1R_2 的关系，即

$$R_1Q=kR_1R_2 \tag{7-14}$$

即

$$\begin{cases} x_Q-x_{R_1}=k(x_{R_2}-x_{R_1}) \\ y_Q-y_{R_1}=k(y_{R_2}-y_{R_1}) \\ z_Q-z_{R_1}=k(z_{R_2}-z_{R_1}) \end{cases} \tag{7-15}$$

因此，可得投影点 Q 的坐标，即

$$\begin{cases} x_Q = kx_{R_2} + (1-k)x_{R_1} \\ y_Q = ky_{R_2} + (1-k)y_{R_1} \\ z_Q = kz_{R_2} + (1-k)z_{R_1} \end{cases} \tag{7-16}$$

分析式(7-14)可得，若$k \in (0,1)$时，表示投影点Q位于上端点R_1和下端点R_2之间；若$k \in (-\infty,0)$时，则表示投影点Q在线段R_1R_2的左侧端点的延长线之外；若$k \in (1,+\infty)$时，则表示投影点Q在线段R_1R_2的右侧端点的延长线之外。

当投影点Q位于线段R_1R_2的延长线之外时，只需要对球心O到上、下两个端点R_1、R_2之间的距离进行判断即可，可应用向量模长公式求得其长度，即

$$|OR_1| = \sqrt{(x_{R_1} - x_O)^2 + (y_{R_1} - y_O)^2 + (z_{R_1} - z_O)^2} \tag{7-17}$$

$$|OR_2| = \sqrt{(x_{R_2} - x_O)^2 + (y_{R_2} - y_O)^2 + (z_{R_2} - z_O)^2} \tag{7-18}$$

当投影点Q位于线段R_1R_2上时，可得作业臂连杆的方向向量R_1R_2与向量OQ是垂直的，即

$$(x_Q - x_O)(x_{R_2} - x_{R_1}) + (y_Q - y_O)(y_{R_2} - y_{R_1}) + (z_Q - z_O)(z_{R_2} - z_{R_1}) = 0 \tag{7-19}$$

将式(7-16)代入式(7-19)，就可以求得k的值，即

$$k = \frac{(x_{R_2} - x_{R_1})(x_O - x_{R_1}) + (y_{R_2} - y_{R_1})(y_O - y_{R_1}) + (z_{R_2} - z_{R_1})(z_O - z_{R_1})}{(x_{R_2} - x_{R_1})^2 + (y_{R_2} - y_{R_1})^2 + (z_{R_2} - z_{R_1})^2} \tag{7-20}$$

因此，可求得球心O在线段R_1R_2上的投影点Q坐标，即球心O到线段R_1R_2的最短距离，即

$$d_O = |OQ| = \sqrt{(x_Q - x_O)^2 + (y_Q - y_O)^2 + (z_Q - z_O)^2} \tag{7-21}$$

由此可知，非目标苹果的球体包络模型与作业臂圆柱体包络模型的半径分别为r_O、r_2。所以，在三种不同情况下，只需要对球心到线段的距离与两个模型的半径之和$r_O + r_2$进行比较，就可以判断出作业臂是否与非目标苹果发生碰撞，即通过式(7-17)、式(7-18)和式(7-21)得到球心到轴线的距离$|OR_1|$、$|OR_2|$和d_O。当获取的距离大于$r_O + r_2$时，代表在相对应的情况下作业臂与非目标苹果没有产生碰撞，反之，则代表发生碰撞。

7.2.3 作业臂最终路径的确定

在上述作业臂构型与路径进行匹配的过程中，当作业臂与障碍物没有产生碰撞时，可以根据已知作业臂的杆长从路径中的末端点搜索到相交点，确定肘部关节在路径上的坐标值。但是，当作业臂与障碍物发生了碰撞时，以机械小臂为例，

将作业臂绕末端中心点朝着障碍物到连杆 2 圆柱轴线最短距离方向，旋转一定角度至连杆 2 与树干相切的位置后，就可以将平移后作业臂的肘部关节点确定。下面在发生碰撞的情况下，确定作业臂的关节点及其最终构型。

首先，对于作业臂(连杆 2)与树干障碍物发生碰撞进行分析。根据作业臂与树干的碰撞检测过程，将树干与作业臂的圆柱体包络模型的轴线 B_1B_2 、R_1R_2 分别记为 l_1 、l_2 ； l_1 、l_2 之间的垂直线段为 B_mR_m ，即分别与两条轴线相交于点 $B_m(x_b,y_b,z_b)$ 、 $R_m(x_r,y_r,z_r)$ 。设通过已知路径 $\widehat{R_1R_2R_3}$ 确定肘部关节位置后，作业臂连杆与树干产生碰撞，如图 7-7 所示。

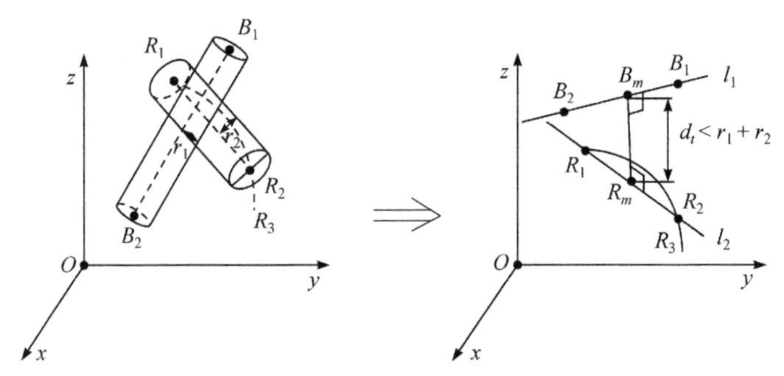

图 7-7　作业臂与树干碰撞

根据式(7-7)、式(7-9)和式(7-10)，可以得出 l_1 、l_2 之间的最短距离 d_t 和垂足 B_m 、R_m 的坐标。之后，在 B_mR_m 、l_2 确定的平面上，以轴线 l_2 的上端点为固定点，沿着向量 B_mR_m 方向旋转一定的角度 δ ，旋转完成后的轴线 l_2' ，旋转变换前后的几何关系如图 7-8 所示。经过旋转，设 l_1 、l_2' 两条轴线之间的最短距离为 r_1+r_2 ，且此时的垂足点为 $R_{m1}(x_{m1},y_{m1},z_{m1})$ 。然后，通过截取 B_m 点所在树干的圆形截面，将树干与变换后的作业臂在二维平面进行分析。

根据图 7-8，可得 $\angle R_mB_mR_{m1}$ 即轴线旋转的角度 δ ，$|B_mR_m|$ 即旋转之前两轴线之间的最短距离 d_t ， $|B_mR_{m1}|$ 即旋转之后两轴线之间的最短距离 r_1+r_2 ，根据余弦定理可以确定 $|R_mR_{m1}|$ 的长度，并将其记为 d_r ，即

$$|R_mR_{m1}|=\sqrt{d_t^2+(r_1+r_2)^2-2d_t(r_1+r_2)\cos\delta}=d_r \tag{7-22}$$

结合线段 $|B_mR_{m1}|$ 、$|R_mR_{m1}|$ 的长度，以及 $B_mR_{m1}\perp R_{m1}R_1$ 的条件，可得

$$\begin{cases}(x_b-x_{m1})^2+(y_b-y_{m1})^2+(z_b-z_{m1})^2=(r_1+r_2)^2\\(x_r-x_{m1})^2+(y_r-y_{m1})^2+(z_r-z_{m1})^2=d_r^2\\(x_b-x_{m1})(x_1-x_{m1})+(y_b-y_{m1})(y_1-y_{m1})+(z_b-z_{m1})(z_1-z_{m1})=0\end{cases} \tag{7-23}$$

由此便可确定无碰撞时小臂轴线上垂足点 R_{m1} 的位置坐标。由已知作业臂的

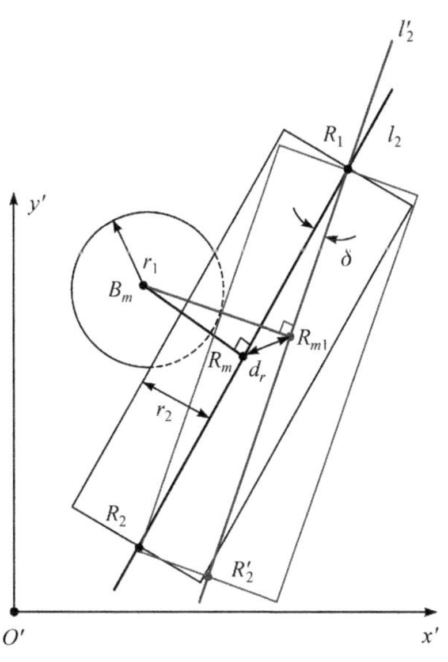

图 7-8　旋转变换前后的几何关系

长度$|R_1R_2|$，以及上端点R_1的坐标值，可得

$$R_1R_{m1}=\frac{|R_1R_{m1}|}{|R_1R_2|}R_1R_2' \tag{7-24}$$

由式(7-24)可得旋转作业臂到没有碰撞时，作业臂下端点R_2'坐标值，即

$$(x_2',y_2',z_2')=\frac{\sqrt{(x_{R_2}-x_{R_1})^2+(y_{R_2}-y_{R_1})^2+(z_{R_2}-z_{R_1})^2}}{\sqrt{(x_{m1}-x_{R_1})^2+(y_{m1}-y_{R_1})^2+(z_{m1}-z_{R_1})^2}}(x_{m1}-x_{R_1},y_{m1}-y_{R_1},z_{m1}-z_{R_1})+(x_{R_1},y_{R_1},z_{R_1}) \tag{7-25}$$

同理，其他关节的位置点也可以使用同样的方法确定，即作业臂末端手爪、肘部关节、肩部关节的最终位置点。

另外，当作业臂(连杆 2)与非目标苹果的球体包络模型发生碰撞时，采用同样的方式，将作业臂在两轴线垂直线段与作业臂轴线确定的平面上，绕上端点旋转一定的角度，使其不会有碰撞。

根据以上方法可以得到作业臂的最终构型，即最终作业臂从末端开始要跟踪的最终路径。由最终构型，可以确定作业臂其中几个关节角的最终目标角度值。设已知无碰路径的末端位置点为A，当作业主作业臂与周围障碍物没有发生碰撞时，主作业臂肘部中心点为R_2，肩部中心点为R_3；当作业主作业臂与障碍物发生碰撞时，主作业臂肘部中心点为R_2'，肩部中心点为R_3'。主作业臂跟踪已知路径的最终构型如图 7-9 所示。

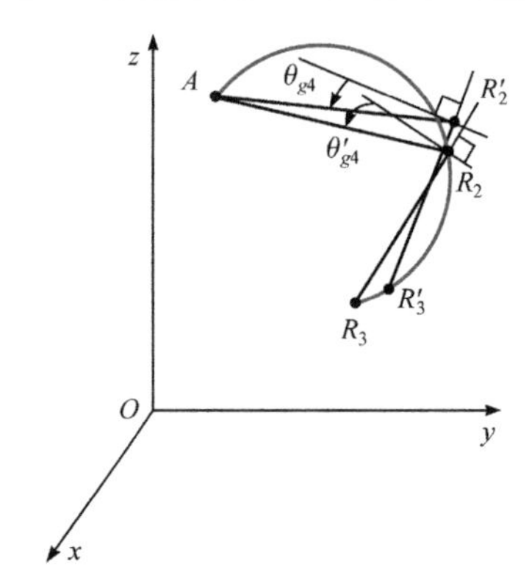

图 7-9　主作业臂跟踪已知路径的最终构型

由图 7-9 可知，将确定的作业臂末端、肘部关节、肩部关节所在位置点分别记为 $A(x_a,y_a,z_a)$ 、 $R_2(x_{r2},y_{r2},z_{r2})$ 或 $R_2'(x_{r2}',y_{r2}',z_{r2}')$ 、 $R_3(x_{r3},y_{r3},z_{r3})$ 或 $R_3'(x_{r3}',y_{r3}',z_{r3}')$ 时，可通过几何关系确定肘部关节的最终旋转角度值，即

$$\theta_{g4}=\arccos\left(\frac{R_3R_2\cdot R_2A}{|R_3R_2||R_2A|}\right)-90^\circ \tag{7-26}$$

$$\theta_{g4}'=\arccos\left(\frac{R_3'R_2'\cdot R_2'A}{|R_3'R_2'||R_2'A|}\right)-90^\circ \tag{7-27}$$

根据构型路径确定作业臂肘部关节的最终角度值之后，需要通过构型结构给定剩余其他关节的最终角度值。如图 7-9 所示，可以根据实际情况给定肩部、侧抬、大臂、小臂等关节角，分别记为 θ_{g1} 、 θ_{g2} 、 θ_{g3} 、 θ_{g5} 。

因此，在作业臂的末端从初始位置到达目标位置过程中，将最终确定的构型路径看作一条固定的滑轨，作业臂的其他关节跟随末端沿着该条滑轨路径移动到目标点。跟踪最终路径至目标点如图 7-10 所示。

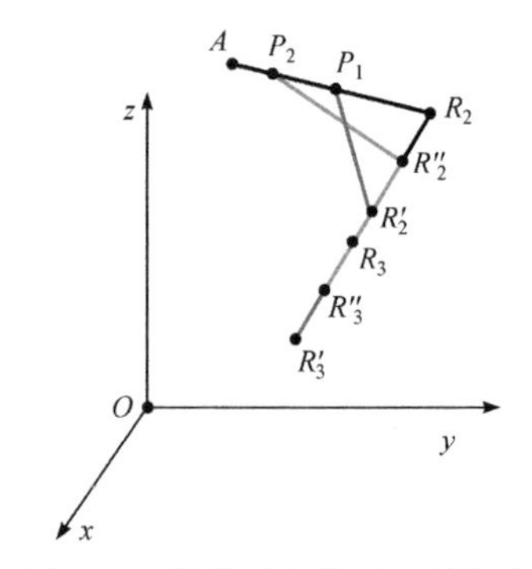

图 7-10　跟踪最终路径至目标点

在图 7-10 的运动过程中，作业臂的杆件也可能碰到障碍物，因此在上述路径

的基础上，同样采用以上确定最终构型路径的检测方法，根据不同时刻作业臂的运动构型确定作业臂对应的各个关节角度值。在得到所有关节角度值之后，应用主作业系统逆运动学的求解方法，将移动小车到腰部各个关节角度值求解，下发至底层控制系统，保证作业臂能够成功跟随不与树干、非目标苹果等障碍物发生碰撞的已规划路径到达目标点。

此外，当最终路径周围的环境信息较为复杂，导致主作业臂的各个杆件不能完全避开障碍物到达目标点时，本书采用机器人的辅助作业臂将树枝等障碍物拨开，再对主作业臂摘取目标苹果的运动过程重新进行规划。在使用辅助作业臂辅助主作业臂进行作业的过程中，果树枝干的位置是通过双目视觉系统进行识别定位的。在此基础上，辅助作业臂末端从初始位置到目标树干位置之间，是没有其他障碍物存在的，所以不需要对辅助作业臂进行避障规划。因此，在得到目标树干的位姿信息之后，应用辅助作业系统逆运动学求解方法，得到辅助作业臂末端到达目标树干所处的位置时，其各个关节对应的角度值。

7.2.4　直线运动轨迹插值

为了得到作业臂不同构型状态时肘部关节的角度值，必须确定末端手爪、肘部、肩部关节所在最终路径上的位置坐标。最终路径 $R_3 \to R_2 \to A$ 可以根据图 7-9 和图 7-10 确定。当路径是一条线段，且其起始点和目标点已知时，可通过插补法保证杆件沿着直线运动到目标点。首先，对最终路径根据一定的步长进行插补，并根据几何构型确定肘部、肩部关节的位置坐标，从而得到肘部的关节角度值 θ_{g4} 或 θ'_{g4}。

设直线段路径的起始点位置为 $P_o(x_o, y_o, z_o)$，目标点位置为 $P_f(x_f, y_f, z_f)$，空间中末端的起始点和终止点如图 7-11 所示。

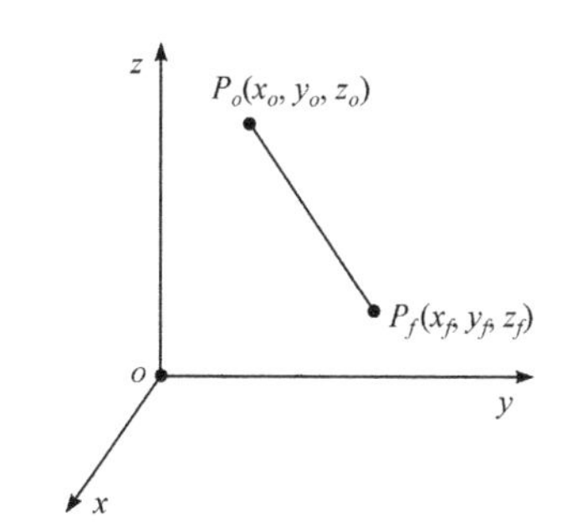

图 7-11　空间中末端的起始点和终止点

根据空间中的两点可以确定该直线段的函数方程，即

$$\frac{x-x_o}{x_f-x_o}=\frac{y-y_o}{y_f-y_o}=\frac{z-z_o}{z_f-z_o} \tag{7-28}$$

由两点的坐标可得两点之间的直线距离，将其记为d_p，即

$$d_p=\sqrt{(x_f-x_o)^2+(y_f-y_o)^2+(z_f-z_o)^2} \tag{7-29}$$

接下来，对直线段P_oP_f进行插补操作，即对直线段P_oP_f进行离散化的过程。设在位置点P_o、P_f之间的直线段上等间距插入N个点，且每两个点之间的距离均为d，可得

$$d=\frac{d_p}{N+1} \tag{7-30}$$

由此可知，直线段上P_oP_f的等间距插入N个点之后，包括其起始点和目标点，该直线段上一共有N+2个离散点，且将这些离散点记为P_i，且$i=1,\cdots,N+1,N+2$。起始点记为第 1 个离散点，目标点记为第N+2个离散点，则可得起始点P_o到插补点P_i的方向向量P_oP_i与起始点P_o到目标点P_f的方向向量P_oP_f之间的关系，即

$$P_oP_i=\lambda P_oP_f \tag{7-31}$$

其中，$\lambda\in(0,1)$，且$\lambda=\dfrac{i-1}{N+1}$。

当λ=0时，表示末端在起始点的位置；当λ=1时，表示末端到达目标点位置。因此，可得直线段上第i个离散点，在x、y、z轴方向上的坐标值，即

$$\begin{aligned}x_i&=x_o+\lambda(x_f-x_o)\\y_i&=y_o+\lambda(y_f-y_o)\\z_i&=z_o+\lambda(z_f-z_o)\end{aligned} \tag{7-32}$$

由此，便求解得到一系列插补点的位置坐标，根据式(7-26)和式(7-27)可以求出肘部关节角θ_{g4}或θ'_{g4}。

7.3 关节空间下的轨迹规划

由于关节空间下的轨迹规划没有限定机器人末端的路径，所以此法一般在点到点的任务中使用。对于关节空间下的轨迹规划[109]，首先需要确定机器人末端在笛卡儿空间下的初始位姿，以及期望达到的目标位姿。随后，经过逆运动学分析，求解机器人末端达到最终目标位姿时各个关节需转动的角度，规划各个关节随时间变化的角度。关节空间下的轨迹规划一般采用三次多项式插值法、高阶多项式插值法等多项式插值法实现，进而描述作业臂关节随时间运动的轨迹[110]。

7.3.1　三次多项式插值法

在关节空间下的轨迹规划算法中，常用的较为简单的方法就是三次多项式插值法。以作业臂中的一个关节为例，设关节运动开始时刻和运动停止时刻分别为 t_0 和 t_s ，对应的关节角度值分别为 θ_0 和 θ_s ，关节速度分别为 $\dot{\theta}_0$=0 和 $\dot{\theta}_s$=0 。设关节角度随时间变化设计的三次多项式的基本形式为

$$\theta(t) = a_0 + a_1 t + a_2 t^2 + a_3 t^3 \tag{7-33}$$

其中，关节角的初始值 θ_0 和目标值 θ_s 是已知的。

为了确定式(7-33)中的四个未知系数，保证关节平稳地运动到终点，需要满足的约束条件为

$$\begin{cases} \theta(t_0) = \theta_0 \\ \theta(t_s) = \theta_s \\ \dot{\theta}(t_0) = 0 \\ \dot{\theta}(t_s) = 0 \end{cases} \tag{7-34}$$

由此可以得到机器人关节在转动过程中随着时间变化的角速度和角加速度，即

$$\begin{cases} \dot{\theta}(t)=a_1 + 2a_2 t + 3a_3 t^2 \\ \ddot{\theta}(t)=2a_2 + 6a_3 t \end{cases} \tag{7-35}$$

将初始时刻时间设为 t_0=0 ，且终点时刻 t_s 也是已知的，根据式(7-34)和式(7-35)可得

$$\begin{cases} a_0 = \theta_0 \\ a_1 = 0 \\ a_2 = \dfrac{3}{t_s^2}(\theta_s - \theta_0) \\ a_3 = -\dfrac{2}{t_s^3}(\theta_s - \theta_0) \end{cases} \tag{7-36}$$

综上可得，机器人关节转动的角位移 $\theta(t)$ 、角速度 $\dot{\theta}(t)$ 、角加速度 $\ddot{\theta}(t)$ 随着时间 $t \in [t_0, t_s]$ 变化的规律关系，即

$$\begin{cases} \theta(t) = \theta_0 + \dfrac{3}{t_s^2}(\theta_s - \theta_0)t^2 - \dfrac{2}{t_s^3}(\theta_s - \theta_0)t^3 \\ \dot{\theta}(t) = \dfrac{6}{t_s^2}(\theta_s - \theta_0)t - \dfrac{6}{t_s^3}(\theta_s - \theta_0)t^2 \\ \ddot{\theta}(t) = \dfrac{6}{t_s^2}(\theta_s - \theta_0) - \dfrac{12}{t_s^3}(\theta_s - \theta_0)t \end{cases} \tag{7-37}$$

同理，当已知机器人各个关节的起始角度 θ_0 和终点角度 θ_s 时，可根据三次多项式插值法对各个关节的运动轨迹进行规划。

7.3.2 高阶多项式插值法

当需要设定机器人关节轨迹起始点和终止点的其他参数，如关节转角、角速度、角加速度时，在保证运动过程中角速度、角加速度等参数的平滑性的条件下(相较于三次多项式插值法)，需要使用更高阶的多项式插值法对关节角度随时间的变化进行规划[111]，如五次多项式插值法、六次多项式插值法等。本书以五次多项式插值法为例进行说明。

设五次多项式的函数关系为

$$\theta(t)=a_0+a_1t+a_2t^2+a_3t^3+a_4t^4+a_5t^5 \tag{7-38}$$

关节角从起始点开始进行轨迹规划的时间为起始时间 t_0，关节角到终止点的时间为结束时间 t_s。为方便计算，设起始时间为 0、关节角的起始角度为 θ_0、终止角度为 θ_s、起始关节角速度为 $\dot{\theta}_0$、终止关节角速度为 $\dot{\theta}_s$、起始关节角加速度为 $\ddot{\theta}_0$、终止关节角加速度为 $\ddot{\theta}_s$ 时，可得

$$\begin{cases}\theta(t_0)=\theta_0=a_0\\ \theta(t_s)=\theta_s=a_0+a_1t_s+a_2t_s^2+a_3t_s^3+a_4t_s^4+a_5t_s^5\\ \dot{\theta}(t_0)=\dot{\theta}_0=a_1\\ \dot{\theta}(t_s)=\dot{\theta}_s=a_1+2a_2t_s+3a_3t_s^2+4a_4t_s^3+5a_5t_s^4\\ \ddot{\theta}(t_0)=\ddot{\theta}_0=2a_2\\ \ddot{\theta}(t_s)=\ddot{\theta}_s=2a_2+6a_3t_s+12a_4t_s^2+20a_5t_s^3\end{cases} \tag{7-39}$$

求解可得

$$\begin{cases}a_0=\theta_0\\ a_1=\dot{\theta}_0\\ a_2=\dfrac{\ddot{\theta}_0}{2}\\ a_3=\dfrac{20\theta_s-20\theta_0-(8\dot{\theta}_s+12\dot{\theta}_0)t_s-(3\ddot{\theta}_0-\ddot{\theta}_s)t_s^2}{2t_s^3}\\ a_4=\dfrac{-30\theta_s+30\theta_0+(14\dot{\theta}_s+16\dot{\theta}_0)t_s+(3\ddot{\theta}_0-2\ddot{\theta}_s)t_s^2}{2t_s^4}\\ a_5=\dfrac{12\theta_s-12\theta_0-(6\dot{\theta}_s+6\dot{\theta}_0)t_s-(\ddot{\theta}_0-\ddot{\theta}_s)t_s^2}{2t_s^5}\end{cases} \tag{7-40}$$

代入式(7-38)，可得五次多项式插值法对应的多项式方程。

7.4　机器人双臂协调运动规划

7.4.1　工作空间分析

对机器人的双臂进行协调运动规划可以使机器人双臂在运动和作业过程中更好地进行协调配合，同时能够避免两臂在运动或作业时发生碰撞。由于机器人双臂的运动是在同一个工作空间下，因此需要对双臂共同的操作空间进行分析，避免双臂碰撞到一起。机器人的工作空间指末端执行器在三维空间可以达到的最大范围[112]。

机器人下半身运动之后，再对机器人主、辅助作业臂的共同工作空间进行分析，因此机器人双臂的共同基坐标系即胸部中心坐标系 $\{O\}$。末端执行器在基坐标系 $\{O\}$ 中的位姿是通过作业臂各个关节进行正运动学计算得到的。若将末端的位置记为 $P(p_x,p_y,p_z)$，可得其与作业臂各个关节角度之间的关系，即

$$P(p_x,p_y,p_z)=\text{fkine}(\theta_1,\theta_2,\cdots,\theta_n) \tag{7-41}$$

其中，(p_x,p_y,p_z) 表示末端执行器在基坐标系 $\{O\}$ 中的位置坐标；fkine() 表示正运动学函数；正运动学函数的自变量即作业臂的各个关节角度，且每个关节角度值均在其关节限度之内，即 $\theta_i\in[\theta_{i\min},\theta_{i\max}],i=1,2,\cdots,n$，$n$ 表示机器人关节的个数。

因此，可以将机器人的工作空间表示为

$$W\left[P\right]=\left\{\text{fkine}(\theta_1,\theta_2,\cdots,\theta_n);\theta_i\in\left[\theta_{i\min},\theta_{i\max}\right]\right\}\subset \mathrm{R}^3,\quad i=1,2,\cdots,n \tag{7-42}$$

蒙特卡罗法的思想是应用随机抽样的数学方法，首先在各个关节角度限度内随机遍历取值，取值点越多，其工作空间的精度越高。然后，将选取关节角度值进行正运动学计算。最后，全部随机点的集合即机器人的工作空间[113]。

(1) 根据式(6-29)和式(6-54)，分别得到机器人辅助作业臂末端手掌、主作业臂末端手爪在坐标系 $\{O\}$ 中的位置表达 $P_L(p_{lx},p_{ly},p_{lz})$ 和 $P_R(p_{rx},p_{ry},p_{rz})$，即

$$\begin{aligned}
p_{lx}&=d_5[s_4(c_3s_1+c_1s_2s_3)-c_1c_2c_4]-d(s_6\{s_5(s_1s_3-c_1c_3s_2)\\
&\quad -c_5[c_4(c_3s_1+c_1s_2s_3)+c_1c_2s_4]\}-c_6[s_4(c_3s_1+c_1s_2s_3)-c_1c_2c_4])-c_1c_2d_3\\
p_{ly}&=d_5[s_4(c_1c_3-s_1s_2s_3)+c_2c_4s_1]+d(c_6[s_4(c_1c_3-s_1s_2s_3)\\
&\quad +c_2c_4s_1]-s_6\{s_5(c_1s_3+c_3s_1s_2)-c_5[c_4(c_1c_3-s_1s_2s_3)-c_2s_1s_4]\})+c_2d_3s_1\\
p_{lz}&=d\{s_6[c_5(s_2s_4-c_2c_4s_3)-c_2c_3s_5]-c_6(c_4s_2+c_2s_3s_4)\}\\
&\quad -d_5(c_4s_2+c_2s_3s_4)-d_3s_2d_1
\end{aligned} \tag{7-43}$$

$$
\begin{aligned}
p_{rx} &= d_5[c_4(c_3s_1 - c_1s_2s_3) + c_1c_2s_4] - c_1c_2d_3 \\
p_{ry} &= -d_5[c_4(c_1c_3 + s_1s_2s_3) - c_2s_1s_4] - c_2d_3s_1 \\
p_{rz} &= d_1 + d_5(s_2s_4 + c_2c_4s_3) - d_3s_2
\end{aligned}
\tag{7-44}
$$

(2) 将机器人双臂的各个关节变量限制在其关节限度内，利用 rand(N,1) 函数在区间 (0,1) 随机抽取 N 个值，可以得到各个关节的角度值，即

$$
\theta_i = \theta_{i\min} + (\theta_{i\max} - \theta_{i\min})\text{rand}(N,1) \tag{7-45}
$$

(3) 结合机器人正运动学，分别将得到的主、辅助作业臂的每组关节角度值代入式(6-29)和式(6-54)，计算得到末端执行器的位置坐标，并将其绘制出来形成机器人的工作空间仿真图。机器人工作空间仿真图如图 7-12 所示。

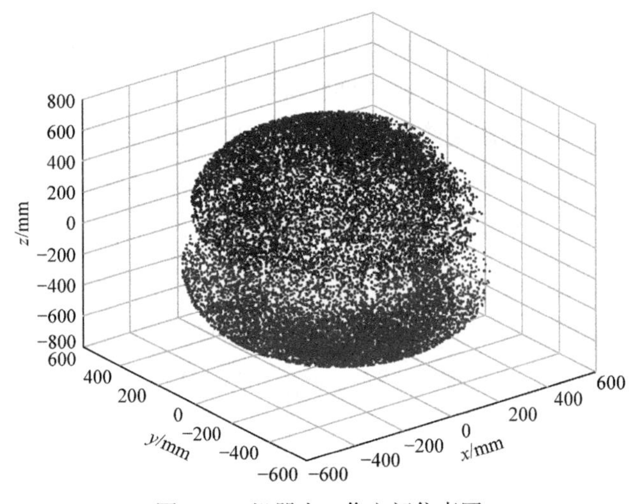

图 7-12　机器人工作空间仿真图

图中，N 的取值为 10000，深色表示机器人辅助作业臂末端可达空间，浅色表示机器人主作业臂末端可达空间。将三维空间中的仿真视图分别投影到 xoy 平面、xoz 平面和 yoz 平面上。机器人仿真工作空间在二维平面的投影如图 7-13 所示。

由图 7-13 可知，在 xoy 平面上，即对应于机器人身体侧平面，机器人辅助作业臂末端的可达空间范围比主作业臂末端大，且该范围在主作业臂末端可达空间的基础上，增加一个宽度近似为 30mm 的环状空间。xoz 平面、yoz 平面上机器人主、辅助作业臂的共同可达工作空间近似为椭球型。xoz 平面对应于机器人正面方向，可得主、辅助作业臂共同可达工作空间在 x 轴方向的范围约为−400～290mm，在 z 轴方向的范围约为−120～150mm。yoz 平面对应于机器人从上方的俯视图平面，可得主、辅助作业臂共同可达工作空间在 y 轴方向的范围约为−420～

415mm，在 z 轴方向的范围约为−120～150mm。综上可知，机器人在作业任务中，当选定双臂的共同工作空间位于机器人身体的正前方时，该空间的上下最大距离约为 690mm，左右最大距离约为 270mm，前后最大距离约为 420mm(该距离从机器人正面开始计算)。在该共同操作空间之外，机器人双臂末端不会产生影响。

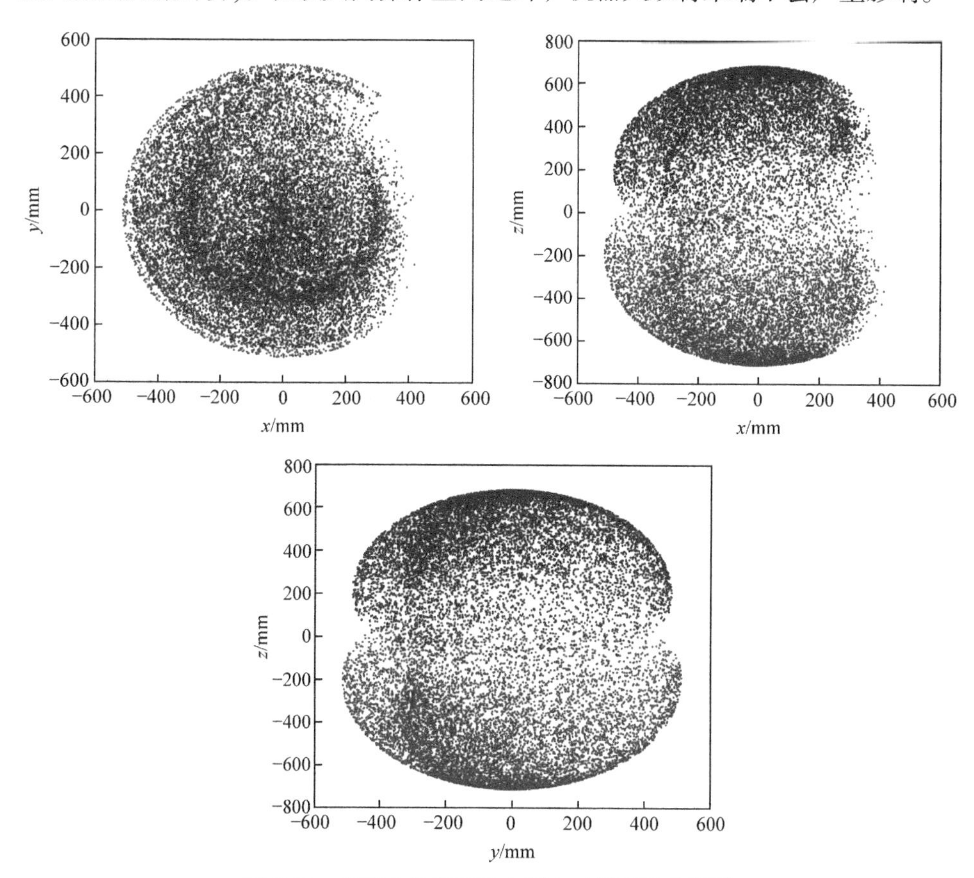

图 7-13　机器人仿真工作空间在二维平面的投影

7.4.2　双臂协调摘取任务

在很多复杂的作业任务中，如抓取不规则物体、装配复杂工件、搬运大型物体等，相较于单臂机器人，双臂机器人具有更强的适用性[114]。机器人的双臂协调控制，即在双臂不发生碰撞的基础上，对双臂的运动轨迹进行规划，驱动作业臂到达目标状态。在规划过程中，双臂之间需要针对不同的目标任务满足不同的约束条件，才能控制双臂根据规划好的轨迹运动到目标点。

目前，机器人的双臂协调规划主要分为松协调和紧协调[115]。其中，松协调是指在同一工作空间中双臂独立完成各自的任务，如辅助作业臂翻书，右手写字；

紧协调是指双臂在同一工作空间中，协调配合，共同完成同一工作任务，如双臂搬运同一物体，按照约束条件保持一定的规律沿预设的轨迹运动。双臂机器人在紧协调任务中是具有强耦合性的，如双臂搬运同一物体时，双臂的运动规律完全取决于目标物体的期望运动规律，且不与目标物体发生相对运动[116]。

基于轮/履式仿人机器人所需实现的功能，即在辅助作业臂协助主作业臂对树冠内的果实完成作业任务的条件下，本书对双臂进行松协调任务的研究分析。根据机器人双臂的任务中，机器人辅助作业臂末端手掌和主作业臂末端手爪的目标物体并不相同，主作业臂末端手爪的目标物体为待采摘的目标苹果，而辅助作业臂的目标物体为果树枝干。所以，双臂末端之间没有力的约束，也没有相对运动。根据上一节对机器人双臂工作空间的分析可知，主、辅助作业臂末端之间存在位置约束。

根据机器人主、辅助作业臂的 DH 模型可知，轮/履式仿人机器人双臂的基坐标系均选定为机器人胸部中心坐标系$\{O\}$，其原点记为O。此处，将辅助作业臂、主作业臂末端固连坐标系的原点分别记为L、R，并将双臂末端所要抓取到目标物体固连坐标系的原点分别记为P_L、P_R。双臂操作示意图如图 7-14 所示。

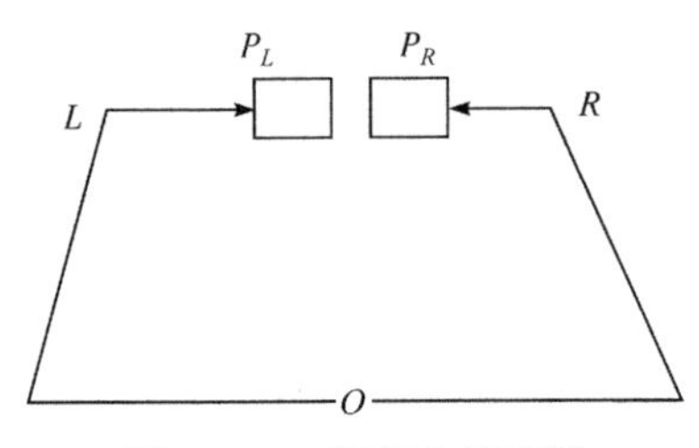

图 7-14 双臂操作示意图

当机器人主、辅助作业臂之间没有任何约束条件时，可以得到主、辅助作业臂的目标物体在坐标系$\{O\}$中的位姿，即

$$\begin{aligned} {}_{P_L}^{O}T &= {}_{L}^{O}T\,{}_{P_L}^{L}T \\ {}_{P_R}^{O}T &= {}_{R}^{O}T\,{}_{P_R}^{R}T \end{aligned} \tag{7-46}$$

其中，${}_{P_L}^{L}T$、${}_{P_R}^{R}T$为左、右目标物体在机器人辅、主助作业臂末端固连坐标系中的位姿矩阵；${}_{L}^{O}T$、${}_{R}^{O}T$为辅、主助作业臂末端执行器在基坐标系中的位姿矩阵。

将齐次变换矩阵拆分为3×3阶姿态矩阵R和3×1阶位置矢量P，并由${}_{P_L}^{L}T$与$({}_{L}^{P_L}T)^{-1}$相等、${}_{P_R}^{R}T$与$({}_{R}^{P_R}T)^{-1}$相等，可得

$${}_{P_L}^{L}T=({}_{L}^{P_L}T)^{-1}=\begin{bmatrix} {}_{L}^{P_L}R_{3\times3} & {}_{L}^{P_L}P_{3\times1} \\ O_{1\times3} & 1 \end{bmatrix}^{-1}=\begin{bmatrix} {}_{P_L}^{L}R & -{}_{P_L}^{L}R\,{}_{L}^{P_L}P \\ O_{1\times3} & 1 \end{bmatrix}$$

$$ {}_{P_R}^{R}T = ({}_{R}^{P_R}T)^{-1} = \begin{bmatrix} {}_{R}^{P_R}R_{3\times 3} & {}_{R}^{P_R}P_{3\times 1} \\ O_{1\times 3} & 1 \end{bmatrix}^{-1} = \begin{bmatrix} {}_{P_R}^{R}R & -{}_{P_R}^{R}R\,{}_{R}^{P_R}P \\ O_{1\times 3} & 1 \end{bmatrix} \tag{7-47} $$

即可通过式(7-46)和式(7-47)得到辅、主作业臂末端执行器的目标物体 P_L 、 P_R 在基坐标系 $\{O\}$ 中的位置表达，即

$$ \begin{aligned} {}_{P_L}^{O}P &= {}_{L}^{O}P - {}_{P_L}^{O}R\,{}_{L}^{P_L}P \\ {}_{P_R}^{O}P &= {}_{R}^{O}P - {}_{P_R}^{O}R\,{}_{R}^{P_R}P \end{aligned} \tag{7-48} $$

式中，${}_{L}^{O}P$ 、${}_{R}^{O}P$ 为辅、主作业臂末端坐标系原点在基坐标系中位置表达；${}_{P_L}^{O}R$ 、${}_{P_R}^{O}R$ 为辅、主作业臂末端待作业目标物体坐标系原点在基坐标系 $\{O\}$ 中的变换矩阵；${}_{L}^{P_L}P$ 、 ${}_{R}^{P_R}P$ 为辅、主作业臂末端坐标系原点在去对应目标物体坐标系中的位置表达。

根据以上关系可得，当机器人双臂之间无约束条件，获取的目标物体在基坐标系 $\{O\}$ 中的姿态和位置信息，以及末端执行器在目标物体坐标系中的位置信息时，便可得末端在基坐标系 $\{O\}$ 中的位置表达。

根据式(7-46)和式(7-47)，可得辅、主作业臂末端执行器 P_L 、 P_R 在基坐标系 $\{O\}$ 中的姿态变换矩阵，即

$$ \begin{aligned} {}_{P_L}^{O}R &= {}_{L}^{O}R\,{}_{P_L}^{L}R \\ {}_{P_R}^{O}R &= {}_{R}^{O}R\,{}_{P_R}^{R}R \end{aligned} \tag{7-49} $$

其中，${}_{L}^{O}R$ 、 ${}_{R}^{O}R$ 为辅、主作业臂末端坐标系原点在基坐标系 $\{O\}$ 中的变换矩阵；${}_{P_L}^{L}R$ 、 ${}_{P_R}^{R}R$ 为辅、主作业臂末端待作业目标物体坐标系原点在末端坐标系中的变换矩阵。

根据式(7-49)，当获取的主、辅助作业臂末端分别在基坐标系 $\{O\}$ 和末端坐标系中的姿态旋转矩阵时，就可以得到末端在基坐标系 $\{O\}$ 中的姿态信息。

综上，当机器人双臂之间没有任何约束条件时，即可根据上述得到的末端位置和姿态信息求解作业臂逆解。

根据双臂轮/履式仿人机器人工作空间的分析，对双臂末端最终到达待作业目标物体时两者之间的相对位姿进行约束。约束条件为

$$ \begin{aligned} {}_{P_R}^{O}P - {}_{P_L}^{O}P &= P_1 \\ {}_{P_R}^{O}R &= {}_{P_L}^{O}R R_1 \end{aligned} \tag{7-50} $$

其中，P_1 为 3×1 阶矩阵，表示双臂末端最终状态时的位置约束；R_1 为 3×3 阶矩阵，表示双臂末端最终状态时的姿态约束。

根据式(7-49)和式(7-50)中的约束条件，可得

$$
\begin{aligned}
{}_{L}^{O}P &= {}_{R}^{O}P + {}_{P_L}^{O}R\,{}_{L}^{P_L}P - P_1 - {}_{P_R}^{O}R\,{}_{R}^{P_R}P \\
{}_{L}^{O}R &= {}_{R}^{O}R\,{}_{P_R}^{R}RR_1\,{}_{L}^{P_L}R
\end{aligned}
\tag{7-51}
$$

本书不考虑辅助作业臂末端与主作业臂末端之间姿态的约束关系，仅考虑位置约束条件。当辅助作业臂与主作业臂协调完成作业任务时，为了避免双臂产生碰撞，根据实际情况，在机器人身体正前方空间中，双臂末端在$\{O\}$坐标系各轴方向上的距离差值不小于 50 mm，即式(7-50)中P_1的x、y、z坐标值的绝对值只有一个不小于 50 mm 即可。

因此，根据无碰路径，主作业臂末端沿着该路径运动时可以实时地确定末端在基坐标系$\{O\}$中的位姿信息，且与辅助作业臂末端的位置约束条件P_1也已知时，即可根据式(7-51)得到辅助作业臂末端手掌在基坐标系$\{O\}$中的位姿信息，并可应用求解辅助作业系统逆运动学的方法，得到作业臂各个关节运动到目标点时的角度值。

7.5 本章小结

本章在已知作业臂末端无碰路径的基础上，确定末端执行器到达目标点时作业臂末端的最终跟踪路径，对作业臂的其他连杆进行避障规划。根据确定的无碰路径对作业臂的各个关节角，在关节空间中分别采用三次多项式、五次多项式进行轨迹规划；在笛卡儿空间采用空间直线插补、空间圆弧插补方法进行轨迹规划；利用蒙特卡罗法分析双臂工作空间，基于松协调任务研究双臂的协调作业。

第 8 章　轮/履式仿人机器人在非结构化环境中自主作业验证

8.1　引　　言

本章对全书涉及的算法进行实验分析。通过实际数据说明本书提出算法的可行性与可靠性，主要包括以下实验分析。

8.2　SLAM 系统性能分析

8.2.1　Tum 数据集性能测试分析

Tum 数据集是德国 Computer Vision Lab 公布的 RGB_D 数据集，包括办公室、大厅、工厂等多种纹理丰富的场景，涵盖缓慢移动、旋转等多种相机运动，共 39 个数据包，是一个十分强大的数据集。同时，该数据集提供 Python 工具，可以通过对比该数据集中的 ground truth(由 8 台高帧率跟踪摄像头捕捉得到的 SLAM 系统中相机真实位姿，这里认为是相机的绝对姿态)分析实验结果。每个数据包都包括以下内容。

(1) rgb.txt、depth.txt 记录彩色图片、深度图片相对应的采集时间和文件名。

(2) rgb/、depth/存放彩色图片、深度图片的文件夹。

(3) groundtruth.txt SLAM 系统中相机的真实位姿，其格式为(time，x，y，z，qx，qy，qz，qw)，其内容代表每张图片的采集时间戳、位置，以及表示姿态的四元数。

对于 SLAM 的性能，有两种常见的度量标准，即绝对轨迹误差(absolute trajectory error，ATE)与相对位姿误差(relative pose error，RPE)。ATE 是从全局来衡量由算法估计来的相机位姿与相机真实位姿之间的差距，通常用均方根误差(root mean square error，RMSE)量化计算，即

$$\mathrm{ATE}_{\mathrm{RMSE}}(\hat{X},X)=\sqrt{\frac{1}{n}\sum_{i=1}^{n}(\mathrm{trans}(\hat{X}_i)-\mathrm{trans}(X_i))^2} \tag{8-1}$$

其中，$\hat{X}=\{\hat{X}_1,\hat{X}_2,\cdots,\hat{X}_n\}$ 为相机的估计运动序列；$X=\{X_1,X_2,\cdots,X_n\}$ 为相机的真

实运动序列；trans 为相机位姿的平移向量。

RPE 是从局部来衡量估计位姿与真实位姿之间的误差，表示相同两个时间戳上的位姿变化量的差值。其计算公式为

$$\text{RPE} = \frac{1}{n}\sum_{ij}(\delta_{ij} - \hat{\delta}_{ij})^2 \tag{8-2}$$

其中，$\delta_{ij} = x_i - x_j$ 为相机真实位姿在某段时间的差值；$\hat{\delta}_{ij} = \hat{x}_i - \hat{x}_j$ 为相机估计位姿在某段时间的插值。

RPE 适用于系统的平移，ATE 适合整个 SLAM 系统的性能评估。本书以 ATE 作为衡量标准，选取如下几个数据集进行误差测试。Fr1_xyz 数据集的 ATE 曲线如图 8-1 所示。Fr1_rpy 数据集的 ATE 曲线如图 8-2 所示。Fr2_desk 数据集的 ATE 曲线如图 8-3 所示。Fr2_large_with_loop 数据集的 ATE 曲线如图 8-4 所示。其中，虚线代表的是相机真实轨迹曲线，由各种颜色构成的实线表示相机的估计轨迹曲线。

(1) Fr1_xyz。该数据集包含相机沿着主轴方向缓慢平移的运动数据，可以测试相机水平运动的位姿估计性能。

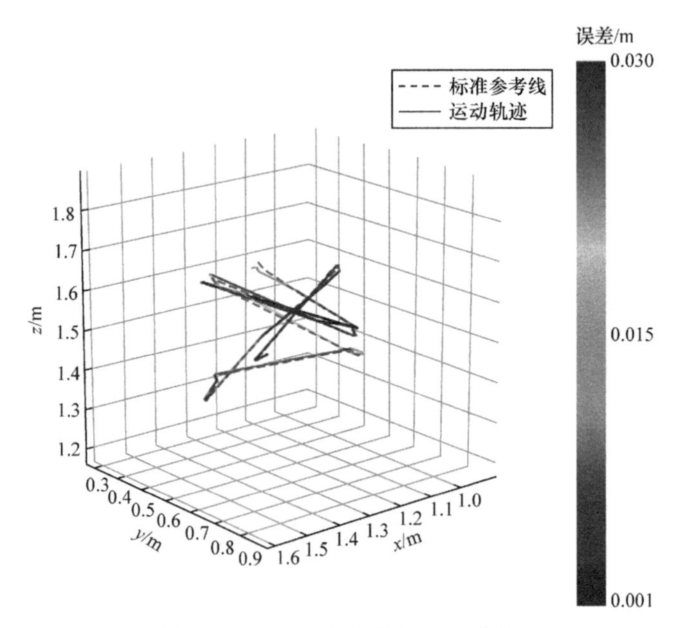

图 8-1　Fr1_xyz 数据集的 ATE 曲线

(2) Fr1_rpy。数据集包含相机绕三个主轴缓慢旋转的运动数据，可以测试相机旋转运动的位姿估计性能。

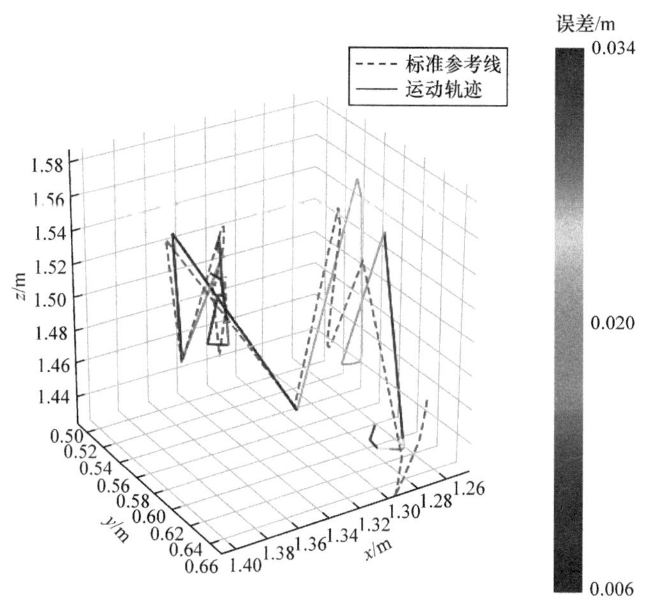

图 8-2　Fr1_rpy 数据集的 ATE 曲线

(3) Fr2_large_with_loop 和 Fr2_desk。数据集中都存在着起点终点重合的信息，可以测试 SLAM 系统的闭环检测性能。

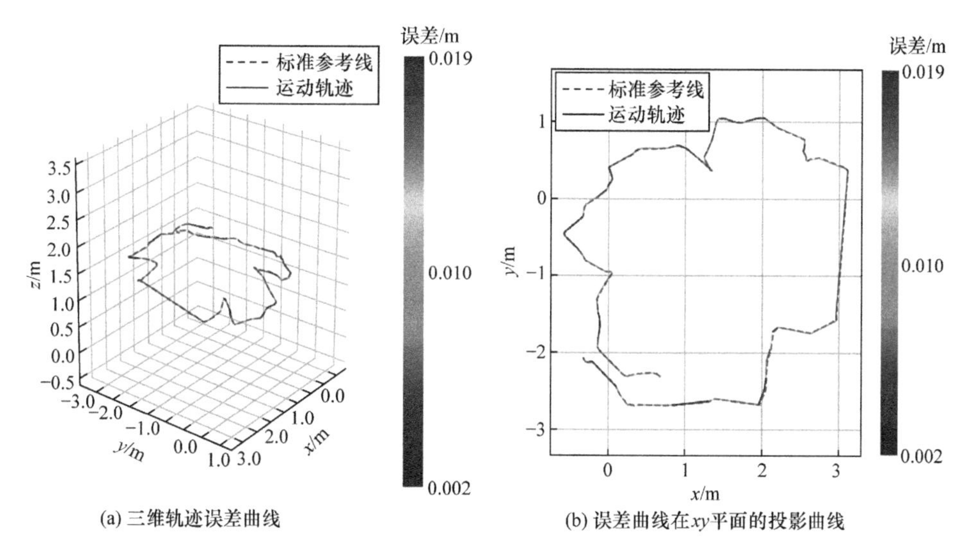

图 8-3　Fr2_desk 数据集的 ATE 曲线

直观来看，所有估计的相机轨迹曲线几乎都能够与真实相机的轨迹曲线重合，从侧面反映出本书设计的 SLAM 系统较为合理。为更加直观地说明，统计各数据集下轨迹的最大误差、最小误差、平均误差和均方根误差，如表 8-1 所示。

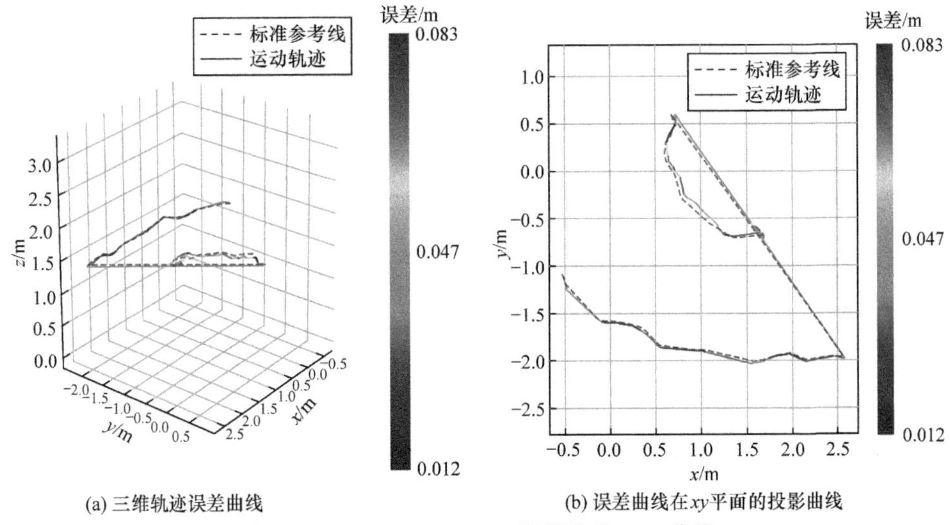

图 8-4 Fr2_large_with_loop 数据集的 ATE 曲线

表 8-1 四种数据集下的误差统计

数据集	Fr1_xyz	Fr1_rpy	Fr2_desk	Fr2_large_with_loop
最大误差/m	0.028541	0.033733	0.018738	0.083014
最小误差/m	0.001205	0.005759	0.001989	0.011727
平均误差/m	0.009597	0.017513	0.010680	0.043901
均方根误差/m	0.011384	0.019127	0.010436	0.047421

可以看到，SLAM 系统有如下几点表现。

(1) 在较为平缓的平移或旋转场景中，最大误差小于 0.05m，并且均方根误差都在 0.02m 以下，达到厘米级别的要求。

(2) 在第 3 个较小的闭环场景中，最大误差和均方根误差均小于 0.02m，在图 8-3 中也能够观察到在该场景中明显测量到了闭环回路，表明闭环回路环节能够有效实现。

(3) 在 Fr2_large_with_loop 场景中，系统出现较大的误差，最大误差达到 0.08m，均方根误差达到 0.047m，这是因为在该场景中存在跟踪丢失的现象，同时存在较大的光照影响，对特征点的提取产生较大的影响。但是，在较大场景中，0.05m 的精度基本可以满足移动机器人的导航需求。

通过 Tum 数据集验证后得出，SLAM 系统的误差精度达到 0.02m，满足实验要求。

8.2.2 建图实验

三维地图构建的真实场景为某机器人教学仿真实验室。实验室场景为机器人主要活动区域，实验室场景四周实拍图如图 8-5 所示，整体长 9.0m、宽 8.1m，用来测试在室内空旷区域 SLAM 的建图能力。

(a) 实验室场景东面

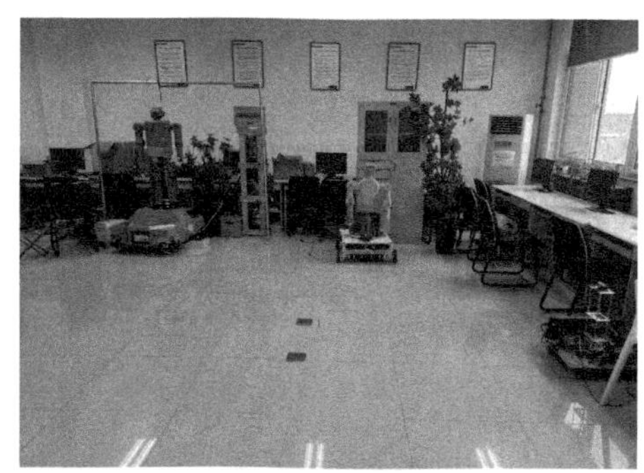

(b) 实验室场景南面

(c) 实验室场景西面

(d) 实验室场景北面

图 8-5 实验室场景四周实拍图

在实验室场景构建的点云图如图 8-6 所示。

实验室场景主要扫描机器人头部高度以下(1.4m)的空间范围。实验时，移动机器人围绕实验室扫描 2 圈，耗时约 275s，得到了 415 幅关键帧图像。可以看到，SLAM 系统整体上能够较好地重构地面环境及周围环境。点云图中的桌子、椅子台等均能清晰看到，重建效果良好。利用 meshlab 工具对两个场景中的单个物体进行估计值测量。物体估计值与测量值差距如表 8-2 所示。

表 8-2 物体估计值与测量值差距

测量类别	桌子长度	椅子宽度	柜子高度	苹果树高度
估计值/m	1.171	0.465	1.824	1.945
测量值/m	1.20	0.46	1.81	1.97
绝对误差/m	−0.029	+0.005	+0.014	−0.025
相对误差/%	2.4	1.08	0.77	1.28

图 8-6　在实验室场景构建的点云图

可以看出，SLAM 系统相对误差均在 2%左右，即 2cm 的绝对误差，同时随着测量物体长度的增加，累积误差也会越来越大，但是基本维持在 2%左右。

在实验过程中，由于点云地图存储过大，包含大量的冗余信息，存储和读取速率都会降低，会影响机器人后续路径规划的执行速度，无法满足路径规划的实时性要求，因此利用八叉树地图的形式存储和更新地图。以实验室场景为例，将分辨率设置为 2cm、5cm 进行八叉树建图分析。实验室场景对应精度为 2cm 的八叉树地图如图 8-7 所示。实验室场景对应精度为 5cm 的八叉树地图如图 8-8 所示。

图 8-7　实验室场景对应精度为 2cm 的八叉树地图

图 8-8 实验室场景对应精度为 5cm 的八叉树地图

可以看到，八叉树地图亦能较好地展示实际场景的位置关系，为机器人路径规划等提供良好的环境信息。

8.3 水果识别及枝干重建实验

8.3.1 实验数据集及相关参数说明

1. 数据集说明

利用 Improved-YOLOv3 算法进行苹果和枝干识别，首先采集图片作为实验数据集进行训练测试。本书共采集 1000 张图片作为源数据，其中正常光照场景下采集 325 张，在高强度光场景下采集 258 张，弱光场景下采集 203 张，暗光场景下采集 214 张，不同场景采集的图片如图 8-9 所示。在不同光线下进行训练，可以增强神经网络的鲁棒性和泛化能力。摄像头拍摄距离均在 1.0～2.0m。

2. 标注及训练过程参数说明

获取数据集后，需要对所有图片进行标注操作，即标注图片中苹果和枝干的位置及相关类别属性。利用 LabelImag 标注工具进行标注，对苹果和枝干分别采取不同的标注方法。标注示意图如图 8-10 所示。然后，类别和位置信息保存到 xml(extensible markup language，可扩展标记语言)文件夹中，用作神经网络的输入文件。

(a) 正常光照场景

(b) 强光照场景

(c) 弱光照场景

(d) 暗光照场景

图 8-9　不同场景采集的图片

(a) 枝干标注示意图

(b) 苹果标注示意图

图 8-10　标注示意图

对于枝干的标注，若直接使用大标记框进行，会包含大量的背景信息，严重影响训练效果。例如，区域①、⑤，分别用一个大标注框将整个枝干框住，这样的标注框内除了枝干，还存在大量的树叶、空白区域，以及可能包含的旁边枝干，不利于训练。采用类似于②、③、④这样的小型标注框对枝干标注，尽可能减小外围信息对网络训练时间的影响。

训练集总体信息如下，每幅图中平均含 3.6 个苹果标注和 9.5 段枝干标注，共计 3600 多个苹果样本和 9500 多段枝干样本；训练集图片共计 774 张，测试集图片共计 226 张，比例近似为 3：1。为了比较相关性能，所有实验条件均相同，同步训练 YOLOv3 算法和 Improved-YOLOv3 算法。训练过程参数如表 8-3 所示。

表 8-3　训练过程参数

相关配置	参数
Library	CUDA10.1、Cudnn7.6.5、OpenCV3.4.7
Training algorithm	Improved-YOLOv3、YOLOv3

续表

相关配置	参数
弹性模量/GPa	120～145
Momentum	0.9
Weight decay	0.001
Max_batches	12000
Steps=9600,10800	Scales = 0.1,0.1
Learning rate	0.001
Burn_in	1000

8.3.2 苹果、枝干识别效果

苹果识别效果如图 8-11 所示。枝干识别效果如图 8-12 所示。

图 8-11 苹果识别效果

图 8-12 枝干识别效果图

8.3.3 神经网络性能测试

1. P-R 曲线分析

P-R(precision-recall)曲线表示精准率和召回率之间的关系。一般情况下，该曲线的横轴坐标为召回率，纵轴坐标为精准率，积分表示某一类物体识别的平均精度(average precision，AP)。AP 值是算法性能的重要衡量标准。AP 值在目标检测中，对于模型定位，分割均有非常大的作用。多类物体的平均精度也称 mAP(mean of average precision)。

首先，介绍精准率、召回率和 AP 的定义。如表 8-4 所示，在预测的时候，我们把正确地将正例分类为正例表示为 TP(true-positive)，把错误地将正例分类为负例表示为 FN(false-negative)，把正确地将负例分类为负例表示为 TN(true-negative)，把错误地将负例分类为正例表示为 FP(false-positive)。

表 8-4　混淆矩阵

真实情况	预测情况	
	正例	负例
正例	TP	FN
负例	FP	TN

根据上述矩阵，可以定义精度和召回率，以及 mAP，即

$$
\begin{aligned}
P &= \frac{\text{TP}}{\text{TP+FP}} \\
R &= \frac{\text{TP}}{\text{TP+FN}} \\
\text{mAP} &= \frac{1}{C}\sum_{k=1}^{N} P(k)\Delta R(k)
\end{aligned}
\tag{8-3}
$$

每一条 P-R 曲线对应一个阈值 IOU。选取阈值为 0.5，将 IOU 大于 0.5 的称为正例，IOU 值小于 0.5 的称为负例。通过对 P-R 曲线积分得到 AP 值，用来比较 Improved-YOLOv3 算法和 YOLOv3 算法的性能。两种算法的枝干 P-R 曲线如图 8-13 所示。两种算法的苹果 P-R 曲线如图 8-14 所示。

对图 8-13 和图 8-14 中的四条 P-R 曲线分别进行积分，结果如表 8-5 所示。

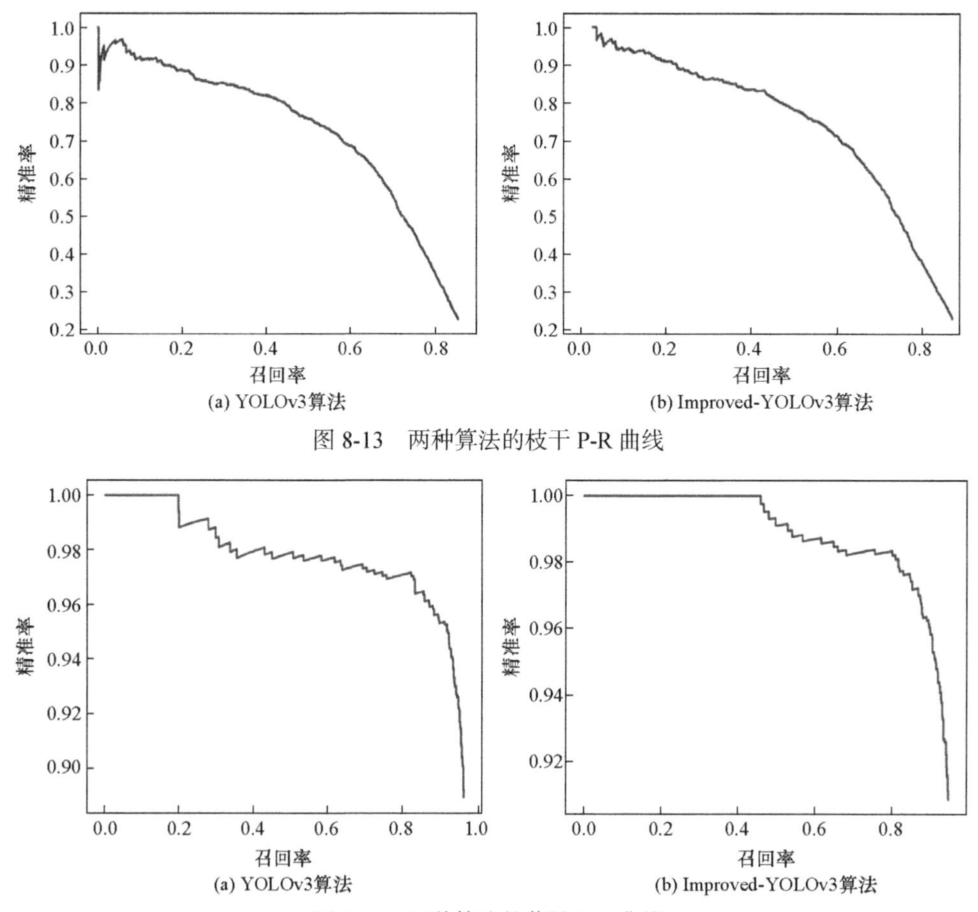

图 8-13 两种算法的枝干 P-R 曲线

图 8-14 两种算法的苹果 P-R 曲线

表 8-5 两种算法预测精度

指标	YOLOv3 算法	Improved-YOLOv3 算法	增加幅度
苹果识别精度/%	91.54	95.55	4.01
枝干识别精度/%	62.5	70.2	7.7
mAP/%	76.02	82.21	5.855

由此可知，Improved-YOLOv3 算法相对于 YOLOv3 算法，在枝干、苹果预测的精度上，均有较为明显的提升，说明本书对 YOLOv3 算法的改进是有效的，能够为后续苹果采摘提供精准的信息。

2. IOU 曲线分析

两种算法 IOU 曲线如图 8-15 所示。

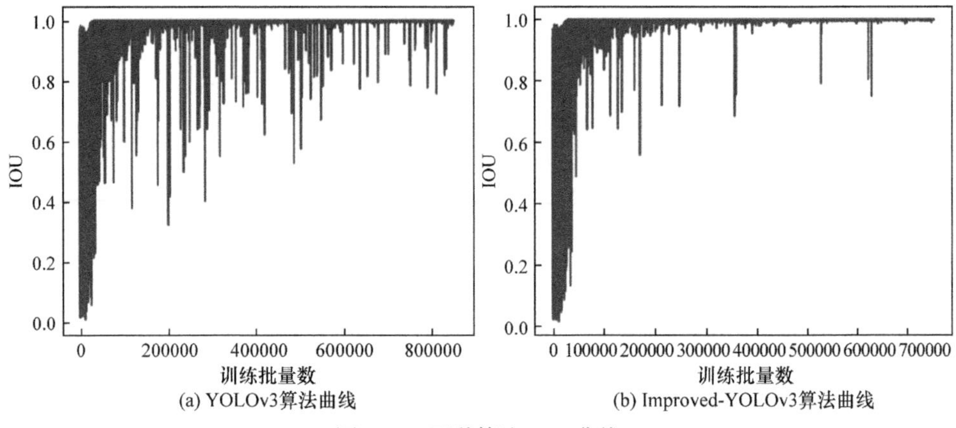

(a) YOLOv3算法曲线　(b) Improved-YOLOv3算法曲线

图 8-15　两种算法 IOU 曲线

观察得到，Improved-YOLOv3 算法和 YOLOv3 算法的 IOU 曲线都能够在一定次数的迭代之后，使 IOU 数值近似稳定到 1 左右。但是，Improved-YOLOv3 算法的 IOU 曲线的突变程度明显更加低于 YOLOv3 算法，曲线更加稳。因此，Improved-YOLOv3 算法的位置预测更加精确，预测效果更好。

综上所述，Improved-YOLOv3 算法在各个指标上均超过 YOLOv3 算法，并且具有较为明显的提升效果。

8.3.4　枝干重建实验

对 50 幅图片进行枝干重建实验，其中部分枝干拟合图如图 8-16 所示。

(a)

(b)

(c)

图 8-16　部分枝干拟合图

可以看到，经过枝干识别和重建两个过程后，图像中的枝干大部分都能够得到较好的拟合，但是也会出现拟合偏差的情况。拟合偏差大体上可以分为两类。第一类如图 8-16(a)中方框所示，可以看到枝干右侧部分没有完全拟合，这是因为隶属于该枝干的同组两个相邻预测框距离较远，引起拟合的误差，但是枝干的整体形状已拟合出来，这种误差影响不大。第二类如图 8-16(c)中深色框所示，枝干实际为浅色框枝干的分支，但是由于枝干存在遮挡严重的情况，导致不满足枝干重建的两个约束条件，出现枝干隔断的情况。这种情况需要进一步深入解决。

这里采用 Girshick 等[73]提出的方法，定义枝干准确率为

$$A_r = \frac{C_{\mathrm{rb}}}{A_b} \times 100\% \tag{8-4}$$

其中，A_r 为重建的准确率；C_{rb} 为正确重建的枝干个数；A_b 为实际枝干的个数。

最终求取多组枝干准确率的平均值为 82.5%，即枝干重建的准确率为 82.5%。

8.4　二维空间内路径规划实验

从不同角度拍摄的实验环境如图 8-17 所示。使用智能机器人为载体，摄像头和激光雷达作为建立地图的传感器建立的二维栅格图如图 8-18 所示。

图 8-17　从不同角度拍摄的实验环境

使用 navigation 导航包中地图服务器加载栅格地图，并配置膨胀半径、加载移动机器人的物理模型和运动学模型形成导航环境中的二维代价地图，如图 8-19 所示。

给定目标点，使用 A*算法生成全局路径，再使用 DWA 生成实际速度，最终实际控制小车运动。生成的二维规划路径如图 8-20 所示。

小车实际运动过程如图 8-21 所示。

可以看到，小车能够较合理地按算法规划出来的路径进行运动，表明路径规划算法合理有效。

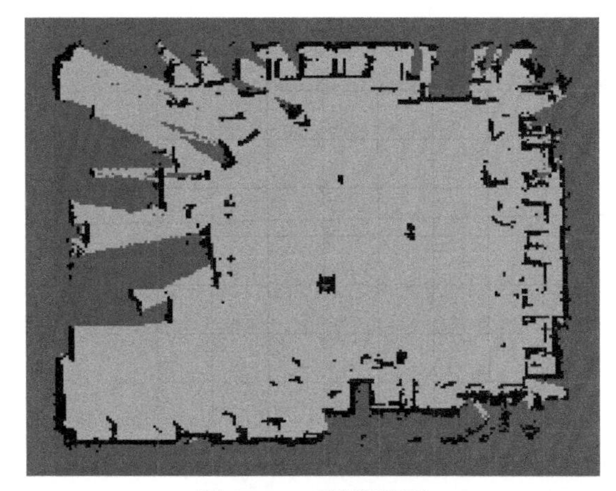

图 8-18　二维栅格图

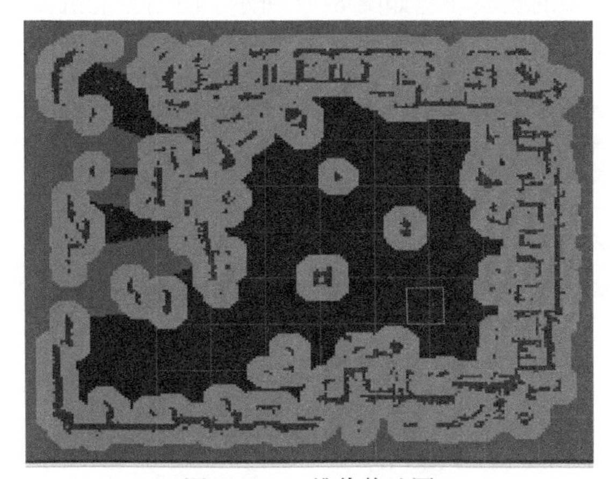

图 8-19　二维代价地图

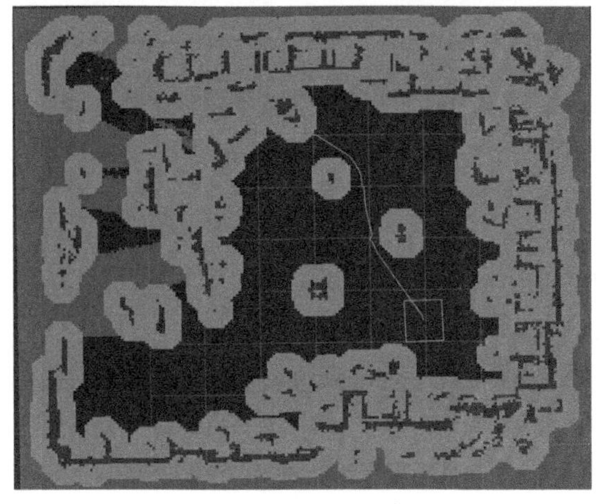

图 8-20　二维规划路径

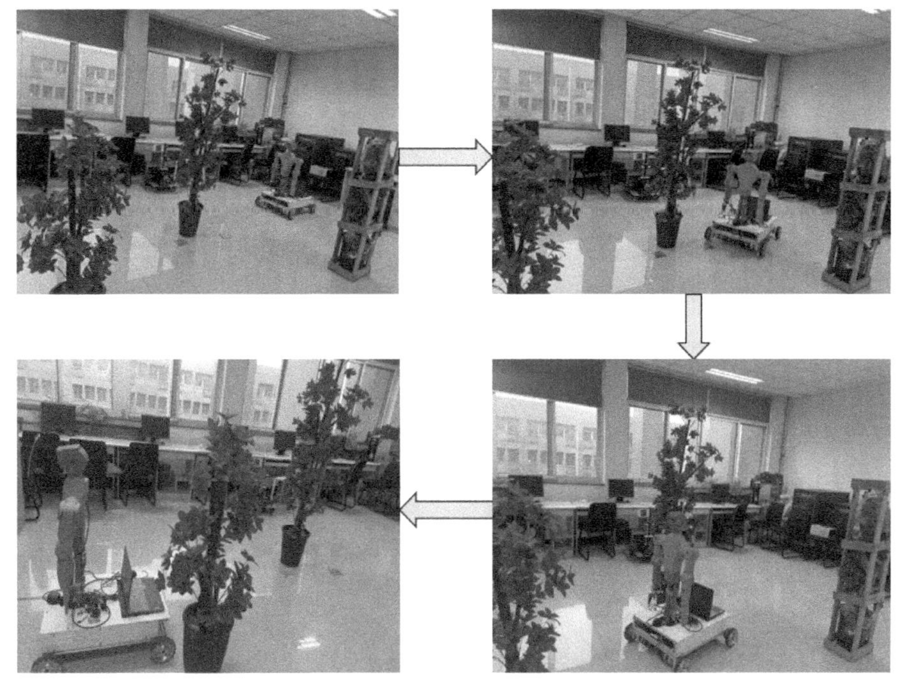

图 8-21　小车实际运动过程

8.5　三维空间内路径仿真实验

8.5.1　RRT*算法的仿真分析

为了直观地比较 RRT*算法的性能，先在二维平面内进行仿真分析验证。RRT 算法仿真图如图 8-22 所示。在三个不同场景下，以相同的搜索步长分别进行 RRT 算法和 RRT*算法的二维仿真。RRT*算法仿真图如图 8-23 所示。

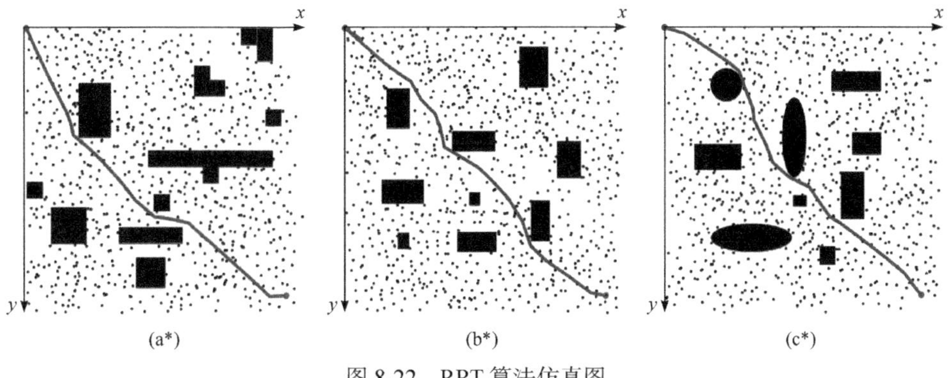

图 8-22　RRT 算法仿真图

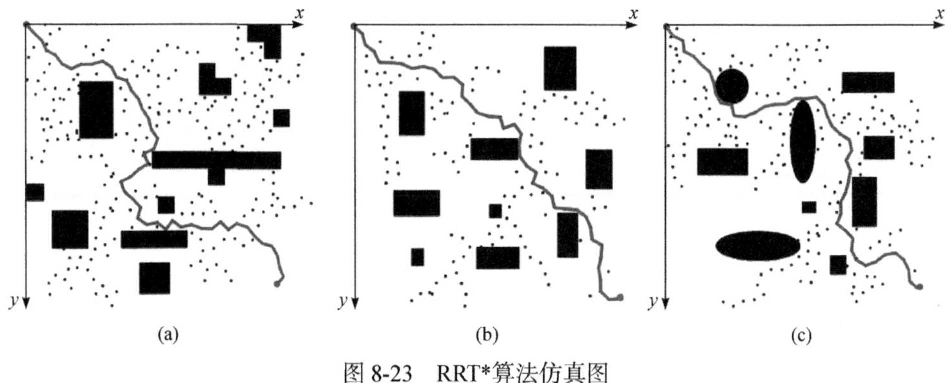

图 8-23　RRT*算法仿真图

在图 8-22 和图 8-23 中，点代表两种算法在搜索过程中需要搜索过的节点，折线代表由 RRT 算法和 RRT*算法搜索生成的路径。

对比可以看到，RRT 算法搜索更加简化直接，需要搜索的节点也相对较少。但是，利用 RRT*算法进行搜索，得到的路径拐点更少，路径总长度更短，整体趋势也相对比较平缓。

利用 B 样条插值对路径进行平滑处理。三次 B 样条插值平滑 RRT*算法路径示意图如图 8-24 所示。

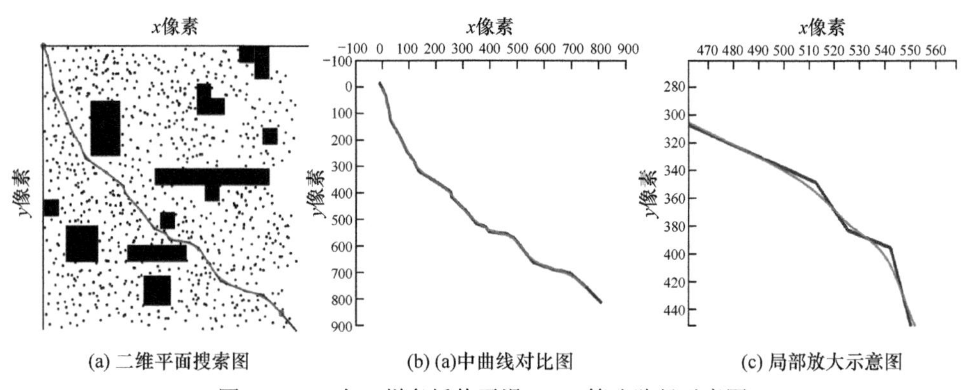

图 8-24　三次 B 样条插值平滑 RRT*算法路径示意图

图中共两条曲线，深色折线代表通过 RRT*算法搜索出来的路径；浅色曲线为通过三次 B 样条曲线平滑处理过后的路径；B 样条平滑曲线的控制点为每条浅色折线的拐点。对比两条曲线可以看到，经过三次 B 样条曲线平滑处理之后，原来锯齿状的路径有明显的平滑趋势，这样的路径能够使作业臂得到较平稳的控制。

8.5.2　三维空间路径规划

在 octave 仿真环境中，搭建果树的三维姿态，设定教学仿人形移动机器人末端执行器的出发点和目标点，利用 RRT*算法规划路径，采用三次 B 样条插值法进行拟合，在三种场景中做仿真实验，果树仿真场景 1 如图 8-25 所示，果树仿真场景 2 如图 8-26 所示，果树仿真场景 3 如图 8-27 所示。

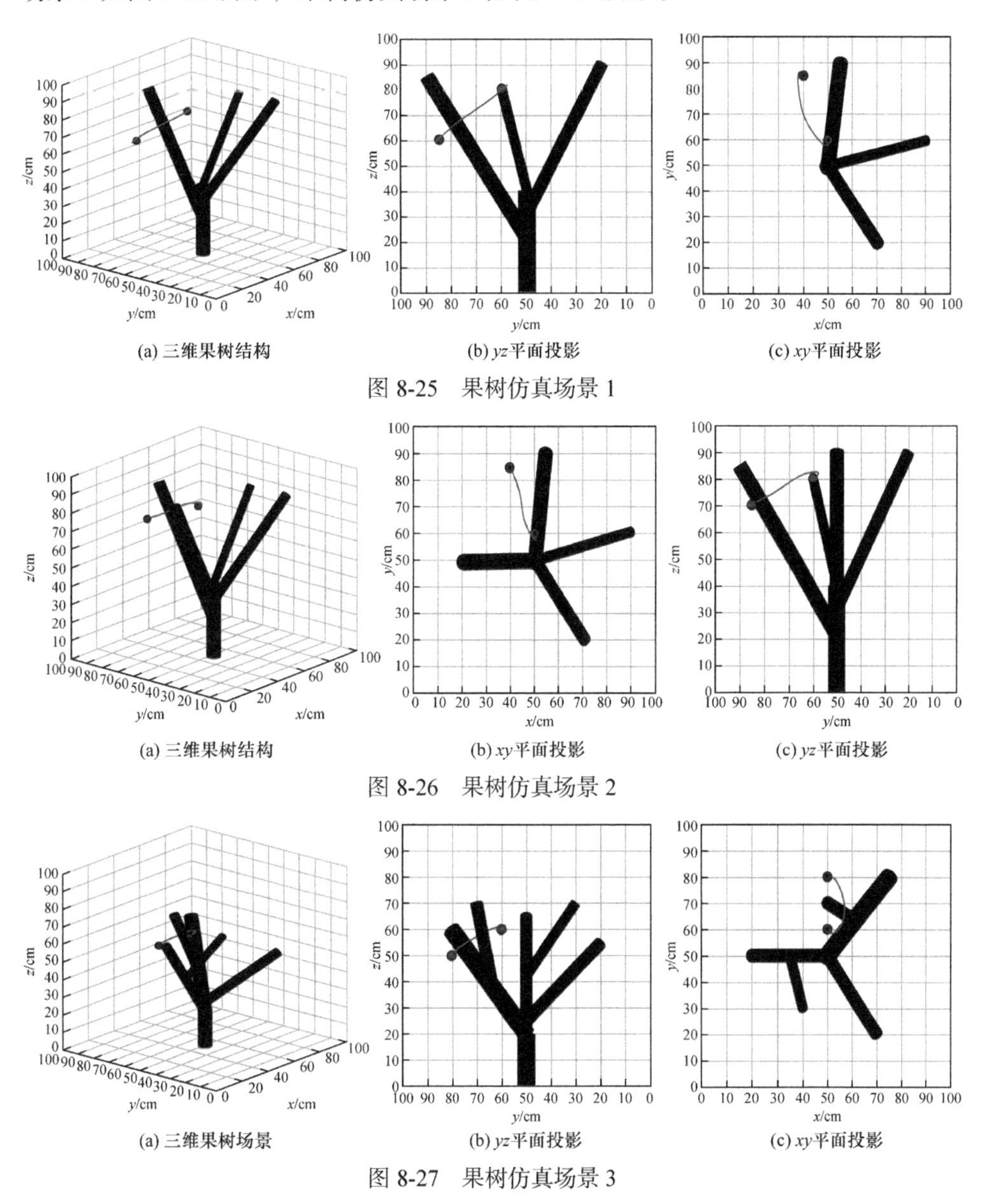

(a) 三维果树结构　(b) *yz*平面投影　(c) *xy*平面投影

图 8-25　果树仿真场景 1

(a) 三维果树结构　(b) *xy*平面投影　(c) *yz*平面投影

图 8-26　果树仿真场景 2

(a) 三维果树场景　(b) *yz*平面投影　(c) *xy*平面投影

图 8-27　果树仿真场景 3

总体上可以看到，在 RRT*算法的基础上，结合三次 B 样条插值的方式能够为作业臂末端提供一条较为合理的路径。该路径光滑且较为平滑，使作业臂末端手爪具有初步的运动规划基础。

8.6　机器人作业仿真实验

8.6.1　仿真模型建立

根据对机器人上半身模型的建立，利用机器人仿真工具箱对机器人的双臂模型进行运动学的验证。该工具箱是专门应用于机器人学的工具箱，可以实现机器人运动学模型的建立与仿真、机器人正逆运动学的求解，以及轨迹规划等功能。

机器人的主作业臂从肩部到小臂共 5 个旋转关节，辅助作业臂从肩部到左手腕共 6 个旋转关节。机器人主、辅助作业臂仿真模型均以机器人胸部中心坐标系为参考坐标系，并调用工具箱的 Link 类函数，基于改进型 DH 建模法建立其相关关系，再调用 SerialLink 类函数将 Link 函数建立的机器人连杆连成一个整体，生成串联作业臂。

Link 类函数的一种用法为

L = Link([theta，d，a，alpha，sigma，offset]，'modified')

其中，参数 theta 表示关节角；参数 d 表示连杆偏距；参数 a 表示连杆长度；参数 alpha 表示连杆扭转角；参数 sigma 表示关节的类型，旋转关节为 0，移动关节为 1；参数 offset 表示关节变量的偏移量；modified 表示采用改进型 DH 建模。

SerialLink 类函数将以上建立的关节模型连接到一起，如

robot = SerialLink([L1,L2,⋯,L5],'name','right arm')

因此，建立机器人双臂的模型。

辅助作业臂为

```
L1 = Link([0 200 0 pi 0 0],'modified');          L1.qlim = [−120,120]*pi/180;
L2 = Link([0 0 0−pi/2 0−pi/2],'modified');       L2.qlim = [−10,120]*pi/180;
L3 = Link([0 183 0 pi/2 0−pi/2],'modified');     L3.qlim = [−90,90]*pi/180;
L4 = Link([0 0 0−pi/2 0 0],'modified');          L4.qlim = [−120,20]*pi/180;
L5 = Link([0 300 0 pi/2 0 0],'modified');        L5.qlim = [−90,90]*pi/180;
L6 = Link([0 0 0−pi/2 0 0],'modified');          L6.qlim = [−15,15]*pi/180;
```

主作业臂为

```
R1 = Link([0 200 0 0 0 0],'modified');           R1.qlim = [−120,120]*pi/180;
R2 = Link([0 0 0 pi/2 0 pi/2],'modified');       R2.qlim = [−120,10]*pi/180;
R3 = Link([0 183 0−pi/2 0 pi/2],'modified');     R3.qlim = [−90,90]*pi/180;
R4 = Link([0 0 0 pi/2 0−pi/2],'modified');       R4.qlim = [−120,20]*pi/180;
R5 = Link([0 0 0 pi/2 0 0],'modified');          R5.qlim = [−90,90]*pi/180;
```

在上述模型中，qlim 表示关节变量的范围。最后将机器人主、辅助作业臂的最后一个关节坐标系分别变换到末端手掌、手爪之后，机器人双臂初始状态模型如图 8-28 所示。

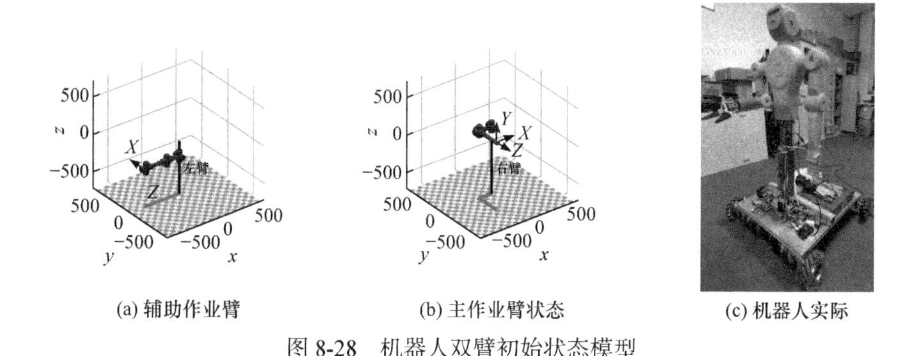

(a) 辅助作业臂　(b) 主作业臂状态　(c) 机器人实际

图 8-28　机器人双臂初始状态模型

根据其初始状态，应用正运动学函数可以得到其末端的位姿，即

$$
T_{L0}=\begin{bmatrix}0 & 1 & 0 & -513\\ 1 & 0 & 0 & 0\\ 0 & 0 & -1 & -200\\ 0 & 0 & 0 & 1\end{bmatrix},\quad T_{R0}=\begin{bmatrix}1 & 0 & 0 & -183\\ 0 & 0 & -1 & -330\\ 0 & 1 & 0 & 200\\ 0 & 0 & 0 & 1\end{bmatrix} \tag{8-5}
$$

8.6.2　正运动学仿真

当分别给定机器人双臂各个关节一组随机角度值，如辅助作业臂 6 个关节为 $(-100°,-10°,30°,-60°,24°,5°)$ 、主作业臂 5 个关节为 $(100°,-10°,30°,-60°,24°)$ 时，可以得到输出仿真模型分别对应的状态。随机角度对应模型状态如图 8-29 所示。

根据上述角度值，主、辅助作业臂末端的位姿为

$$
T_{L1}=\begin{bmatrix}-0.107 & -0.805 & 0.584 & 298.8\\ -0.872 & 0.358 & 0.334 & -272.4\\ -0.478 & -0.473 & -0.740 & -0.0416\\ 0 & 0 & 0 & 1\end{bmatrix}
$$

$$
T_{R1}=\begin{bmatrix}0.374 & -0.734 & 0.567 & 218.4\\ 0.655 & -0.224 & -0.722 & -415.7\\ 0.657 & 0.641 & 0.397 & 362.7\\ 0 & 0 & 0 & 1\end{bmatrix} \tag{8-6}
$$

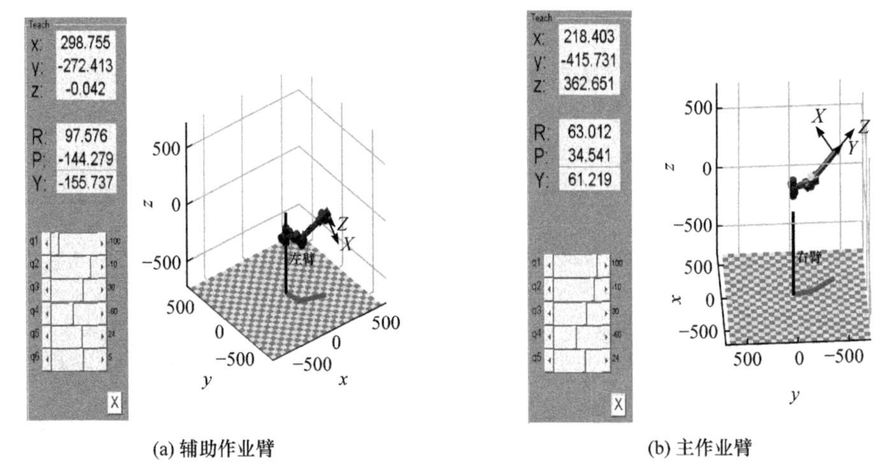

(a) 辅助作业臂　　(b) 主作业臂

图 8-29　随机角度对应模型状态

8.6.3　笛卡儿空间轨迹规划

在笛卡儿空间下，采用空间直线插补法进行规划时，辅助作业臂末端的初始位置为 $A_L(-513,0,-200)$ 、目标位置为 $B_L(298.8,-272.4,-0.0416)$ ；主作业臂末端的初始位置为 $A_R(-183,-330,200)$ 、目标位置为 $B_R(218.4,-415.7,362.7)$ 。双臂空间直线轨迹规划如图 8-30 所示。

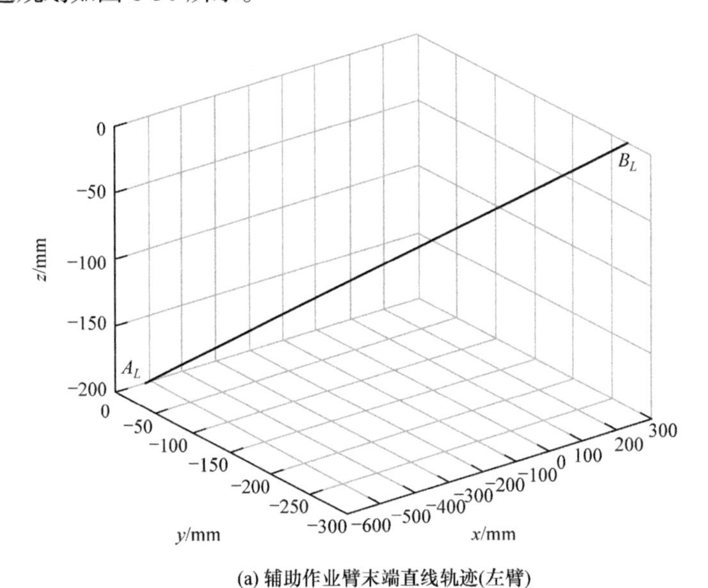

(a) 辅助作业臂末端直线轨迹(左臂)

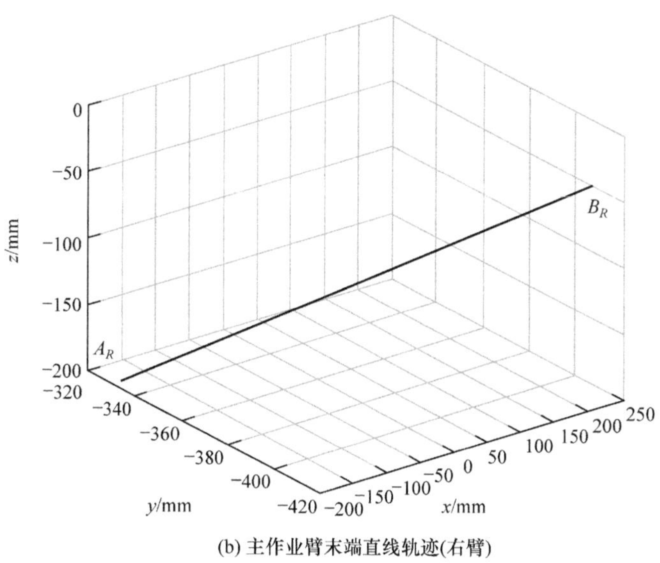

(b) 主作业臂末端直线轨迹(右臂)

图 8-30　双臂空间直线轨迹规划

在笛卡儿空间下，采用空间圆弧插补法进行规划，辅助作业臂末端的初始位置为 $A_L(-513,0,-200)$，各个关节角度值为 $(-80°,-10°,20°,-30°,12°,2°)$ 时，对应的路径点位置为 $C_L(73.37,-472.4,-63.44)$，目标位置为 $B_L(298.8,-272.4,-0.0416)$；主作业臂末端的初始位置为 $A_R(-183,-330,200)$，各个关节角度值为 $(80°,-10°,20°,-30°,12°)$ 时，对应的路径点位置为 $C_R(207.9,-367.4,356.7)$，目标位置为 $B_R(218.4,-415.7,362.7)$。双臂空间圆弧轨迹规划如图 8-31 所示。

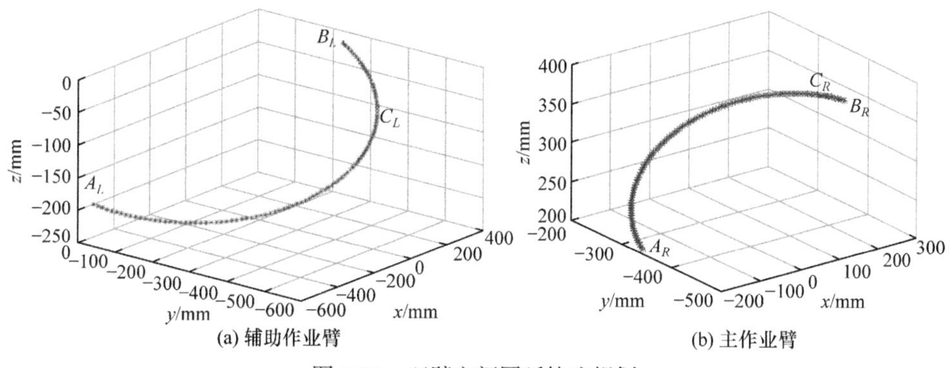

(a) 辅助作业臂　(b) 主作业臂

图 8-31　双臂空间圆弧轨迹规划

8.6.4　关节空间轨迹规划

综合辅助作业臂、主作业臂从初始状态运动到目标位姿状态时，在关节空间下分别采用三次多项式、五次多项式对作业臂进行轨迹规划。关节空间中辅助作

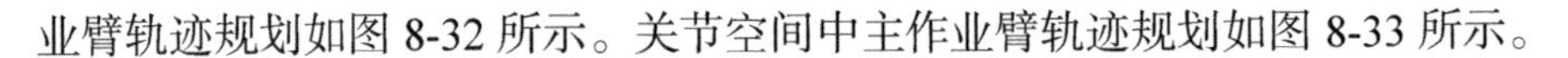
业臂轨迹规划如图 8-32 所示。关节空间中主作业臂轨迹规划如图 8-33 所示。

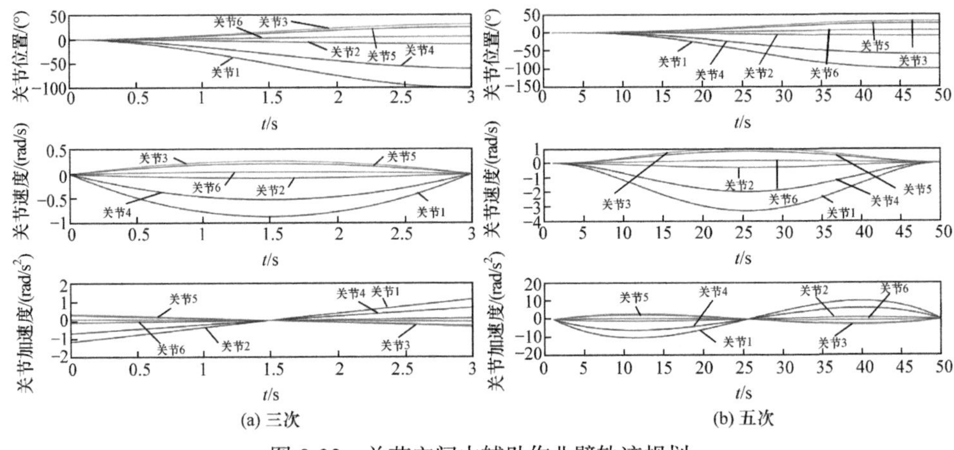

图 8-32　关节空间中辅助作业臂轨迹规划

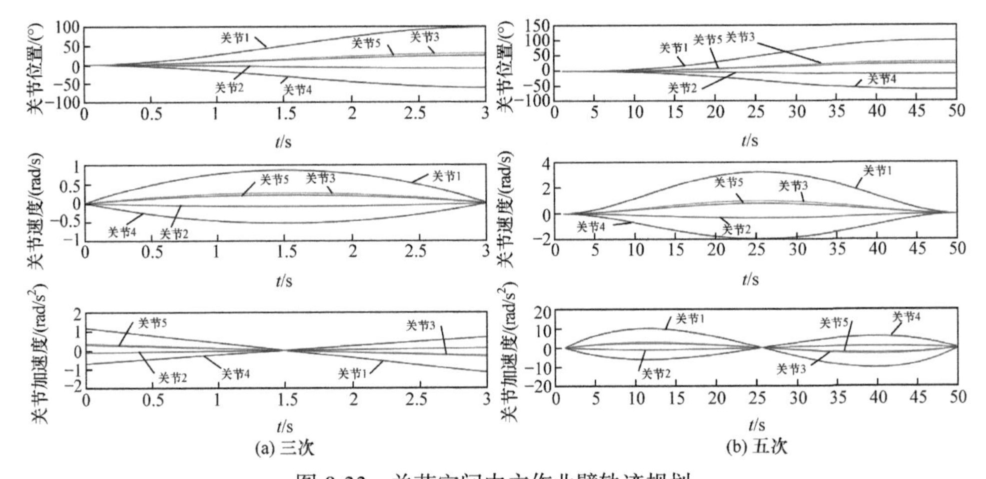

图 8-33　关节空间中主作业臂轨迹规划

8.7　作业臂避障规划实验

本节对作业臂在运动过程中进行避障规划实验验证。设已知摄像头获取的目标苹果中心点 A 相对于摄像头坐标系 $\{C\}$ 的位置坐标为 ${}^{C}P(118.92,-48,1113.5)$，根据感知系统的转换关系，将其转换到机器人大地坐标系 $\{G\}$ 中的位置坐标为 ${}^{G}P(86.42,1368,1098)$，位置单位均为 mm(下同)。在这种情况下，由于机器人平台主作业系统的自由度数较多，且具有移动小车的平移及旋转、腰部的两个旋转及升降等功能，可以只应用作业臂的小臂及末端执行器伸进树冠中进行摘取。因此，根据已知的无碰路径，只需对右小臂与障碍物进行碰撞检测。根据避障规划算法，确定作业臂末端到达目标点时，末端和肘部中心点在大地基坐标系 $\{G\}$ 中的位置坐标分别为 $A(86.42,1368,1098)$ 和 $R_2(223.5,1284,844.4)$ 。

末端执行器的运动路径即线段 R_2A 。当小臂跟踪路径 R_2A 运动时，即可确定肘部关节的位置坐标。将末端、肘部关节分别记为 P 、 E ，则

$$PA = EP \tag{8-7}$$

可以确定肘部关节对应于末端起始点、终止点的位置坐标分别为 $E_{R2}(360.58,1200,590.8)$ 、 $E_A(223.5,1284,844.4)$ 。

对于待采摘苹果，位置的影响较大，因此利用笛卡儿空间下的直线插补法对机器人进行轨迹规划。首先，对线段 R_2A 进行插值，同时得到肘部关节的插补点。设插补点为 7 个，以及两个端点，线段 R_2A 、 PR_2 上共有 9 个点。根据式(8-7)可得起始点、终止点和插补点的位置坐标，并分别记为

第 1 个： $R_2(223.5,1284,844.4)$， $E_{R2}(360.58,1200,590.8)$

第 2 个： $R_{21}(206.365,1294.5,876.1)$， $E_{21}(343.445,1210.5,622.5)$

第 3 个： $R_{22}(189.23,1305.0,907.8)$， $E_{22}(326.31,1221.0,654.2)$

第 4 个： $R_{23}(172.095,1315.5,939.5)$， $E_{23}(309.175,1231.5,685.9)$

第 5 个： $R_{24}(154.96,1326.0,971.2)$， $E_{24}(292.04,1242.0,717.6)$

第 6 个： $R_{25}(137.825,1336.5,1002.9)$， $E_{25}(274.905,1252.5,749.3)$

第 7 个： $R_{26}(120.69,1347.0,1034.6)$， $E_{26}(257.77,1263.0,781.0)$

第 8 个： $R_{27}(103.555,1357.5,1066.3)$， $E_{27}(240.635,1273.5,812.7)$

第 9 个： $A(86.42,1368,1098)$， $E_A(223.5,1284,844.4)$

因此，可以得到从起始点到目标点主作业臂小臂跟踪路径的运动轨迹。小臂跟踪路径轨迹如图 8-34 所示。

从点 R_2 到点 A 的线段即末端手爪的运动轨迹，点 E_{R2} 到点 E_A 的线段路径即肘部关节的运动轨迹，且点 R_2 与点 E_A 是重合的。

综上，以肘部关节所在位置为目标点，利用主作业系统逆运动学分析方法，给定主作业臂肩部前后抬、侧抬两个关节角度值，求得机器人下半身各个关节角度值。然后，应用正运动学确定肩部的位置坐标值，并记为点 J 。

根据式(7-26)和式(7-27)，可以得到肘部关节角度值，即

$$\theta_{g4} = \arccos\left(\frac{EP \cdot JE}{|EP||JE|}\right) - 90° \tag{8-8}$$

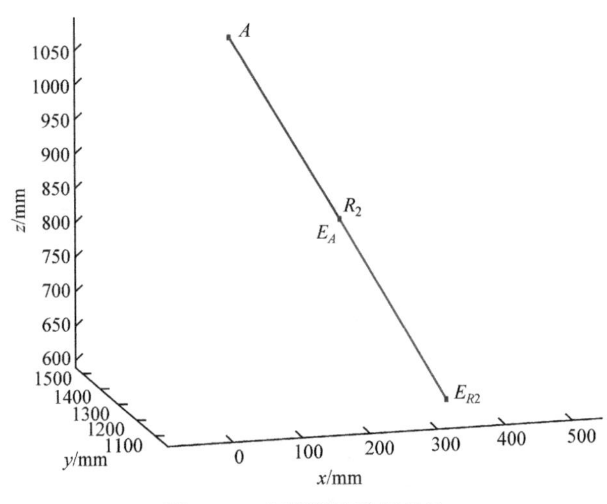

图 8-34　小臂跟踪路径轨迹

在以上各个位置点处，最终获取末端所处的实际位置坐标，以及机器人主作业系统中各个关节角度值。位置坐标及关节角度值如表 8-6 所示。

表 8-6　位置坐标及关节角度值

末端位置点 P	主作业臂各个关节角度值/(°)	下半身各个关节运动量
(224.18,1284.9,844.16)	90,−10,−15,−12.83,0	$d_x=457, d_y=645.6, \theta_3=0°, \theta_4=68.05°$, $h_z=-83.9, \theta_6=-16.71°, \theta_7=-18.07°$
(207.01,1295.4,875.88)	90,−10,−15,−12.82,0	$d_x=439.8, d_y=656.1, \theta_3=0°, \theta_4=68.05°$, $h_z=-52.2, \theta_6=-16.71°, \theta_7=-18.07°$
(189.88,1305.9,907.56)	90,−10,−16.5,−12.83,0	$d_x=422.7, d_y=666.6, \theta_3=0°, \theta_4=68.05°$, $h_z=-20.5, \theta_6=-16.71°, \theta_7=-18.07°$
(174.85,1306,943.59)	90,−10,−16.5,−11.21,0	$d_x=405.6, d_y=677.1, \theta_3=0°, \theta_4=68.05°$, $h_z=11.2, \theta_6=-16.71°, \theta_7=-18.07°$
(158.7,1324.9,973.26)	90,−10,−15,−12,0	$d_x=388.4, d_y=687.6, \theta_3=0°, \theta_4=68.05°$, $h_z=42.9, \theta_6=-16.71°, \theta_7=-18.07°$
(132.49,1317.4,1005.2)	110,−5,−15.6,−6.106,0	$d_x=153.3, d_y=730.6, \theta_3=0°, \theta_4=1.893°$, $h_z=-45.09, \theta_6=-28.68°, \theta_7=13.29°$
(118.03,1321.9,1039.8)	110,−5,−15,−4.882,0	$d_x=136.2, d_y=730.6, \theta_3=0°, \theta_4=1.893°$, $h_z=-13.39, \theta_6=-28.68°, \theta_7=13.29°$
(100.87,1326.1,1072.8)	110,−5,−15,−3.661,0	$d_x=119.1, d_y=751.6, \theta_3=0°, \theta_4=1.893°$, $h_z=18.31, \theta_6=-28.68°, \theta_7=13.29°$
(83.68,1330.4,1105.7)	110,−5,−15,−2.44,0	$d_x=101.9, d_y=762.1, \theta_3=0°, \theta_4=1.893°$, $h_z=50.01, \theta_6=-28.68°, \theta_7=13.29°$

根据表 8-6，末端的解与路径上插补点的位置坐标有小量误差存在，但是在允许的范围内，不会影响柔性手爪成功摘取到目标苹果。此外，在第五组实验中，由于所求肘部关节的实际角度值为 $-9.581°$，但是其引起的误差较大，因此将其进行补偿后，得到肘部关节的角度值为 $-12°$。

综上，将各个关节角度值通过控制系统下发至机器人平台，可以得到作业臂小臂跟随路径 R_2A 的运动过程，如图 8-35 所示。

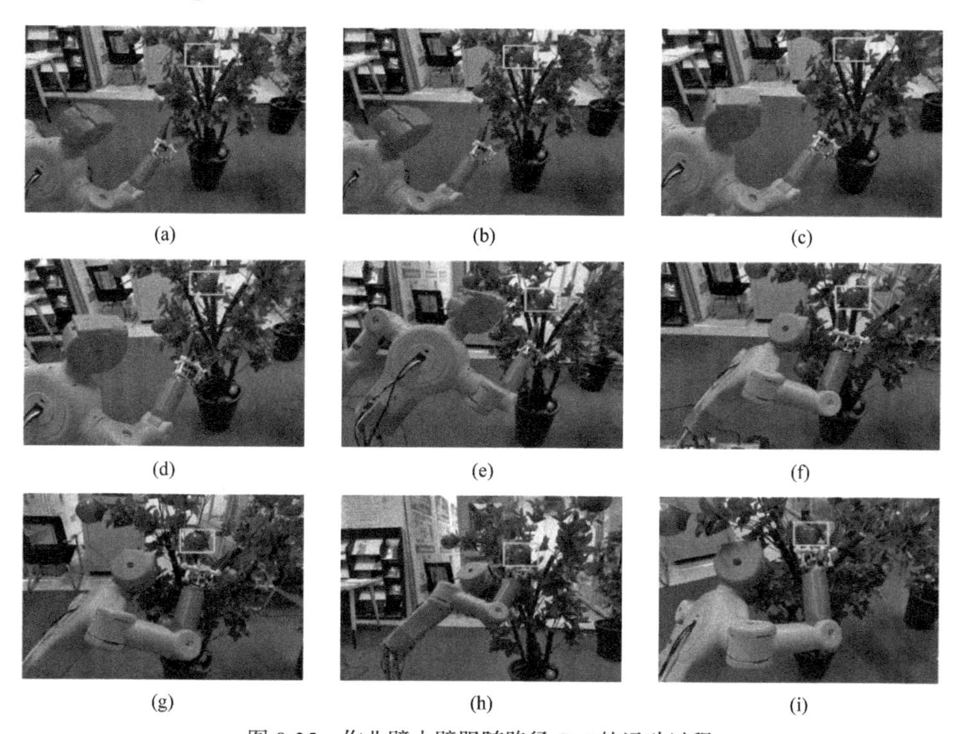

(a) (b) (c) (d) (e) (f) (g) (h) (i)

图 8-35　作业臂小臂跟随路径 R_2A 的运动过程

图 8-35 表示主作业小臂跟踪直线路径 R_2A 时的实际运动轨迹。图 8-35(a)中手爪中心所处位置对应图 8-34 中 $E_A(R_2)$位置点，肘部关节所处的位置对应图 8-34 中的 E_{R2} 位置点。此外，从图 8-35(b)和图 8-35(c)，右末端从路径点 R_{21} 运动至路径点 R_{27}，右肘部关节从路径点 E_{21} 运动至路径点 E_{27}。最后，图 8-35(i)中，末端手爪到达终止位置点 A，肘部关节也到达位置点 R_2。由实验得出，在作业臂跟踪最终路径，确定好机器人上半身各个关节角度值时，只需要控制下半身的移动平台及腰部升降关节配合运动。

8.8 苹果采摘实验

8.8.1 采摘实验示例

在实验过程中，(p_{Cx},p_{Cy},p_{Cz})，$(p'_{Cx},p'_{Cy},p'_{Cz})$和$(p''_{Cx},p''_{Cy},p''_{Cz})$分别代表双目摄像头第一次看到目标苹果相对于坐标系$\{C\}$的位置，双目跟踪到目标苹果后得到的位置，以及移动小车补偿后得到目标苹果的位置；(p_{Gx},p_{Gy},p_{Gz})和$(p'_{Gx},p'_{Gy},p'_{Gz})$分别代表目标苹果在大地坐标系中的理论位置值和实际位置值；(p_{Ox},p_{Oy},p_{Oz})和$(p'_{Ox},p'_{Oy},p'_{Oz})$分别代表二次跟踪到目标苹果在胸部中心坐标系$\{O\}$中的位置和小车补偿后苹果在胸部中心坐标系$\{O\}$中的位置。

1) 第一步

机器人作业系统平台在实验刚开始时，机器人各个关节都处于初始状态，每个旋转角度和平移距离均为 0。因此，可根据式(6-18)，以及摄像头得到的目标苹果位姿${}_{A}^{C}T$，即

$$
\begin{aligned}
{}_{A}^{G}T &= {}_{C}^{G}T\,{}_{A}^{C}T \\
&= \begin{bmatrix} 1 & 0 & 0 & -32.5 \\ 0 & 0 & 1 & 254.5 \\ 0 & -1 & 0 & 1050 \\ 0 & 0 & 0 & 1 \end{bmatrix}
\begin{bmatrix} 0.8672 & -0.04662 & -0.4958 & 123.117 \\ -0.4348 & -0.5561 & -0.7083 & 204.16 \\ -0.2427 & 0.8298 & -0.5025 & 1151 \\ 0 & 0 & 0 & 1 \end{bmatrix} \\
&= \begin{bmatrix} 0.8672 & -0.04662 & -0.4958 & 90.62 \\ -0.2427 & 0.8298 & -0.5025 & 1405.5 \\ 0.4348 & 0.5561 & 0.7083 & 845.8 \\ 0 & 0 & 0 & 1 \end{bmatrix}
\end{aligned} \tag{8-9}
$$

由 $p_{Cy}=204.16>0$ 判断出目标苹果在双目摄像头视线以下，因此将手臂末端即手爪中心到腰部模型的各个关节分别设置为$10°$、$10°$、$30°$、$10°$和$-60°$。根据式(6-45)、式(6-46)和式(8-9)，可以得到腰部在大地坐标系中的目标位姿，即

$$
{}_{W}^{G}T_{\text{float}} = {}_{A}^{G}T\,{}_{W}^{A}T = \begin{bmatrix} 0.2441 & -0.9096 & -0.3362 & -203.8 \\ 0.103 & 0.369 & -0.9237 & 1079.0 \\ 0.9643 & 0.1909 & 0.1838 & 573.6 \\ 0 & 0 & 0 & 1 \end{bmatrix} \tag{8-10}
$$

2) 第二步

根据式(6-51)和式(8-10)，可以得到小车到腰部模型各个关节所需的运动

量，即

$$\begin{cases} d_x = -203.8\text{mm} \\ d_y = 892.9\text{mm} \\ \theta_3 = 0° \\ \theta_4 = -20° \\ h_z = 28.64\text{mm} \\ \theta_6 = -10.59° \\ \theta_7 = -11.2° \end{cases} \tag{8-11}$$

在满足假设作业臂已经成功抓取到苹果的条件下，已求解到作业分支各关节的角度值。另外，在手臂末端到腰部和腰部到手臂末端两个模型中，所选取基坐标系的不同，导致在作业分支中进行验证时，后五个关节角度值与给定角度值的正负是相反的，即右手臂各个关节角度值分别为60°、−10°、−30°、−10°、−10°。

3) 第三步

对目标苹果实现二次跟踪，求解机器人头部运动量为$\alpha_1 = -7.39°$(抬头为正)、$\alpha_2 = -19.55°$(逆时针为正)，此时将摄像头获取的目标苹果的姿态记为R，其位置为$(p'_{Cx}, p'_{Cy}, p'_{Cz}) = (38.18, 62.87, 248)$。由于抓取苹果时位置影响较大，因此只考虑其位置的影响，将位置坐标转换到机器人胸部中心坐标系$\{O\}$后，得到其位置坐标值为$(p_{Ox}, p_{Oy}, p_{Oz}) = (129.5, -285.8, 111.3)$，即根据式(6-24)得到${}^O_AT$(姿态为理想情况下的姿态)，即

$$\begin{aligned} {}^O_AT &= {}^O_CT\,{}^C_AT \\ &= \begin{bmatrix} 0.04304 & -0.9917 & -0.1212 & 220.3 \\ 0.3318 & 0.1286 & -0.9345 & -74.8 \\ 0.9423 & 0 & 0.3346 & -7.704 \\ 0 & 0 & 0 & 1 \end{bmatrix} \begin{bmatrix} & & & 38.18 \\ & R & & 62.87 \\ & & & 248 \\ 0 & 0 & 0 & 1 \end{bmatrix} \\ &= \begin{bmatrix} 0.5101 & 0.606 & 0.6103 & 129.5 \\ 0.761 & 0.01258 & -0.6486 & -285.8 \\ -0.4007 & 0.7954 & -0.4548 & 111.3 \\ 0 & 0 & 0 & 1 \end{bmatrix} \end{aligned} \tag{8-12}$$

式(8-12)中的${}^O_AT$即图 6-18 中末端执行器期望到达的目标位姿。根据式(6-56)、数值法和式(8-12)，可得符合手臂各个关节限度的两组角度值，即

$$\begin{cases} \text{analysis}: (59.57°, -15.12°, -27.38°, -7.05°, -5.74°) \\ \text{iteration}: (60.83°, -23.33°, -31.60°, 8.996°, 1.91°) \end{cases} \tag{8-13}$$

将两组解分别代入式(6-54)，可以得到末端实际到达的位姿，即

$$
{}_{P}^{O}T_{\text{analysis}}=\begin{bmatrix} 0.5176 & 0.5685 & 0.6395 & 102.4 \\ 0.7577 & 0.04282 & -0.6513 & -347.7 \\ -0.3976 & 0.8216 & -0.4086 & 125.2 \\ 0 & 0 & 0 & 1 \end{bmatrix} \tag{8-14}
$$

$$
{}_{P}^{O}T_{\text{iteration}}=\begin{bmatrix} 0.3621 & 0.6102 & 0.7046 & 129.5 \\ 0.886 & 0.009612 & -0.4636 & -285.8 \\ -0.2897 & 0.7922 & -0.5372 & 111.3 \\ 0 & 0 & 0 & 1 \end{bmatrix} \tag{8-15}
$$

观察式(8-14)和式(8-15)，虽然两组解得到的姿态都与目标苹果实际的姿态不符，但是在抓取过程中，影响最大的是位置，只要位置在合理的误差范围内，都可以成功地抓取到苹果。本实验中，两组解都可以成功抓取苹果，但为了保证抓取的精度，使用迭代解进行抓取。采摘实验抓取过程如图 8-36 所示。

(a) 初始状态

(b) 腰部以下动作

(c) 目标追踪前

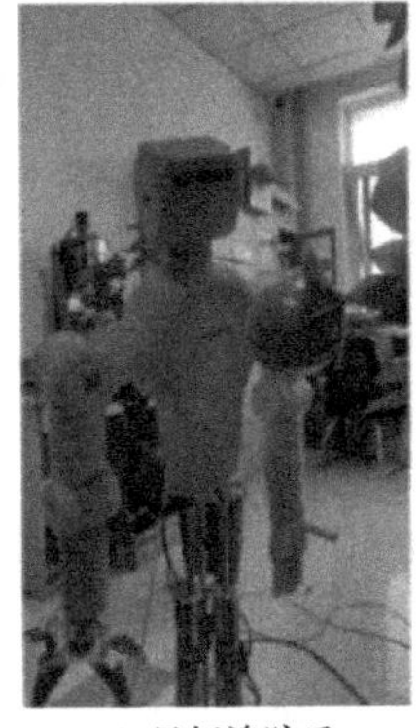

(d) 目标追踪后

(e) 解析解

(f) 数值解

图 8-36　采摘实验抓取过程

初始状态时，以移动平台所在位置的中心点为大地基坐标系$\{G\}$，并将视觉系统获取的目标位置信息经过感知系统的变换，确定待采摘目标苹果在大地坐标系中的位姿关系，再给定主作业臂末端抓取到苹果时的预设关节角度值，得到机器人下半身各个关节的运动量(图 8-36(a))。初始状态得到的下半身关节值下发至底层并驱动下半身动作至目标点后机器人的状态(图 8-36(b))。下半身动作后，相机视野内看不到目标苹果(图 8-36(c))。经过目标追踪后，目标苹果又出现在相机视野内并可获取的目标苹果相对于机器人胸部中心$\{O\}$的位置信息((图 8-36(d)))。图 8-36(e)和图 8-36(f)表示采用不同求逆解的方法得到主作业臂各个关节角度值，并下发至驱动舵机完成作业任务。

8.8.2　误差校正

当小车运动量和机器人自身结构的误差较大时，本书提出模型分离逆运动学算法也会求不出合适的解。此时，为了能够成功抓取到苹果，需要移动小车来补偿误差。

(1) 获取第一次看到目标苹果在大地坐标系的位姿${}_A^GT$。

(2) 当小车、机器人脚部和腰部都运动到指定位置后，获取摄像头追踪到目标苹果相对于坐标系$\{O\}$的位姿${}_A^OT$。

(3) 找出胸部中心$\{O\}$与腰部末端$\{W\}$坐标系之间的关系，即

$${}_O^WT=\begin{bmatrix}1&0&0&275\\0&0&-1&0\\0&1&0&0\\0&0&0&1\end{bmatrix}\tag{8-16}$$

(4) 将小车、机器人脚部和腰部结构关节的运动量代入式(6-48)，得到${}_W^GT'$。得到目标苹果相对于大地坐标系的实际位姿为${}_W^GT'{}_O^WT{}_A^OT$，并将其记为${}_A^GT'$。

(5) ${}_A^GT$与${}_A^GT'$分别为目标苹果在大地坐标系中的理论位姿和实测位姿，但是此处只比较两者的位置关系。这是因为${}_A^GT$是将末端旋转至与大地基坐标系一致，而${}_A^GT'$没有，所以两者的姿态会有差异，但是位置值在理论上是相等的。运动结束后的小车在x、y方向还需要补偿的值分别为

$$d_x'={}_A^GT(1,4)-{}_A^GT'(1,4),\quad d_y'={}_A^GT(2,4)-{}_A^GT'(2,4)\tag{8-17}$$

(6) 将小车分别沿x、y方向移动d_x'、d_y'后，由于是微量的补偿，双目摄像头仍可以观测到目标苹果，因此可以继续使用牛顿迭代法进行逆运动学的求解。

当出现这种情况时，利用上述方法进行误差的补偿，从而解决求不出合适解

的问题。

刚开始进行抓取实验时，目标苹果在大地中的位姿为

$$
{}_{A}^{G}T={}_{C}^{G}T\,{}_{A}^{C}T=\begin{bmatrix} 0.9341 & -0.07268 & 0.3494 & 22.3 \\ 0.3527 & 0.3372 & -0.8728 & 1234.0 \\ -0.05439 & 0.9386 & 0.3406 & 1164.0 \\ 0 & 0 & 0 & 1 \end{bmatrix} \tag{8-18}
$$

根据式(6-45)和式(8-18)，给定手臂末端即手爪中心到腰部模型的各个关节角度值为0°、45°、20°、5°和−110°时，可以得到腰部在大地坐标系中的位姿，即

$$
{}_{W}^{G}T'={}_{A}^{G}T\,{}_{W}^{A}T=\begin{bmatrix} 0.3472 & -0.7818 & 0.518 & -153.1 \\ 0.0567 & -0.5338 & -0.8437 & 854.4 \\ 0.9361 & 0.3223 & -0.141 & 611.6 \\ 0 & 0 & 0 & 1 \end{bmatrix} \tag{8-19}
$$

根据式(6-51)和式(8-19)，可以得到小车到腰部模型中各个关节所需运动量，即

$$
\begin{cases} d_x=-153.1\text{mm} \\ d_y=668.4\text{mm} \\ \theta_3=0^\circ \\ \theta_4=31.55^\circ \\ h_z=66.56\text{mm} \\ \theta_6=8.106^\circ \\ \theta_7=-19^\circ \end{cases} \tag{8-20}
$$

当腰部到达悬浮状态后，利用高斯牛顿算法，求解机器人二次追踪到苹果时，头部需要转动的角度值$\alpha_1=20.67^\circ$(抬头为正)、$\alpha_2=-31.31^\circ$(逆时针为正)。获取的目标苹果此时相对于坐标系$\{C\}$的位置坐标为$(p'_{Cx},p'_{Cy},p'_{Cz})=(-42.4878, 0.7516, 232)$，因此根据式(6-24)可得

$$
{}_{A}^{O}T={}_{C}^{O}T\,{}_{A}^{C}T=\begin{bmatrix} 0.3907 & 0.2934 & 0.8725 & 333.7 \\ 0.8694 & 0.1939 & -0.4545 & -276.9 \\ -0.3026 & 0.9361 & -0.1793 & 92.09 \\ 0 & 0 & 0 & 1 \end{bmatrix} \tag{8-21}
$$

根据式(8-21)中的目标位姿，利用解析法和迭代法都求不出合适的逆解。因此，利用小车的移动对误差进行补偿。

(1) 由式(8-18)，理论上目标苹果相对于大地坐标系的目标位姿${}_{A}^{G}T$，其中位

置值为$(p_{Gx}, p_{Gy}, p_{Gz}) = (22.3, 1234, 1164)$。

(2) 根据式(8-16)、式(8-19)和式(8-21)，得到的目标苹果在大地中的实际位姿为

$$ {}_{A}^{G}T' = {}_{W}^{G}T' {}_{O}^{W}T {}_{A}^{O}T \tag{8-22} $$

其中，${}_{A}^{G}T'$ 的位置为$(p'_{Gx}, p'_{Gy}, p'_{Gz}) = (-13.21, 1172, 1191)$。

利用移动小车来补偿该误差时，只能补偿其在 x 、y 方向上的误差，因此为了满足(p_{Gx}, p_{Gy})与(p'_{Gx}, p'_{Gy})相等的条件，小车需要沿 x 、y 方向移动的距离为

$$ \begin{cases} d'_x = 35.51 \text{ mm} \\ d'_y = 62 \text{ mm} \end{cases} \tag{8-23} $$

当小车移动到最终指定的位置后，使用摄像头读取目标苹果的位置为$(p''_{Cx}, p''_{Cy}, p''_{Cz}) = (65.1125, 28.458, 288)$，转换到机器人胸部中心坐标系$\{O\}$中的位置为$(p'_{Ox}, p'_{Oy}, p'_{Oz}) = (304.9, -279.2, 213.1)$。此时可得

$$ {}_{A}^{O}T' = {}_{C}^{O}T {}_{A}^{C}T' = \begin{bmatrix} 0.3907 & 0.2934 & 0.8725 & 304.9 \\ 0.8694 & 0.1939 & -0.4545 & -279.2 \\ -0.3026 & 0.9361 & -0.1793 & 213.1 \\ 0 & 0 & 0 & 1 \end{bmatrix} \tag{8-24} $$

将 ${}_{A}^{O}T'$ 作为手臂末端执行器的目标位姿，通过牛顿迭代法和解析法求得合适的逆解，即在关节限度内的各个角度值，即

$$ \begin{cases} \text{analysis}: (106.81°, -21.44°, -29.14°, -35.05°, 17.66°) \\ \text{iteration}: (103.4°, -26.07°, -30.84°, -25.69°, 20.47°) \end{cases} \tag{8-25} $$

将两组解分别代入式(6-54)，可以得到末端实际到达的位姿，即

$$ {}_{P}^{O}T_{\text{analysis}} = \begin{bmatrix} 0.3891 & 0.2684 & 0.8812 & 313.6 \\ 0.8755 & 0.1898 & -0.4444 & -296.4 \\ -0.2865 & 0.9444 & -0.1611 & 218.6 \\ 0 & 0 & 0 & 1 \end{bmatrix} \tag{8-26} $$

$$ {}_{P}^{O}T_{\text{iteration}} = \begin{bmatrix} 0.3285 & 0.3163 & 0.89 & 305.1 \\ 0.8994 & 0.1829 & -0.397 & -279.0 \\ -0.2883 & 0.9309 & -0.2245 & 213.1 \\ 0 & 0 & 0 & 1 \end{bmatrix} \tag{8-27} $$

由式(8-26)和式(8-27)，位置与苹果实际位置的误差在允许范围内，因此两组解都可以成功抓取到目标苹果。校正误差后抓取苹果实验如图 8-37 所示。

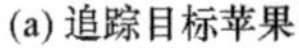
(a) 追踪目标苹果

(b) 误差补偿前抓取

(c) 误差补偿后抓取

图 8-37　校正误差后抓取苹果实验

8.8.3　双臂作业实验

当主作业系统在摘取果树树冠内侧的苹果时，若不存在无碰路径或规划的无碰路径不合理时，可以采取辅助作业臂将枝干拉开，再使用主作业臂摘取苹果。为了主、辅助作业双臂协调作业，机器人脚部旋转的角度应尽可能小。同时，辅助作业臂末端的目标枝干点，也与待采摘目标苹果保持了一定的距离。双臂作业实验如图 8-38 所示。

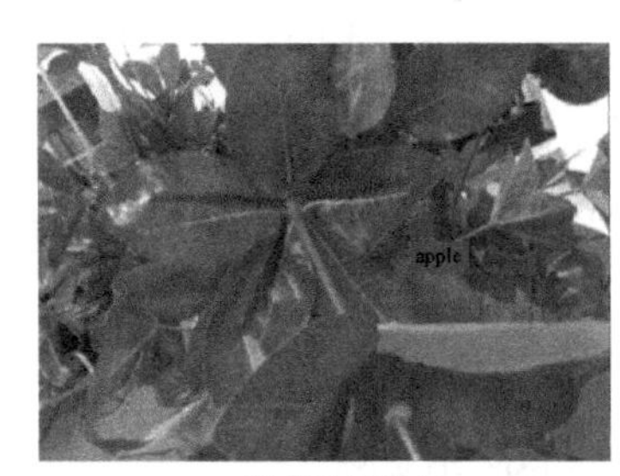

(a) 隐藏目标苹果

(b) 追踪目标苹果

(c) 双臂抓取

图 8-38　双臂作业实验

图 8-38(a)为相机识别到的被树叶遮挡住的待采摘苹果。图 8-38(b)和图 8-38(c)分别表示辅助作业臂拨开树枝后，主作业臂摘取到苹果时相机中检测到的状态和现场实际抓取状态。

因此，当待采摘苹果隐藏在树干或树叶后面，并且无碰路径规划不合理时，可以采用辅助作业系统辅助主作业系统完成作业任务。

综合以上实验，轮/履式仿人机器人平台的平均采摘成功率达 97%以上，并且从主作业臂开始动作到摘取成功的平均采摘时间在 8.2s 左右。

8.9 本章小结

本章首先通过机器人仿真工具箱对建立的模型进行仿真实验。然后，根据前两章提出的控制算法，在 ROS 下编写控制程序，在机器人上进行实时控制实验，并对实验过程的误差进行校正。最后，使用双臂对隐藏在树干、树叶后的目标苹果进行摘取实验。

参 考 文 献

[1] Nicola S, Daniele D S, Leonardo L, et al. MPC for humanoid gait generation: stability and feasibility. IEEE Transactions on Robotics, 2020, 36(4): 1171-1188.

[2] Zhang Y, Huang H C, Yan X G, et al. Inverse-free solution to inverse kinematics of two-wheeled mobile robot system using gradient dynamics method//The 2016 3rd International Conference on Systems and Informatics, Shanghai, 2016: 126-132.

[3] 国家机器人标准化总体组. 中国机器人标准化白皮书(2017). 沈阳: 中国科学院沈阳自动化研究所, 2017.

[4] Klein C A, Huang C H. Review of pseudoinverse control for use with kinematically redundant manipulators. IEEE Transactions on Systems, Man, and Cybernetics: Systems, 1983, 13(2): 245-250.

[5] Galicki M. Inverse kinematics solution to mobile manipulators. International Journal of Robotics Research, 2003, 22(12): 1041-1064.

[6] Aristidou A, Lasenby J. Inverse kinematics: a review of existing techniques and introduction of a new fast iterative solver. Cambridge: University of Cambridge Department of Engineering, 2009.

[7] Aristidou A, Chrysanthou Y, Lasenby J. Extending fabrik with model constraints. Computer Animation and Virtual Worlds, 2016, 27(1): 35-57.

[8] Tcho'n K, Jakubiak J. Endogenous configuration space approach to mobile manipulators: a derivation and performance assessment of Jacobian inverse kinematics algorithms. International Journal of Control, 2003, 76(14): 1387-1419.

[9] Phillipe S, Cardoso F, Raimundo C S, et al. M-FABRIK: a new inverse kinematics approach to mobile manipulator robots based on FABRIK. IEEE Access, 2020, 8: 208836-208849.

[10] Rokbani N, Alimi A M. Inverse kinematics using particle swarm optimization, a statistical analysis. Procedia Eng, 2013, 64: 1602-1611.

[11] Duka A V. ANFIS based solution to the inverse kinematics of a 3DOF planar manipulator. Procedia Technol, 2015, 19: 526-533.

[12] Ram R V, Pathak P M, Junco S J. Inverse kinematics of mobile manipulator using bidirectional particle swarm optimization by manipulator decoupling. Mechanism and Machine Theory, 2019, 131: 388-405.

[13] 华为技术有限公司. 全球产业展望 GIV@2025 报告. 深圳: 华为技术有限公司, 2018.

[14] Li Q H, Mu Y Q, You Y, et al. A hierarchical motion planning for mobile manipulator. IEEE Transactions on Electrical and Electronic Engineering, 2020, 15: 1390-1399.

[15] 余敏, 罗建军, 王明明, 等. 一种改进 RRT*结合四次样条的协调路径规划方法. 力学学报, 2020, 52(4): 1024-1034.

[16] 胡杰, 张华, 傅海涛, 等. 改进人工势场法在移动机器人路径规划中的应用. 机床与液压,

2021, 49(3): 6-10.

[17] Eun Y, Bang H C. Cooperative task assignment/path planning of multiple unmanned aerial vehicles using genetic algorithms. Journal of Aircraft, 2009, 46(1): 338-343.

[18] Singh A, Pandey P, Nandi G C. Effectiveness of multi-gated sequence model for the learning of kinematics and dynamics of an industrial robot. Industrial Robot, 2020, 48(1): 62-67.

[19] Safeea M, R Béarée P N. Collision avoidance of redundant robotic manipulators using Newton's method. Journal of Intelligent & Robotic Systems, 2020, 99(3,4): 673-681.

[20] Wen S H, Hu X, Lv X, et al. Q-learning trajectory planning based on Takagi-Sugeno fuzzy parallel distributed compensation structure of humanoid manipulator. International Journal of Advanced Robotic Systems, 2019, 16(1): 321-332.

[21] Khan A H, Li S, Luo X. Obstacle avoidance and tracking control of redundant robotic manipulator: an RNN-based metaheuristic approach. IEEE Transactions on Industrial Informatics, 2020, 16(7): 4670-4680.

[22] Kuffner J J, LaValle S M. RRT-connect: an efficient approach to single-query path planning// Proceedings of the 2000 ICRA, Millennium Conference, IEEE International Conference on Robotics and Automation ,Symposia Proceedings, San Francisco, 2000, 2: 995-1001.

[23] Bruce J, Veloso M M. Real-time randomized path planning for robot navigation. Robot Soccer World Cup, 2002, 2752: 288-295.

[24] Yuan C R, Liu G F. An efficient RRT cache method in dynamic environments for path planning. Robotics and Autonomous Systems, 2020, 131: 22-29.

[25] Zhang H J. Path planning of industrial robot based on improved RRT algorithm in complex environments. IEEE Access, 2018, 6: 53296-53306.

[26] Wang X Y. Bidirectional potential guided RRT* for motion planning. IEEE Access, 2019, 7: 95034-95045.

[27] Selin M, Tiger M, Duberg D, et al. Efficient autonomous exploration planning of large-scale 3-D environments. IEEE Robotics and Automation Letters, 2019, 4 (2): 1699-1706.

[28] Gottschalk S, Lin M C , Manocha D. OBB tree:a hierarchical structure for rapid interference detection//SIGGRAPH 96 Conference Proceedings, Annual Conference Series,ACM SIFFRAPH, New Orleans, 1996: 171-180.

[29] Ponamgi M K, Manocha D, Lin M C. Incremental algorithms for collision detection between polygonal models. IEEE Transactions on Visualization and Computer Graphics, 1997, 3(1): 51-64.

[30] Baciu G, BadescuV, Cheval S, et al. Computing global and diffuse solar hourly irradiation on clear sky.Review and testing of 54 models. Renewable & Sustainable Energy Reviews, 2012, 16(3): 1636-1656.

[31] Teschner M, Kimmerle S, Heidelberger B, et al. Collision detection for deformable object. Computer Graphics Forum, 2005, 24(1): 61-81.

[32] 金汉均, 李朝巧, 张晓亮, 等. 基于遗传算法的凸多面体间碰撞检测算法研究. 华中师范大学学报, 2006, 40(1): 52-54.

[33] 熊玉梅. 虚拟环境中物体碰撞检测技术的研究. 上海: 上海大学, 2011.

[34] 梁小红, 刘少强. 三维织物动感模拟及碰撞检测算法研究. 电脑与信息技术, 2006, 14(6): 37-39.

[35] 王季, 瞿正军, 蔡小斌. 基于深度纹理的实时碰撞检测算法. 计算机辅助设计与图形学学报, 2007, 19(1): 59-64.

[36] Ayusawa K, Venture G, Nakamura Y. Identifiability and identification of inertial parameters using the underactuated base-link dynamics for legged multibody systems. International Journal of Robotics Research, 2014; 33(3): 446-468.

[37]Bloesch M, Hutter M, Hoepflinger M, et al. State estimation for legged robots-consistent fusion of leg kinematics and IMU//Proceedings of Robotics: Science and Systems, Sydney, 2013: 17-24.

[38] Lin J, Hwang K, Jiang W, et al. Gait balance and acceleration of a biped robot based on Q-learning. IEEE Access, 2016, 4: 2439-2449.

[39] Hengst B, Lange M, White B. Learning ankle-tilt and foot-placement control for flat-footed bipedal balancing and walking//2011 11th IEEE-RAS International Conference on Humanoid Robots, Bled, 2011: 288-293.

[40] Panwar R, Sukavanam N. Trajectory tracking using artificial neural network for stable human-like gait with upper body motion. Neural Computing & Applications, 2020, 32(7): 2601-2619.

[41] Cadena C, Carlone L, Carrillo H, et al.Past, present, and future of simultaneous localization and mapping: toward the robust-perception age. IEEE Transactions on Robotics, 2016, 32(6): 1309-1332.

[42] Smith R, Self M, Cheeseman P. Estimating uncertain spatial relationships in robotics// Autonomous Robot Vehicles. Berlin, 1990: 167-193.

[43] Crowley J L. World modeling and position estimation for a mobile robot using ultrasonic ranging//ICRA, Montreal, 1989: 674-680.

[44] Julier S J, Uhlmann J K. New extension of the Kalman filter to nonlinear systems//Signal Processing, Sensor Fusion, and Target Recognition VI, London, 1997: 182-193.

[45] Blanco J, Fernandez M J. A new approach for large-scale localization and mapping: hybrid metric-topological SLAM//Proceedings 2007 IEEE International Conference on Robotics and Automation, Rome, 2007: 2061-2067.

[46] Grisetti G, Grzonka S, Stachniss C, et al. Efficient estimation of accurate maximum likelihood maps in 3D//2007 IEEE/RSJ International Conference on Intelligent Robots and Systems, San Diego, 2007: 3472-3478.

[47] Fioraio N, Konolige K. Realtime visual and point cloud slam//Proceedings of the RGB-D Workshop on Advanced Reasoning with Depth Cameras at Robotics: Science and Systems, Los Angeles, 2011: 45-55.

[48] Davison A J. Real-time simultaneous localisation and mapping with a single camera//The 9th IEEE International Conference on Computer Vision, 2003: 1403-1410.

[49] Davison A J, Reid I D, Molton N D, et al. MonoSLAM: real-time single camera SLAM. IEEE Transactions on Pattern Analysis and Machine Intelligence, 2007, 29(6): 1052-1067.

[50] Kümmerle R, Grisetti G, Strasdat H, et al. G2O: a general framework for graph optimization// 2011 IEEE International Conference on Robotics and Automation, Shanghai, 2011: 3607-3613.
[51] Sturm J, Engelhard N, Endres F, et al. A benchmark for the evaluation of RGB-D SLAM systems//2012 IEEE/RSJ International Conference on Intelligent Robots and Systems, Portugal, 2012: 573-580.
[52] Engelhard N, Endres F, Hess J, et al. Real-time 3D visual SLAM with a hand-held RGB-D camera//Proceedings of the RGB-D Workshop on 3D Perception in Robotics at the European Robotics Forum, Vasteras, 2011: 1-15.
[53] Henry P, Krainin M, Herbst E, et al. RGB-D mapping: using kinect-style depth cameras for dense 3D modeling of indoor environments. The International Journal of Robotics Research, 2012, 31 (5): 647-663.
[54] Mur-Artal R, Tardós J D. Orb-slam2: an open-source slam system for monocular, stereo, and rgb-d cameras. IEEE Transactions on Robotics, 2017, 33 (5): 1255-1262.
[55] 张慧娟. 复杂环境下 RGB-D 同时定位与建图算法研究. 北京: 中国科学院大学, 2019.
[56] 蔡柏林. 基于条纹投影的三维测量关键技术研究. 合肥: 中国科学技术大学, 2020.
[57] 慈文彦, 黄影平, 胡兴. 视觉里程计算法研究综述. 计算机应用研究, 2019, 36(9): 2561-2568.
[58] Lowe D G. Distinctive image features from scale-invariant keypoints. International Journal of Computer Vision, 2004, 60 (2): 91-110.
[59] Bay H, Tuytelaars T, van Gool L. Surf: speeded up robust features//European Conference on Computer Vision, 2006: 404-417.
[60] Rublee E, Rabaud V, Konolige K, et al. ORB: an efficient alternative to SIFT or SURF//2011 International Conference on Computer Vision,2011: 2564-2571.
[61] 吴获. 基于立体视觉里程计的地下铲运机定位技术研究. 北京: 北京科技大学, 2019.
[62] Muja M, Lowe D G. Fast approximate nearest neighbors with automatic algorithm configuration. VISAPP (1), 2009, 2 (331-340): 2.
[63] 李科. 移动机器人全景视觉归航技术研究. 哈尔滨: 哈尔滨工程大学, 2011.
[64] 何凯文. 基于综合特征 SLAM 的无人机多传感器融合导航算法研究. 上海: 上海交通大学, 2018.
[65] 吴文欢. 计算机视觉中立体匹配相关问题研究. 西安: 西安理工大学, 2020.
[66] 谢榛. 基于无人机视觉的场景感知方法研究. 杭州: 浙江工业大学, 2017.
[67] Besl P J, Mckay N D. A method for registration of 3-D shapes. IEEE Transactions on Pattern Analysis and Machine Intelligence, 1992, 14(2): 239-256.
[68] Williams B, Cummins M, Neira J, et al. A comparison of loop closing techniques in monocular SLAM. Robotics and Autonomous Systems, 2009, 57 (12): 1188-1197.
[69] Jain A K. Data clustering: 50 years beyond K-means. Pattern Recognition Letters, 2010, 31 (8): 651-666.
[70] Konolige K, Agrawal M. Frame SLAM: from bundle adjustment to real-time visual mapping. IEEE Transactions on Robotics, 2008, 24 (5): 1066-1077.
[71] Kümmerle R, Grisetti G, Strasdat H, et al. G2o: a general framework for graph optimization//

2011 IEEE International Conference on Robotics and Automation, Shanghai, 2011: 3607-3613..
[72] Hornung A, Wurm K M, Bennewitz M, et al. OctoMap: an efficient probabilistic 3D mapping framework based on octrees. Autonomous Robots, 2013, 34(3): 189-206.
[73] Girshick R, Donahue J, Darrell T, et al. Rich feature hierarchies for accurate object detection and semantic segmentation//Proceedings of the IEEE Conference on Computer Vision and Pattern Recognition, Columbus, 2014: 580-587.
[74] Girshick R. Fast R-CNN//Proceedings of the IEEE International Conference on Computer Vision, Santiago, 2015: 1440-1448.
[75] Ren S, He K, Girshick R, et al. Faster R-CNN: towards real-time object detection with region proposal networks. Advances in Neural Information Processing Systems, 2015, 28: 91-99.
[76] He K, Gkioxari G, Dollár P, et al. Mask R-CNN//Proceedings of the IEEE International Conference on Computer Vision,Venice, 2017: 2961-2969.
[77] Liu W, Anguelov D, Erhan D, et al. SSD: single shot multibox detector//European Conference on Computer Vision, Amsterdam, 2016: 21-37.
[78] Redmon J, Farhadi A. Yolov3: an incremental improvement. https://www.arXiv preprint arXiv: 1804.02767[2019-12-3].
[79] Lin T Y, Goyal P, Girshick R, et al. Focal loss for dense object detection//Proceedings of the IEEE International Conference on Computer Vision, Venice, 2017: 2980-2988.
[80] Redmon J, Farhadi A. YOLO9000: better, faster, stronger//Proceedings of the IEEE Conference on Computer Vision And Pattern Recognition, Honolulu, 2017: 7263-7271.
[81] He K, Zhang X, Ren S, et al. Deep residual learning for image recognition//Proceedings of the IEEE Conference on Computer Vision and Pattern Recognition, Las Vegas, 2016: 770-778.
[82] Goodfellow I, Bengio Y, Courville A. Deep Learning. Cambridge：MIT Press, 2016.
[83] Ren S, He K, Girshick R, et al. Faster R-CNN: towards real-time object detection with region proposal networks. Advances in Neural Information Processing Systems, 2015, 28: 91-99.
[84] 黄辰. 基于智能优化算法的移动机器人路径规划与定位方法研究. 大连: 大连交通大学, 2018.
[85] 刘树奇. 基于 ROS 的未知环境下履带式机器人的自主建图导航技术研究. 济南: 山东大学, 2020.
[86] Koenig S, Likhachev M, Furcy D. Lifelong planning A*. Artificial Intelligence, 2004, 155(1-2): 93-146.
[87] Koenig S, Likhachev M. D^* lite. AAAI/IAAI, 2002, 15: 67-88.
[88] Chen Y, Luo G, Mei Y, et al. UAV path planning using artificial potential field method updated by optimal control theory. International Journal of Systems Science, 2016, 47(6): 1407-1420.
[89] Fox D, Burgard W, Thrun S. The dynamic window approach to collision avoidance. IEEE Robotics & Automation Magazine, 1997, 4(1): 23-33.
[90] Kuffner J J, LaValle S M. RRT-connect: an efficient approach to single-query path planning//Proceedings 2000 ICRA Millennium Conference on Robotics and Automation, San Francisco, 2000: 995-1001.
[91] Mckerrow P J, Mckerrow P. Introduction to Robotics. Massachusetts: Wiley, 1991.

[92] Denavit J, Hartenberg R S. A kinematic notation for lower-pair mechanisms based on matrices. Journal of Applied Mechanics, 1956, 23: 151-153.
[93] Craig J J. Introduction to Robotics: Mechanics and Control. New York: Wiley: 2009.
[94] 李峰. 2(3-RPS)并串机器人运动构型的位置正解分析. 机械传动, 2018, 42(2): 76-80.
[95] Lampariello R, Mishra H, Oumer N, et al. Tracking control for the grasping of a tumbling satellite with a free-floating robot. https://www.webofscience.com/wos/alldb/full-record/ WOS: 000440851800032[2022-10-20].
[96] 张栩曼, 张中哲. 基于空间六自由度机械臂的逆运动学数值解法. 导弹与航天运载技术, 2016, (3): 81-84.
[97] Pieper D, Roth B.The kinematics of manipulators under computer control//Proceedings of the Second World Congress on the Theory of Machines and Mechanisms, Zakopane,1969, 2: 159-169.
[98] Aristidou A, Lasenby J. FABRIK: a fast, iterative solver for the Inverse Kinematics problem. Graphical Models, 2011, 73(5): 243-260.
[99] Tao S, Yang Y. Collision-free motion planning of a virtual arm based on the FABRIK algorithm. Robotica, 2017, 35(6): 1431-1450.
[100] 马超. 6R 串联机械臂复杂空间环境路径规划研究. 济南: 济南大学, 2017.
[101] 何俊培. 新型超冗余空间机械臂的关键技术研究. 北京: 中国科学院大学, 2020.
[102] 卢绍田. 空间冗余机械臂运动优化与轨迹跟踪控制研究. 哈尔滨: 哈尔滨工业大学, 2019.
[103] 彭礼辉. 机械臂运动学与路径规划研究. 长沙: 湖南工业大学, 2012.
[104] Hsu K C J A.Variable structure control design for uncertain dynamic systems with sector nonlinearities. Automatica, 1998, 34 (4): 505-508.
[105] 邹宇星. 基于改进 PRM 的采摘机器人机械臂避障路径规划. 传感器与微系统, 2019, 38 (1): 52-56.
[106] Liang T, Song W G, Hou T C, et al. Collision detection of virtual plant based on bounding volume hierarchy: a case study on virtual wheat. Journal of Integrative Agriculture, 2018, 17(2): 306-314.
[107] 马宇豪. 六自由度机械臂避障轨迹规划及控制算法研究. 北京: 中国科学院大学, 2019.
[108] 孙泾辉. 面向抓取作业的机械臂避障路径规划算法研究. 成都: 成都信息工程大学, 2019.
[109] 黄忠明. 多自由度机器人位姿轨迹规划研究. 南京: 南京师范大学, 2018.
[110] 杨永泰. 空间柔性机械臂动力学建模、轨迹规划与振动抑制研究. 北京: 北京理工大学, 2014.
[111] 郭领. 串联机器人笛卡尔空间轨迹规划研究. 南京: 南京航空航天大学, 2019.
[112] 黄贤振. 基于蒙特卡洛法六自由度机械臂工作空间研究. 装备制造技术, 2016, (10): 43-45.
[113] 苑丹丹. 基于蒙特卡洛法的模块化机器人工作空间分析. 机床与液压, 2017, 45(11): 9-12.
[114] 石磊. 松协调下双臂机器人的协作工作空间计算. 微计算机信息, 2007,(24): 217-218.
[115] 华磊. 冗余双臂机器人协调操作方法研究. 哈尔滨: 哈尔滨工业大学, 2013.
[116] 左富勇. 基于 MATLAB Robotics 工具箱的 SCARA 机器人轨迹规划与仿真. 湖南科技大学学报(自然科学版), 2012, 27(2): 41-44.